主体结构工程施工

主 编 叶爱崇

北京理工大学出版社
BEIJING INSTITUTE OF TECHNOLOGY PRESS

内 容 提 要

本书以最新建筑工程施工标准规范为依据，结合典型建筑工程施工实践进行编写。全书共分6章，重点讲述了绪论，砖混结构施工，框架、框剪和剪力墙结构施工，屋面及防水施工，结构安装工程，脚手架与垂直运输机械等内容。

本书可作为高等院校建筑工程技术、工程造价管理、建设工程监理等专业教学用书，也可供建筑工程现场施工和工程管理人员学习参考。

图书在版编目（CIP）数据

主体结构工程施工/叶爱崇主编.—北京：北京理工大学出版社，2017.10
ISBN 978-7-5682-3868-7

Ⅰ.①主… Ⅱ.①叶… Ⅲ.①结构工程－工程施工－技术培训－教材 Ⅳ.①TU74

中国版本图书馆CIP数据核字（2017）第065024号

出版发行 / 北京理工大学出版社有限责任公司
社　　址 / 北京市海淀区中关村南大街5号
邮　　编 / 100081
电　　话 / （010）68914775（总编室）
　　　　　（010）82562903（教材售后服务热线）
　　　　　（010）68948351（其他图书服务热线）
网　　址 / http：//www.bitpress.com.cn
经　　销 / 全国各地新华书店
印　　刷 / 定州市新华印刷有限公司
开　　本 / 787毫米×1092毫米　1/16
印　　张 / 18.5　　　　　　　　　　　　　　　　　责任编辑 / 张荣君
字　　数 / 420千字　　　　　　　　　　　　　　　文案编辑 / 张荣君
版　　次 / 2017年10月第1版　2017年10月第1次印刷　责任校对 / 周瑞红
定　　价 / 75.00元　　　　　　　　　　　　　　　责任印制 / 边心超

图书出现印装质量问题，请拨打售后服务热线，本社负责调换

前言

FOREWORD

　　主体结构工程施工技术是土建类相关专业的一门主要职业技术课程。它涉及的知识面广、实践性强、综合性大，且由于建筑工程施工技术发展迅速，所以，必须结合工程施工中的实际情况，综合解决工程施工中的技术问题。这门课程结合不同工种施工中不同的条件与设施，运用先进技术对其进行研究，选择最优的施工方案，确保了建筑工程的施工质量以及安全生产措施，并保证建筑工程能够按质按期的完成。

　　本书以国家现行《建筑工程施工质量验收统一标准》（GB 50300—2013）以及相关专业工程施工质量验收标准规范为依据，将"内容全面新颖、概念条理清晰、强化巩固应用"作为主旨，以人才培养为目标进行编写，突出技能型教育特点，面向生产高端技能型、应用型职业人才。本书注重理论联系实际，将学习与实践相结合，并且运用所学的知识去解决实际工程中的施工技术问题。使本书的学习者能在其中受益，不仅有理论知识装备，更能灵活运用到实际的建筑施工中去，真正做到"学以致用"。

　　本书着重实践能力、动手能力的培养，既保证了全书的系统性和完整性，又体现内容的实用性与可操作性，同时也反映了建筑施工的新技术、新工艺和新方法，不仅具有原理性、基础性，还具有先进性和现代性。本书语言通俗易懂、图文并茂，有很强的可行性与实用性。力求拓宽专业面，扩大知识面，以适应发展的需求。

　　在本书在编写过程中，参阅了国内同行多部著作，具有很强的实用价值，在此对他们表示衷心的感谢！

　　由于编者能力水平有限，虽经推敲核证，难免有疏忽或不妥之处，恳请广大读者指正。

编　者

目录

CONTENTS

第一章

绪　论

1. 熟悉主体结构工程施工课程的研究对象和任务；
2. 了解我国建筑工程主体结构的发展历史；
3. 熟悉建筑工程主体结构工程施工的主要特点；
4. 掌握主体结构工程施工课程的学习方法。

导入新课

你了解我国建筑结构发展的历史吗？

你知道主体结构工程施工的特点吗？

你清楚我国主体结构工程施工技术的现状吗？

你可知道有多少施工工艺、施工方法和施工技术等着你去创新吗？

学好这门课程，掌握好主体结构工程施工技术，做建筑业的栋梁之材，实现我国建筑施工技术国际领先的梦想。

第一节　主体结构工程施工课程的研究对象和任务

主体结构工程施工是继基础施工后，在地面以上，包括承重骨架和围护结构的施工。主体结构工程施工课程是建筑施工专业中一门重要的专业课，是研究主体结构施工方法、施工技术及施工组织基本规律的学科，其任务是培养学生掌握主体结构施工的基本知识、基本原理和基本方法，并具有解决一般建筑工程主体结构工程施工和组织施工问题的能力。

主体结构工程是建筑工程中一个重要的分部工程。其是位于地基基础之上，承受建筑工程所有的上部荷载，并将荷载有效地传给地基基础的上部结构体系。其和地基基础共同构成建筑工程的结构系统。主体结构工程由若干个分项工程组成，每个分项工程都有各自的特点。在施工技术方面，应根据工程的实际情况，正确选择施工方法和施工机具，编制合理的施工方案；在施工组织方面，对人力、物力、财力和机械设备应进行科学、合理的安排，编制施工组织设计，以达到施工技术先进、施工组织和进度安排合理、节约工程施工成本的目的。

第二节　建筑工程主体结构施工技术发展简介

我国传统的建筑主体结构以木结构为主，主要承重结构以木构架为结构方式，在西汉时就形成了"秦砖汉瓦"和木结构的完整建筑结构体系。

近代建筑的主体结构大体上经历了三个发展阶段，即砖（石）木混合结构、砖（石）钢筋混凝土混合结构以及钢和钢筋混凝土框架结构。

随着现代建筑的高度越来越高，高层、超高层建筑的迅猛发展，高耸结构和大跨结构建筑应运而生，建筑体型也日趋复杂。其主体结构由框架结构发展到框剪结构、剪力墙结构和筒体结构等。

建筑主体工程结构的施工技术随着社会生产力的提高、科学技术的进步而发展，主体结构的施工由传统的手工操作向半机械化、机械化施工方向发展。砂浆和混凝土由人工拌和、机械搅拌发展到商品砂浆和商品混凝土（预拌混凝土），成功地应用了混凝土的泵送技术。钢筋加工由手工弯曲、现场绑扎发展到机械弯曲、工厂化生产现场安装，粗钢筋连接应用了电渣压力焊、钢筋对接焊、钢筋机械连接等连接技术。模板由手工制作、安装发展到半机械化制作、安装，使爬模、滑模、台模、筒子模、复合木模、组合钢模板、大模板、早拆模板体系等技术得到广泛应用。材料、构件的水平运输和垂直运输有了较大的发展，由传统的肩挑人扛、扒杆和井架发展到高速塔式起重机，在大型结构的吊装施工中，创造了一系列的整体吊装技术，如集群千斤顶的同步整体提升技术，能把数百吨甚至数千吨的结构，平稳地整体提升、安装就位。砌体方面，传统的烧结普通砖正在被新型的材料所代替，由混凝土小型空心砌块、加气混凝土砌块发展到各种轻集料的混凝土大板墙体。计算机技术的应用，使主体结构施工组织和管理水平大幅度提高，更加合理化、科学化。但是，我国目前的主体结构工程施工技术水平与发达国家的先进施工技术相比，还存在着一定的差距，特别是在机械化施工水平、施工工艺及计算机技术的应用等方面仍需努力，加快实现我国建筑主体结构施工现代化的进程。

第三节　本课程的学习方法和要求

要学好"主体结构工程施工"这门课程，首先要深入了解主体结构工程施工的特点。它主要由建筑产品的特点决定，与其他工业产品相比较，建筑产品具有体积庞大、复杂多样、整体难分、不易移动等特点，从而使主体结构施工除具有一般工业生产的基本特性外，还具有以下特点：

（1）生产的流动性。一是施工机构随着建筑物或构筑物坐落位置的变化而全部转移生产地点；二是在一个工程的施工过程中，施工人员和各种机械随施工部位的不同而沿着施工对象上下左右移动，不断转移操作场所。

（2）产品的形式多样。建筑物因其所处的自然条件和用途的不同，工程的结构和材料也不同，施工方法必将随之变化，很难实现标准统一化。

（3）施工技术复杂。建筑施工常需要根据建筑结构的情况进行多工种配合作业，多单位(土建、吊装、安装、运输等)交叉配合施工，所用的物资和设备种类繁多，因而施工组织和施工技术的管理要求较高。

（4）露天作业和高处作业。建筑产品的体形庞大、生产周期长，主体结构工程施工多在露天和高处进行，常常受到自然气候条件的影响。

（5）机械化程度低。目前，我国建筑施工的机械化程度还很低，仍要依靠大量的手工操作，劳动繁重、体力消耗大。

主体结构工程施工涉及专业理论面广、综合性强的专业技术课。其与土木工程力学基础、土木工程识图、建筑结构施工图识读、建筑工程测量、建筑工程材料检测、建筑工程质量检测、钢筋翻样与加工、建筑工程安全管理、建筑节能与环境保护、建筑工程计算机辅助技术应用、基础工程施工、建筑工程项目管理等课程密切相关，掌握和运用这些课程的理论知识及操作技能是学好本课程的基础。

主体结构工程施工技术源于主体结构工程施工实践，其是一门实践性很强的课程，日新月异的新材料、新施工工艺和方法不断刷新着施工技术。因此，学生在学习中要坚持理论联系实际的学习方法，除必须理解和掌握基本理论、基本知识外，还要了解国内外主体结构施工技术的发展状况；同时，教师也应结合建筑工程实体进行现场教学，注重课程设计、生产实习等实践环节，尽可能采用多媒体教学、现场录像片教学和施工现场教学方法相结合，努力实现校企一体化的教学模式，加深学生对主体结构工程施工技术学习的理解和掌握。

复习思考题

1. 研究主体结构工程施工课程的主要任务是什么？
2. 目前，我国建筑工程中常见的主体结构有哪几种形式？
3. 主体结构工程施工有哪些特点？
4. 我们应怎样学好主体结构工程施工这门课程？
5. 结合你日常生活的居住环境，选择2～3幢建筑物，仔细观察它们的外部结构和内部结构的特点，说出它们之间的相同点与不同点。

第二章

砖混结构施工

1. 了解砖混结构的特点及适用范围；
2. 熟悉砖混结构使用的砌体材料和砌筑砂浆的要求；
3. 掌握砖混结构的施工方法和工艺要求；
4. 了解砖混结构的施工质量和安全技术要求；
5. 了解砖混结构冬雨期施工的要求。

案例导入

某新建项目为砖混结构，五层，建筑面积为 6 789 m²，建筑总高度为 18.600 m。本工程基础及构造柱混凝土强度等级为 C30，墙体采用 MU10 的烧结空心砖，砂浆采用 M7.5 水泥混合砂浆。请确定该工程的施工方案和质量保证措施。

第一节 砖混结构的认识

一、概述

砖混结构是采用砖墙承重，用钢筋混凝土梁、柱、板等构件共同构成的混合结构体系。砖混结构是指建筑物中竖向承重结构的墙、柱等采用砖或者砌块砌筑，横向承重的梁、楼板、屋面板等采用钢筋混凝土结构，也就是说，砖混结构是以小部分钢筋混凝土及大部分砖墙承重的结构。砖混结构适用于低层或者多层建筑物，适合开间进深较小、房间面积小的结构，对于承重墙体不能随意改动。

二、砖混结构的发展前景

新中国成立初期，我国砖混结构有着很大的发展和广泛的应用，住宅建筑、多层民用建筑、中小型单层工业建筑均大量采用砖混结构。过去的砖混结构工程中大多采用普通黏土砖作为墙体材料，生产实心黏土砖每年耗用的黏土资源达 10 多亿立方米，相当于毁田 50 万亩。据不完全统计，我国生产黏土砖每年消耗 7 000 多万吨标准煤。从 2000 年开始，实心黏土砖就因其对能源的耗费、土地的破坏等原因被国家禁止使用。国务院 2005 年 9 月发布的《关于进一步推进墙体材料革新和推广节能建筑的通知》中要求：2010 年年底，所有城市均要禁止使用实心黏土砖，全国实心黏土砖年产量控制在 4 000 亿块以下。国家对此进行了改革，把实心砖换为空心砖以节约材料，以及利用工业废料，如粉煤灰、煤渣或者混凝土制品代替承重黏土空心砖，各种蒸压灰砂砖、粉煤灰砖及各种中小型砌块在砖混结构中被广泛使用。

虽然我国对黏土砖的使用有严格的限制政策，但在我国西部地区，由于特殊的地理环境，黏土砖可就地取材、因地制宜。在黏土较多的地区，如西北高原，发展高强黏土制品、高空隙率的保温砖和外墙装饰砖、块材等；在少黏土的地区，发展高强度混凝土砌块、承重装饰砌块和利用废材料制成的砌块等。因此，砖混结构在这些地区得到了广泛的应用。

三、砖混结构建筑特点

1. 砖是最小的标准化构件，对施工场地和施工技术要求低，可砌成各种形状的墙体，可生产的地区范围广泛。

2. 具有很好的耐久性、化学稳定性和大气稳定性。

3. 可节省水泥、钢材和木材，不需要模板，造价较低。

4. 施工技术与施工设备简单。

5. 砖的隔声和保温隔热性能要优于混凝土和其他墙体材料，因而在住宅建设中运用的最为普遍。

6. 墙体易产生裂缝。

7. 结构自重大、强度较小，广泛应用于 6 层以下的多层建筑。

8. 结构的整体性和抗震性较差。

第二节　砌筑材料

一、砖

按所用原材料分为页岩砖、煤矸石砖、粉煤灰砖（图 2-2-1）、灰砂砖和炉渣砖等；按生产工艺分为烧结砖和非烧结砖，其中，非烧结砖又可分为压制砖、蒸养砖和蒸压砖等；按有无孔洞分为空心砖和实心砖。

1. 烧结普通砖(图2-2-2)。

标准砖的尺寸：240×115×53(mm)；

砖的强度等级：MU30、MU25、MU20、MU15 和 MU10。

图2-2-1 粉煤灰砖　　　　　　图2-2-2 烧结普通砖

2. 烧结多孔砖(承重)(图2-2-3)。

砖的尺寸：P 型：240×115×90(mm)；

　　　　　M 型：190×190×90(mm)。

砖的强度等级：MU30、MU25、MU20、MU15 和 MU10。

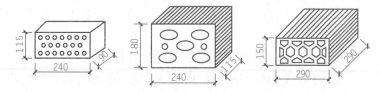

P型多孔砖

M型多孔砖

图2-2-3 烧结多孔砖

3. 烧结空心砖(非承重)(图2-2-4)。

砖的尺寸：240×240×115，300×240×115(mm)；

砖的强度等级：MU10、MU7.5、MU5 和 MU3.5。

图2-2-4 烧结空心砖

二、砌块

砌块代替烧结普通砖作为墙体材料，是墙体改革的一个重要步骤。

1. 砌块按形状可分为实心砌块和空心砌块两种。

2. 砌块按制作原料可分为粉煤灰砌块、加气混凝土砌块(图 2-2-5)、混凝土砌块、硅酸盐砌块、石膏砌块等数种。

3. 砌块按规格可分有小型砌块、中型砌块和大型砌块。砌块高度为 180～380 mm 的，称为小型砌块；砌块高度为 380～940 mm 的，称为中型砌块；砌块高度大于 940 mm 的，称为大型砌块。

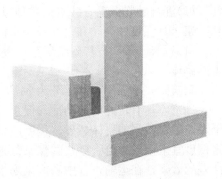

图 2-2-5 加气混凝土砌块

砌块的规格、型号与建筑的层高、开间和进深有关。由于建筑的功能要求、平面布置和立面体型各不相同，这就必须选择一组符合统一模数的标准砌块，以适应不同建筑平面的变化。

由于砌块的规格、型号的多少与砌块幅面尺寸的大小有关。砌块幅面尺寸大，规格、型号就多；砌块幅面尺寸小，规格、型号就少。因此，合理地制定砌块的规格，有助于促进砌块生产的发展、加速施工进度、保证工程质量。

普通混凝土小型空心砌块(图 2-2-6)主规格尺寸为 390 mm×190 mm×190 mm，辅助为 290 mm×190 mm×190 mm。

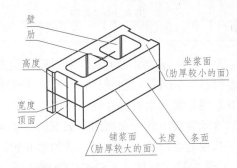

图 2-2-6 普通混凝土小型空心砌块

普通混凝土小型空心砌块按其强度等级可分为 MU5、MU7.5、MU10、MU15、MU20、MU25、MU30、MU35、MU40 九个等级。

轻集料混凝土小型空心砌块按其强度等级可分为 MU2.5、MU3.5、MU5、MU7.5、MU10 五个等级。

三、砌筑砂浆

1. 砌筑砂浆的性能。砌筑砂浆可分为三类,即水泥砂浆、混合砂浆和石灰砂浆。

(1)水泥砂浆:水泥砂浆属于水硬性材料,其强度高,适用于砌筑潮湿环境下的砌体,如基础部位。

(2)混合砂浆:混合砂浆是两种以上的胶凝材料混合搅拌而成的砂浆,如水泥石灰混合砂浆,其强度较高、和易性及保水性较好,适用于砌筑一般建筑地面以上的砌体。

(3)石灰砂浆:石灰砂浆属于气硬性材料,其强度较低,多用于砌筑次要建筑地面以上的砌体。

砌筑砂浆按强度等级可分为 M15、M10、M7.5、M5 和 M2.5 五个等级。

砂浆应具有良好的流动性和保水性。砂浆的流动性是以稠度表示的。一般来说,对于干燥及吸水性强的块体,砂浆稠度应采用较大值;对于潮湿、密实、吸水性差的块体,砂浆稠度宜采用较小值。砂浆的保水性是以分层度来表示的,分层度不得大于30 mm。保水性差的砂浆,在运输过程中易产生泌水和离析现象,从而降低其流动性,影响砌筑质量。

砌筑砂浆的稠度见表 2-2-1。

表 2-2-1　砌筑砂浆的稠度

序　号	砌体类别	砂浆稠度/mm
1	烧结普通砖砌体	70～90
2	混凝土实心砖、混凝土多孔砖砌体 普通混凝土小型空心砌块砌体 蒸压灰砂砖砌体 蒸压粉煤灰砖砌体	50～70
3	烧结多孔砖、空心砖砌体 轻骨料小型空心砌块砌体 蒸压加气混凝土砌块砌体	60～80
4	石砌体	30～50

2. 砂浆的拌制。砌筑砂浆应采用机械搅拌,搅拌机械包括活门卸料式、倾翻卸料式砂浆搅拌机,其出料容量一般为 200 L。自投料完算起,搅拌时间应符合下列规定:

(1)水泥砂浆和水泥混合砂浆不应少于 2 min;

(2)水泥粉煤灰砂浆和掺用外加剂的砂浆不应少于 3 min;

(3)掺用有机塑化剂的砂浆,从加水开始,搅拌时间不应少于 3.5 min。

3. 砂浆的使用与检验。砂浆应随拌随用。拌制的砂浆应在拌成后3 h 内使用完毕;当施工期间最高气温超过 30 ℃时,应在拌成后 2 h 内使用完毕;对掺用缓凝剂的砂浆,其使用时间可根据其缓凝时间的试验结果确定。砂浆强度应以标准养护龄期为 28 d 试块的抗压试验结果为准。

抽检数量:每一检验批且不超过 250 m³ 砌体中的各种类型及强度等级的砌筑砂浆,每台搅拌机应至少抽查一次。

检验方法:在砂浆搅拌机出料口随机取样制作砂浆试块(同盘砂浆只应制作一组试块),最后检查试块强度试验报告单。

第三节 砖砌体施工

一、砌筑施工前的准备工作

砌体工程所用的材料应有产品合格证书、产品性能检测报告。块材、水泥、外加剂等应有材料主要性能的进场复验报告。

1. 砖的准备。砖的品种、强度等级应符合设计要求，并应规格一致，无翘曲、断裂现象。对于清水墙、柱表面的砖，还应边角整齐、色泽均匀。

常温下，砖应提前1～2 d浇水湿润，严禁采用干砖或吸水饱和状态的砖砌筑。块体湿润程度应符合下列规定：

烧结类块体的相对含水率宜为60%～70%；混凝土多孔砖及混凝土实心砖不宜浇水湿润，但在气候干燥炎热的情况下，宜在砌筑前对其浇水湿润；其他非烧结类砖的相对含水率宜为40%～50%。

2. 机具的准备。砌筑前，必须按施工组织设计的要求组织垂直和水平运输机械、砂浆搅拌机进场、安装、调试等工作。同时，还应准备脚手架、砌筑工具(如皮数杆、托线板)、砂浆试模等。

二、砖砌体的组砌形式

240 mm厚砖墙常用的组砌形式有一顺一丁、三顺一丁和梅花丁。

一顺一丁：一顺一丁砌法是一皮中全部顺砖与一皮中全部丁砖相互间隔砌成，上下皮间的竖缝错开1/4砖长，如图2-3-1(a)所示。

三顺一丁：三顺一丁砌法是三皮中全部顺砖与一皮中全部丁砖间隔砌成，上下皮顺砖与丁砖间竖缝错开1/4砖长，上下皮顺砖间竖缝错开1/2砖长，如图2-3-1(b)所示。

梅花丁：梅花丁砌法是每皮中丁砖与顺砖相隔，上皮丁砖坐中于下皮顺砖，上下皮间竖缝相互错开1/4砖长，如图2-3-1(c)所示。

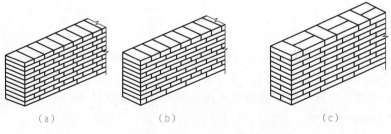

(a)　　　　　　　(b)　　　　　　　(c)

图 2-3-1 砖墙组砌形式

(a)一顺一丁；(b)三顺一丁；(c)梅花丁

砖砌体的组砌要求：上下错缝，内外搭接，以保证砌体的整体性，同时，组砌要有规律，少砍砖，以提高砌筑效率、节约材料。

当采用一顺一丁组砌时，七分头的顺面方面依次砌顺砖，丁面方向依次砌丁砖，如图 2-3-2(a)所示。砖墙的丁字接头处，应分皮相互砌通，内角相交处的竖缝应错开 1/4 砖长，并在横墙端头处加砌七分头砖，如图 2-3-2(b)所示。砖墙的十字接头处，应分皮相互砌通，立角处的竖缝相互错开 1/4 砖长，如图 2-3-2(c)所示。

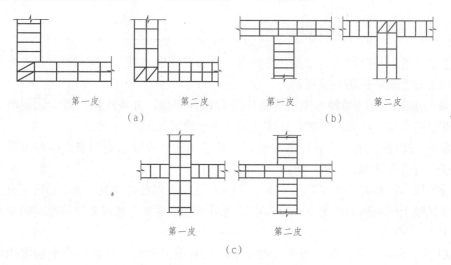

第一皮　　　　第二皮　　　　第一皮　　　　第二皮

（a）　　　　　　　　　　　（b）

第一皮　　　　第二皮

（c）

图 2-3-2　砖墙交接处组砌

三、砖砌体的砌筑工艺

砖砌体的砌筑方法有"三一"砌筑法、挤浆法、刮浆法和满口灰法。其中，"三一"砌筑法和挤浆法最为常用。

"三一"砌筑法：即一块砖、一铲灰、一揉压，并随手将挤出的砂浆刮去的砌筑方法。这种砌法的优点是灰缝容易饱满、粘结性好、墙面整洁，故实心砖砌体宜采用"三一"砌筑法。

挤浆法：即用灰勺、大铲或铺灰器在墙顶上铺一段砂浆，然后双手拿砖或单手拿砖，用砖挤入砂浆中一定厚度之后把砖放平，达到下齐边、上齐线、横平竖直的要求。这种砌法的优点是可以连续挤砌几块砖、减少烦琐的动作，平推平挤可使灰缝饱满，效率高，保证砌筑质量。

砖砌体的施工工序为：抄平、放线、摆砖、立皮数杆、挂线、砌砖、勾缝等。

1. 抄平：砌墙前应在基础防潮层或楼面上定出各层标高，并用 M7.5 水泥砂浆或 C10 细石混凝土找平，使各段砖墙底部标高符合设计要求。

2. 放线：根据龙门板上给定的轴线及图纸上标注的墙体尺寸，在基础顶面上用墨线弹出墙的轴线和墙的宽度线，并定出门洞口位置线。

3. 摆砖：摆砖是指在放线的基面上按选定的组砌方式用干砖试摆。摆砖的目的是核对所放的墨线在门窗洞口、附墙垛等处是否符合砖的模数，以尽可能地减少砍砖。

4. 立皮数杆：立皮数杆是指在皮数杆上画有每皮砖的砖缝厚度以及门窗洞口、过梁、楼板、梁底、预埋件等标高位置的一种木制标杆，如图 2-3-3 所示。

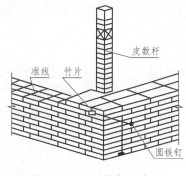

图 2-3-3　立皮数杆示意图

皮数杆一般立于房屋的四个大角、内外墙交接处、楼梯间以及洞口多的地方，沿墙每隔 10～15 m 立一根。

5. 挂线：为保证砌体垂直平整，砌筑时必须挂线。一般二四墙可单面挂线，三七墙及以上的墙则应双面挂线。

6. 砌砖：砌砖时，先挂上通线，按所排的干砖位置把第一皮砖砌好，然后盘角。

盘角又称立头角，是指在砌墙时应先砌墙角，然后从墙角处拉准线，再按准线砌中间的墙。砌筑过程中应三皮一吊、五皮一靠，保证墙面垂直平整。

7. 勾缝：清水墙砌完后，要进行墙面修正及勾缝。墙面勾缝应横平竖直、深浅一致、搭接平整，不得有丢缝、开裂和粘结不牢等现象。

砖墙勾缝宜采用凹缝或平缝，凹缝深度一般为 4～5 mm。勾缝完毕后，应进行墙面、柱面和落地灰的清理。

四、砖砌体砌筑的技术要求

1. 砖墙的技术要求。砖砌体的水平灰缝厚度和竖缝厚度一般为 10 mm，且不小于 8 mm，也不大于 12 mm。砌体灰缝砂浆应密实饱满，砖墙水平缝的砂浆饱满度不应低于 80%，砖柱水平灰缝和竖向灰缝的饱满度不得低于 90%。砂浆饱满度可用百格网检查砖底面与砂浆的粘结痕迹面积，每处检测 3 块砖，取其平均值。竖向灰缝宜用挤浆或加浆的方法使砂浆饱满，不得出现透明缝、瞎缝和假缝的现象，严禁用水冲浆灌缝。

砖砌体的转角处和交接处应同时砌筑，严禁无可靠措施的内外墙分砌施工。在抗震设防烈度为 8 度及 8 度以上的地区，对不能同时砌筑而又必须留置的临时间断处应砌成斜槎，普通砖砌体斜槎水平投影长度不应小于高度的 2/3。多孔砖砌体的斜槎长高比不应小于 1/2。斜槎高度不得超过一步脚手架的高度，如图 2-3-4 所示。

非抗震设防及抗震设防烈度为 6 度、7 度地区的临时间断处，当不能留斜槎时，除转角处外可留直槎，但直槎必须做成凸槎，且应加设拉结钢筋，如图 2-3-5 所示。拉结钢筋应符合下列规定：

(1)每 120 mm 墙厚放置 1ϕ6 拉结钢筋，240 mm 厚墙应放置 2ϕ6 拉结钢筋。

(2)间距沿墙高不应超过 500 mm，且竖向间距偏差不应超过 100 mm。

(3)从留槎处算起，每边埋入长度均不应小于 500 mm，对抗震设防烈度为 6 度、7 度的地区，不应小于 1 000 mm，钢筋末端应有 90°弯钩。

(4)在墙上留置的临时施工洞口，其侧边离交接处的墙面不应小于 500 mm，洞口净宽度不应超过 1 m。某些墙体或部位中不得设置脚手架。每层承重墙最上一皮砖、梁或梁垫下面的砖应用丁砖砌筑。砌体相邻工作段的高度差，不得超过一个楼层的高度，也不宜大于 4 m。现场施工时，砖墙每天砌筑高度不宜超过 1.8 m，雨天施工时，每天砌筑高度不宜超过 1.2 m。

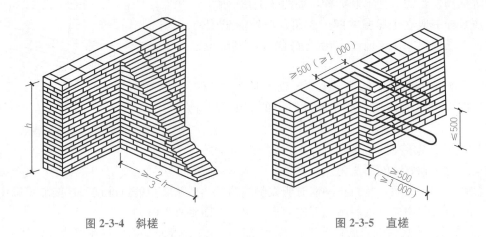

图 2-3-4 斜槎   图 2-3-5 直槎

不得在下列墙体或部位设置脚手眼：

(1)120 mm 厚的墙、清水墙、料石墙、独立柱和附墙柱；

(2)过梁上与过梁呈 60°角的三角形范围及过梁净跨度 1/2 的高度范围内；

(3)宽度小于 1 m 的窗间墙；

(4)门窗洞口两侧石砌体 300 mm、其他砌体 200 mm 范围内；转角处石砌体 600 mm、其他砌体 450 mm 范围内；

(5)梁或梁垫下及其左右 500 mm 范围内；

(6)设计中不允许设置脚手眼的部位；

(7)轻质墙体、夹心复合墙外叶墙。

脚手眼补砌时，应清除脚手眼内掉落的砂浆、灰尘；脚手眼处砖及填塞用砖应湿润，并应填实砂浆。

设计要求的洞口、管道、沟槽应于砌筑时正确留出或预埋，未经设计同意，不得打凿墙体和在墙体上开凿水平沟槽。宽度超过 300 mm 的洞口上部，应设置钢筋混凝土过梁。不得在截面长边小于 500 mm 的承重墙体、独立柱内埋设管线。

2.砖砌体的质量要求。砖砌体砌筑的质量要求是横平竖直，砂浆饱满，厚薄均匀，上下错缝，内外搭砌，接槎牢固。

砖砌体组砌方法应正确，内外搭砌，上下错缝。清水墙、窗间墙无通缝；混水墙中不得有长度大于 300 mm 的通缝，长度 200～300 mm 的通缝每间不超过 3 处，且不得位于同一面墙体上。砖柱不得采用包心砌法。

砖砌体的灰缝应横平竖直、厚薄均匀。水平灰缝厚度及竖向灰缝宽度宜为 10 mm，且不应小于 8 mm，也不应大于 12 mm。水平灰缝厚度用尺量 10 皮砖砌体高度折算，竖向灰缝宽度用尺量 2 m 砌体长度折算。

砖砌体尺寸、位置的允许偏差及检验应符合表 2-3-1 的规定。

表 2-3-1　砖砌体尺寸、位置的允许偏差及检验

序号	项目			允许偏差/mm	检验方法	抽检数量
1	轴线位移			10	用经纬仪和尺或用其他测量仪器检查	承重墙、柱全数检查
2	基础、墙、柱顶面标高			±15	用水准仪和尺检查	不应小于 5 处
3	墙面垂直度	每层		5	用 2 m 托线板检查	不应小于 5 处
		全高	10 m	10	用经纬仪、吊线和尺或其他测量仪器检查	外墙全部阳角
			10 m	20		
4	表面平整度	清水墙、柱		5	用 2 m 靠尺和楔形塞尺检查	不应小于 5 处
		混水墙、柱		8		
5	水平灰缝平直度	清水墙		7	拉 5 m 线和尺检查	不应小于 5 处
		混水墙		10		
6	门窗洞口高、宽（后塞口）			±10	用尺检查	不应小于 5 处
7	外墙上下窗口偏移			20	以底层窗口为准，用经纬仪或吊线检查	不应小于 5 处
8	清水墙游丁走缝			20	以底层第一皮砖为准，用吊线和尺检查	不应小于 5 处

◉ 六、影响砖砌体工程质量的因素与防治措施

1. 砂浆强度不稳定。

现象：砂浆强度低于设计强度标准值，有时砂浆强度波动较大、匀质性差。

主要原因：材料计量不准确，砂浆中塑化材料或微沫剂掺量过多，砂浆搅拌不均，砂浆使用时间超过规定，水泥分布不均匀等。

预防措施：

（1）建立材料的计量制度和计量工具校验、维修、保管制度；减少计量误差，对塑化材料（石灰膏等）宜调成标准稠度（120 mm）进行称量，再折算成标准容积。

（2）尽量采用机械搅拌砂浆，分两次投料（先加入部分砂子、水和全部塑化材料，拌匀后再投入其余的砂子和全部水泥进行搅拌），保证搅拌均匀。

（3）砂浆应按需要搅拌，宜在当班用完。

2. 砖墙墙面游丁走缝。

现象：砖墙面上下砖层之间竖缝产生错位，丁砖竖缝歪斜、宽窄不匀、丁不压中。清水墙窗台部位与窗间墙部位的上下竖缝错位。

主要原因：砖的规格不统一，每块砖长、宽尺寸误差大；操作中未掌握控制砖缝的标准，开始砌墙摆砖时，没有考虑窗口位置对砖竖缝的影响。当砌至窗台处分窗口尺寸时，窗的边线不在竖缝位置上。

预防措施：

（1）砌墙时用同一规格的砖。如规格不一，则应明确现场用砖情况，确定组砌方法，

调整竖缝宽度。

(2)提高操作人员的技术水平，强调丁压中，即丁砖的中线与下层条砖的中线重合。

(3)摆砖时应将窗口位置引出，使窗的竖缝尽量与窗口边线平齐。如果窗口宽度不符合砖的模数，砌砖时要打好七分头、排匀立缝，保证窗间墙处上下竖缝不错位。

3. 清水墙面水平缝不直，墙面凹凸不平。

现象：同一条水平缝宽度不一致，个别砖层冒线砌筑，水平缝下垂，墙体中部（两步脚手架交接处）凹凸不平。

主要原因：砖的两个条面大小不等，导致灰缝宽度不一致，个别砖大条面偏大较多，不易将灰缝砂浆压薄，从而出现冒线砌筑；所砌墙体长度超过 20 m，由于挂线不紧、挂线产生下垂，则使灰缝出现下垂现象；由于第一步架墙体出现垂直偏差，接砌第二步架时进行了调整，两步架交接处出现凹凸不平。

预防措施：

(1)砌砖应采取小面跟线：挂线长度超过 15~20 m 时，应加垫线。

(2)墙面砌至脚手架排木搭设部位时，应预留脚手眼，并继续砌至高于脚手架板面一层砖；挂立线应由下面一步架墙面引伸，以立线延至下部墙面至少 500 mm，挂立线吊直后，拉紧平线，用线坠吊平线和立线，当线坠与平线、立线相重，则可认为立线正确无误。

4."螺丝"墙。

现象：砌完一个层高的墙体时，同一砖层的标高差一皮砖的厚度而不能咬圈。

主要原因：砌筑时没有按皮数杆控制砖的层数，每当砌至基础面和预制混凝土楼板上接砌砖墙时，由于标高偏差大，皮数杆往往不能与砖层吻合，需要在砌筑中用灰缝厚度逐步调整；如果砌同一层砖时，误将负偏差当作正偏差，砌砖时反而压薄灰缝，在砌至层高赶上皮数时，与相邻位置正好差一皮砖。

预防措施：

(1)砌筑前应先测定所砌部位的基面标高误差，通过调整灰缝厚度来调整墙体标高。

(2)标高误差宜分配在一步架的各层砖缝中，逐层调整。

(3)操作时挂线两端相互呼应，并经常检查与皮数杆的砌层号是否相符。

第四节 小型空心砌块施工

一、施工前的准备工作

1. 编制砌块排列图。砌块砌筑前，应根据施工图纸的平面、立面尺寸，结合砌块的规格，先绘制砌块排列图(图 2-4-1)。绘制砌块排列图时在立面图上按 1：50 或 1：30 的比例绘出纵、横墙，标出楼板、大梁、过梁、楼梯、孔洞的位置，在纵、横墙上绘出水平灰缝线，然后以主规格为主、其他型号为辅，按墙体错缝搭砌的原则和竖缝大小进行排列。在墙体上大量使用的主要规格砌块，称为主规格砌块；与其搭配使用的砌块，称为辅规格砌块。编排时应以主砌块为主，其他各种型号砌块为辅，以减少吊次，提高台班产量。需要镶砖时，应整砖镶砌，且尽量对称、分散布置。砖的强度等级应不小于砌块的强度等级。镶砖应平砌，不宜侧砌或竖砌。墙体的转角处和纵、横墙交接处不得镶砖，门窗洞口不宜镶砖。

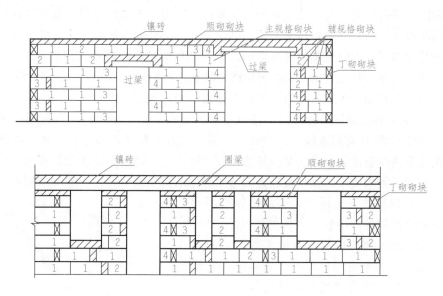

图 2-4-1 砌块排列图

砌块的排列应遵守下列技术要求：上下皮砌块错缝搭接长度一般为砌块长度的1/2（较短的砌块必须满足这个要求），或不得小于砌块皮高的1/3，以保证砌块牢固搭接。外墙转角处及纵、横墙交接处，应用砌块相互搭接，如纵、横墙不能相互搭接，则每两皮应设置一道拉结钢筋网片。

砌块中水平灰缝的厚度应为 10～15 mm；当水平灰缝有配筋或柔性拉结条时，其灰缝厚度应为 20～25 mm。竖缝的宽度为 10～20 mm，当竖缝宽度大于 30 mm 时，应用强度等级不低于C20的细石混凝土填实；当竖缝宽度大于或等于 150 mm 或楼层不是砌块加灰缝的整数倍时，都要用砖镶砌。

若设计无具体规定，则砌块应按下列原则排列：

（1）尽量多用主规格的砌块或整块砌块，其他各种型号的砌块为辅，以减少吊装次数，提高台班质量。

（2）砌筑应符合错缝搭接的原则，搭接长度不得小于砌块高度的1/3，且不应小于150 mm。当搭接长度不足时，应在水平灰缝内设置 2Φ4 的钢筋网片予以加强，网片两端离该垂直缝的距离不得小于 300 mm。

（3）外墙转角处及纵、横墙交接处，应用砌块相互搭接，如不能相互搭接，则每两皮应设置一道拉结钢筋网片。

（4）水平灰缝一般为 10～20 mm，有配筋或柔性拉结条时水平灰缝为 20～25 mm。竖缝的宽度为 15～20 mm，当竖缝宽度大于 40 mm 时，应用与砌块同强度的细石混凝土填实；当竖缝宽度大于 100 mm 时，应用普通砖镶砌。

（5）当楼层高度不是砌块（包括水平灰缝）的整数倍时，应用普通砖镶砌。

（6）对于空心砌块，上下皮砌块的壁、肋、孔均应垂直、对齐，以提高砌体的承载能力。

2. 砌块的堆放及运输。砌块堆放位置的原则是使场内运输路线最短，因此，需在施工总平面图上进行周密安排，尽量减少二次搬运，以便于砌筑时起吊。堆放场地应平整夯实，使砌块堆放平稳，并做好排水工作；砌块不宜直接堆放在地面上，应堆放在草袋、煤渣垫层或其他垫层上，以免砌块底面玷污；小型砌块的堆放高度不宜超过 1.6 m，粉煤灰砌块的堆放高度不宜超过 3 m。砌块的规格、数量必须配套，不同类型分别堆放。

砌块的装卸可用汽车式起重机、履带式起重机和塔式起重机。

3. 砌块的吊装。砌块吊装应严格按照安装方案进行。中小型砌块安装用的机械有台灵架（图 2-4-2），附设有起重拔杆的井架、轻型塔式起重机等。根据台灵架安装砌块时的吊装线路可分为后退法、合拢法及循环法。砌块墙的施工特点是砌块数量多，吊次也相应较多，但砌块的重量较小。砌块安装方案与所选用的机械设备有关，通常采用的吊装方案有两种：一是以塔式起重机进行砌块、砂浆的运输，以及楼板等构件的吊装，由台灵架吊装砌块，如工程量大，组织两栋房屋流水施工等可采用这种方案；二是以井架进行材料的垂直运输，杠杆车进行楼板吊装，所有预制构件及材料的水平运输则用砌块车和劳动车，台灵架负责砌块的吊装。

除应准备好砌块垂直、水平运输和吊装的机械外，还要准备安装砌块的专用夹具和有关工具。

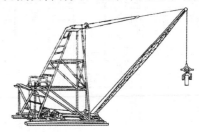

图 2-4-2　台灵架

二、砌块施工工艺

砌块施工的主要工序是：铺灰、吊砌块就位、校正和灌缝等。

铺灰：砌块墙体所采用的砂浆，应具有较好的和易性，砂浆稠度一般为 50～80 mm，铺灰应均匀平整，长度一般以不超过 5 m 为宜，炎热的夏季或寒冷季节应按设计要求适当缩短，灰缝的厚度按设计规定确定。

吊砌块就位：吊砌块一般用摩擦式夹具，夹砌块时应避免偏心。砌块就位时，应使夹具中心尽可能地与墙身中心线在同一条垂直线上，对准位置徐徐下落在砂浆层上，待砌块安放平稳后，方可松开夹具。

校正：用垂球或托线板检查垂直度，用拉准线的方法检查水平度。校正时可用人力轻微推动砌块或用撬杠轻轻撬动砌块，自重在 150 kg 以下的砌块可用木槌敲击偏高处。

灌缝：竖缝可用夹板将墙体内外夹住，然后灌砂浆，用竹片插实或用铁棒捣实。

当砂浆吸水后用刮缝板把竖缝和水平缝刮齐。此后，砌块一般不准撬动，防止破坏砂浆的粘结力。

三、砌体工程质量通病与防治措施

(1)砂浆强度偏低、不稳定。导致砂浆强度偏低的情况有两种：一是砂浆标养试块强度偏低；二是试块强度不低，甚至较高，但砌体中砂浆实际强度偏低。标养试块强度偏低的主要原因是计量不准或未按配合比计量，水泥过期或砂及塑化剂质量低劣等。由于计量不准，砂浆强度的离散性必然偏大。

主要预防措施：加强现场管理，加强计量控制。

(2)砂浆和易性差，沉底结硬。砂浆和易性差主要表现在砂浆稠度和保水性不符合规定，容易产生沉淀和泌水现象，铺摊和挤浆较为困难，影响砌筑质量，降低砂浆与砖的粘结力。

预防措施：低强度水泥砂浆尽量不用高强度水泥配制；不用细砂；严格控制塑化材料的质量和掺量；加强砂浆拌制计划性，随拌随用；灰桶中的砂浆经常翻拌、清底。

(3)砌体组砌方法错误。砖墙面出现数皮砖同缝(通缝、直缝)、里外两张皮，砖柱采用包心法砌筑，里外皮砖层互不相咬，形成周围通天缝等，影响砌体强度、降低结构整体性。

预防措施：对工人加强技术培训，严格按规范方法组砌，缺损砖应分散使用，少用半砖，禁用碎砖。

(4)墙面灰缝不平直、游丁走缝、墙面凹凸不平。水平灰缝弯曲不平直，灰缝厚度不一致，出现"螺丝"墙，垂直灰缝歪斜，灰缝宽窄不均，丁不压中(丁砖未压在顺砖中部)，墙面凹凸不平。

预防措施：砌前应摆底，并根据砖的实际尺寸对灰缝进行调整；采用皮数杆拉线砌筑，以砖的小面跟线，拉线长度(15～20 m)超长时，应加腰线；竖缝每隔一定距离应弹墨线找齐，墨线用线坠引测，每砌一步架用立线向上引伸，立线、水平线与线坠应"三线归一"。

(5)墙体留槎错误。砌墙时随意留直槎，甚至阴槎，构造柱马牙槎不标准，槎口以砖渣填砌，接槎砂浆填塞不严，影响接槎部位砌体强度，降低结构整体性。

预防措施：施工组织设计时应对留槎做统一考虑，严格按规范要求留槎，采用18层退槎砌法；马牙槎高度，标准砖留五皮，多孔砖留三皮；对于施工洞所留的槎，应加以保护和遮盖，防止运料车碰撞槎子。

(6)拉结钢筋被遗漏，或未按规定布置；配筋砖缝砂浆不饱满，露筋年久易锈。

预防措施：拉结钢筋应作为隐检项目对待，应加强检查、填写检查记录并存档。施工中，对所砌部位需要的配筋应一次备齐，并检查有无遗漏。尽量采用点焊钢筋网片，适当增加灰缝厚度(以钢筋网片厚度上下各有 2 mm 保护为宜)。

(7)砌块墙体裂缝。砌块墙体易产生沿楼板的水平裂缝、底层窗台中部竖向裂缝、顶层两端角部阶梯形裂缝以及砌块周边裂缝等。

预防措施：为减少收缩，砌块出池后应有足够的静置时间(30～50 d)；清除砌块表面的脱模剂及粉尘等；采用粘结力强、和易性较好的砂浆砌筑，控制铺灰长度和灰缝厚度；设置心柱、圈梁、伸缩缝，在温度、收缩比较敏感的部位局部配置水平钢筋。

(8)墙面渗水。砌块墙面及门窗框四周常出现渗水、漏水现象。

预防措施：认真检验砌块质量，特别是抗渗性能；加强灰缝饱满度控制；杜绝墙体裂缝；门窗框周边嵌缝应在墙面抹灰前进行，且要待固定门窗框铁脚的砂浆（或细石混凝土）达到一定强度后进行。

（9）层高超高。层高实际高度与设计高度的偏差超过允许值。

预防措施：保证配置砌筑砂浆的原材料符合质量要求，并且控制铺灰厚度和长度；砌筑前应根据砌块、梁、板的尺寸和规格计算砌筑皮数，绘制皮数杆；砌筑时控制好每皮砌块的砌筑高度；对于原楼地面的标高误差，可在砌筑灰缝或圈梁、楼板找平层的允许误差内逐皮调整。

第五节　圈梁和构造柱施工

一、圈梁

圈梁是在房屋的檐口、窗顶、楼层、吊车梁顶和基础顶面标高处，沿砌体墙水平方向设置的封闭状的、按构造配筋的混凝土梁式构件。

(一)圈梁的作用

圈梁能增强砌体房屋的整体刚度，承受墙体中由于地基不均匀沉降等因素引起的弯曲应力，在一定程度上防止和减轻了墙体裂缝的出现，防止纵墙外闪倒塌。圈梁提高了建筑物的整体性，圈梁和构造柱连接形成纵向和横向构造框架，加强了纵、横墙的联系，限制了墙体尤其是外纵墙山墙在平面外的变形，提高了砌体结构的抗压和抗剪强度，抵抗振动荷载和传递水平荷载。同时，圈梁还起到了水平箍的作用，可减小墙、柱的压屈长度，提高墙、柱的稳定性，增强建筑物的水平刚度；通过与构造柱的配合，提高墙、柱的抗震能力和承载力；在温差较大地区可防止墙体开裂。

(二)圈梁的设置

圈梁通常设置在基础墙、檐口和楼板处，其数量和位置与建筑物的高度、层数、地基状况和地震强度有关。

1. 空旷的单层房屋的设置：砖砌体房屋，檐口标高为 5～8 m 时，应在檐口标高处设置一道圈梁；檐口标高大于 8 m 时，应增加圈梁数量；砌块及料石砌体结构房屋，檐口标高为 4～5 m 时，应在檐口标高处设置一道圈梁；檐口标高大于 5 m 时，应增加圈梁数量；对有吊车或较大振动设备的单层工业房屋，当未采取有效的隔振措施时，除在檐口和窗顶标高处设置现浇钢筋混凝土圈梁外，还应增加设置数量。

2. 住宅、办公楼等多层砌体结构民用房屋，且层数为 3～4 层时，应在底层和檐口标高处各设置一道圈梁；当层数超过 4 层时，除应在底层和檐口标高处各设置一道圈梁外，还应在所有纵、横墙上隔层设置圈梁；多层砌体工业房屋，应每层设置现浇混凝土圈梁。设置墙梁的多层砌体结构房屋，应在拖梁、墙梁顶面和檐口标高处设置现浇钢筋混凝土圈梁。

3. 对建造在软弱地基或不均匀地基上的砌体结构房屋，应在基础和顶层各设置一道圈梁，其他各层可隔层或每层设置圈梁。多层房屋基础处设置一道圈梁。

(三)圈梁的构造

1. 圈梁应连续设置在墙的同一水平面上，并尽可能地形成封闭圈。当圈梁被门窗洞口截断时，应在洞口上部增设相同截面的附加圈梁，附加圈梁与截面圈梁的搭接长度不应小于其垂直间距的 2 倍，且不得小于 1 m。

2. 纵、横墙交接处的圈梁应有可靠的连接，刚弹性和弹性方案房屋，圈梁应与屋架、大梁等构件可靠连接。

3. 混凝土圈梁的宽度宜与墙厚相同，当墙厚不小于 240 mm 时，圈梁的宽度不宜小于 2/3 墙厚，圈梁高度不应小于 120 mm，纵向钢筋数量不应少于 4 根，直径不应小于 10 mm，绑扎接头的搭接长度根据受拉钢筋确定，箍筋间距不应大于 300 mm。

4. 圈梁兼作过梁时，过梁部分的钢筋应按计算面积另行增配。

5. 采用现浇混凝土楼(屋)盖的多层砖混结构房屋，当层数超过 5 层时，除应在檐口标高处设置一道圈梁外，可隔层设置圈梁，并应与楼屋面板一起现浇。未设置圈梁的楼面板嵌入墙内的长度不应小于 120 mm，并沿墙长配置不少于 2 根直径为 10 mm 的纵向钢筋。

二、构造柱

在砌体房屋墙体的规定部位，按构造配筋，并按先砌墙后浇灌混凝土柱的施工顺序制成的混凝土柱，通常称为混凝土构造柱，简称构造柱。

(一)构造柱的作用

构造柱能够提高砌体 10％～30％ 的抗剪强度，提高幅度与砌体高宽比、竖向压力和开洞情况有关。构造柱通过与圈梁的配合，形成空间构造框架体系，使其有较高的变形能力。当墙体开裂后，以其塑性变形和滑移、摩擦来耗散地震的能量，它在限制破碎墙体散落方面起着关键的作用。由于摩擦，墙体能够承担竖向压力和一定的水平地震作用，保证了房屋在遭遇地震作用时不至倒塌。

(二)构造柱的设置

构造柱应当设置在地震时震害较重、连接构造比较薄弱和易于应力集中的部位。为了与圈梁共同组成一个空间骨架，构造柱的位置应与圈梁的走向相适应。通常构造柱应在墙体的转折处、丁字接头处、十字接头处、楼梯间四周、疏散口、长墙中部等处设置。砖砌体房屋构造柱设置要求见表 2-5-1。

表 2-5-1 砖砌体房屋构造柱设置要求

房屋层数				设置部位	
6 度	7 度	8 度	9 度		
≤五	≤四	≤三		楼、电梯间四角，楼梯斜梯段上下端对应的墙体处；	隔 12 m 或单元横墙与外纵墙交接处；楼梯间对应的另一侧内横墙与外纵墙交接处
六	五	四	二	外墙四角和对应转角；错层部位横墙与外纵墙交接处；	隔开间横墙（轴线）与外墙交接处；山墙与内纵墙交接处
七	六、七	五、六	三、四	大房间内外墙交接处；较大洞口两侧	内墙（轴线）与外墙交接处；内墙的局部较小墙垛处；内纵墙与横墙（轴线）交接处

注：较大洞口，内墙指不小于 2.1 m 的洞口；外墙在内外墙交接处已设置构造柱时允许适当放宽，但洞侧墙体应加强。

（三）构造柱的构造

设有钢筋混凝土构造柱的墙体，应先绑扎构造柱钢筋，然后砌砖墙，最后支模浇筑混凝土。与构造柱连接处的墙应砌成马牙槎，每一个马牙槎沿高度方向的尺寸不应超过 300 mm 或 5 皮砖高，马牙槎从每层柱脚开始，应先退后进，进退相差 1/4 砖。墙与柱应沿高度方向每 500 mm 设水平拉结钢筋，每边伸入墙内不应少于 1 m，如图 2-5-1 所示。

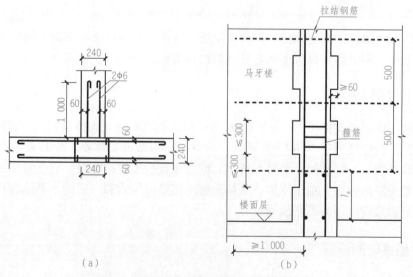

（a）　　　　　　　　　　（b）

图 2-5-1 构造柱的拉结钢筋布置及马牙槎连接

（a）平面图；（b）立面图

构造柱与墙连接处宜砌成马牙槎，并应沿墙高每隔 500 mm 设 2ϕ6 拉结钢筋，每边伸入墙内不小于 1 m 或伸至洞口边。构造柱的最小截面尺寸为 240 mm×180 mm，房屋四角的构造柱可适当加大截面尺寸，施工时应先砌墙再浇构造柱(图 2-5-2)，构造柱的混凝土强度等级不宜低于 C15，钢筋级别一般为 HPB300 级钢筋。混凝土保护层厚度为 20 mm，并不得小于 15 mm，也不宜大于 25 mm。纵向钢筋应采用 4Φ12，箍筋间距不宜大于 250 mm，且在柱上、下端宜适当加密。

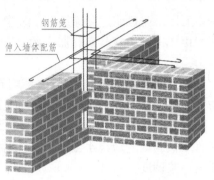

图 2-5-2　先砌墙再浇构造柱

构造柱与圈梁的连接如图 2-5-3 所示。圈梁和构造柱的交接处，圈梁钢筋应放在构造柱钢筋的内侧，即把构造柱当作圈梁的支座，这样对结构有利。构造柱可不单独设置基础，但应伸入地下 500 mm，宜在柱根设置 120 mm 厚的混凝土座，将柱的竖向钢筋锚固在该座内，这样有利于抗震，方便施工。当有基础圈梁时，可将构造柱竖向钢筋锚固在室外地面以下 50 mm 的基础圈梁内。若遇基础圈梁高于室外地面(室内、外高差较大)的情况，仍应将构造柱伸入室外地面以下 500 mm，在柱根设置 120 mm 厚的混凝土座。当墙体附有管沟时，构造柱的埋置深度应大于沟的深度。

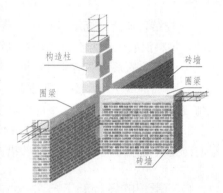

图 2-5-3　构造柱与圈梁的连接

第六节　砖混结构工程冬雨期施工

一、冬期施工的特点

由于冬期长时间的持续低温、大的温差、强风、降雪和反复冰冻，会给混凝土结构工程、砌体工程、土方工程、装饰工程造成危害和质量事故。

《砌体结构工程施工质量验收规范》(GB 50203—2011)规定：当室外日平均气温连续 5 d

稳定低于 5 ℃时，砌体工程应采取冬期施工措施。冬期施工期限以外，当日最低气温低于 0 ℃时，也应采取冬期施工措施。

二、砖砌体工程的冬期施工

砖砌体工程冬期施工的主要困难是砂浆遭受冻结。砂浆中所含的水受冻结冰后，一方面影响水泥的硬化，另一方面由于冻结会使砂浆膨胀大约 8%的体积，这会破坏砂浆内部结构，使其松散而降低凝结力。

砖混结构工程冬期施工应有完整的冬期施工方案。冬期施工所用材料应符合下列规定：石灰膏、电石膏等应防止受冻，如遭冻结，应经融化后使用；拌制砂浆用砂，不得含有冰块和大于 10 mm 的冻结块；砌体用砖或其他块材不得遭水浸冻。普通砖、多孔砖和空心砖在气温高于 0 ℃的条件下砌筑时，应浇水湿润。在气温低于或等于 0 ℃的条件下砌筑时，可不浇水，但必须增大砂浆稠度。

(一)冬期施工中砖、小砌块浇(喷)水湿润应符合下列规定

1. 烧结普通砖、烧结多孔砖、蒸压灰砂砖、蒸压粉煤灰砖、烧结空心砖、吸水率较大的轻集料混凝土小型空心砌块在气温高于 0 ℃的条件下砌筑时，应浇水湿润；在气温低于或等于 0 ℃的条件下砌筑时，可不浇水，但必须增大砂浆稠度。

2. 普通混凝土小型空心砌块、混凝土多孔砖、混凝土实心砖及采用薄灰砌筑法的蒸压加气混凝土砌块施工时，不应对其浇(喷)水湿润。

3. 抗震设防烈度为 9 度的建筑物，当烧结普通砖、烧结多孔砖、蒸压粉煤灰砖、烧结空心砖无法浇水湿润时，如无特殊措施，不得砌筑。

(二)常见的冬期施工方法

1. 外加剂法。
(1)掺盐砂浆：掺入盐类的水泥砂浆、水泥混合砂浆或微沫砂浆称为掺盐砂浆。
(2)抗冻化学剂：主要是氯化钠和氯化钙，其他还有亚硝酸钠、硝酸钙等。
(3)当气温降低时(日最低气温低于 15 ℃)，可以采用热砂浆加掺盐的办法。
(4)掺盐法用于设有构造配筋的砌体时，钢筋可以涂 2~3 道樟丹或者涂 1~2 道沥青，以防钢筋锈蚀。
(5)使用掺盐砂浆法砌筑砖砌体，应采用"三一"砌筑法进行操作。
对下列工程严禁采用掺盐砂浆法施工：对装饰有特殊要求的建筑物；使用湿度大于 60%的建筑物；接近高压电路的建筑物；热工要求高的建筑物；配筋砌体；处于地下水位变化范围内以及水下未设防水层的结构。

2. 冻结法。冻结法是砂浆中不使用任何防冻外加剂，允许砂浆在铺砌完成后就受冻的方法。
采用冻结法施工时，应会同设计单位、监理单位共同制定在砌筑过程中和解冻期必要的加固措施，以保证结构牢固和施工安全。

冻结法的施工工艺如下：

(1)对材料的要求：在砂浆使用时，温度不应低于 10 ℃；当日最低气温等于或高于 25 ℃时，对砌筑承重砌体的砂浆强度等级应比常温施工时提高一级；当日最低气温低于－25 ℃时，则应提高两级。

(2)砌筑施工工艺：采用冻结法施工时，应按照"三一"砌筑法。砌筑时一般采用一顺一丁或梅花丁的砌筑方法。冻结法施工中宜采用水平分段施工，墙体一般应在一个施工段范围内连续砌筑至一个施工层的高度，不得间断。对于房屋转角处和内外墙交接处灰缝的砌合应特别仔细。水平灰缝的厚度不宜大于 10 mm，门窗框上部应预留不小于 5 mm 的缝隙。

(3)砌体的解冻：用冻结法砌筑的砌体，在开冻前需进行检查，开冻过程中应组织观测。

由于冻结法允许砂浆在砌筑后遭受冻结，且在解冻后其强度仍可继续增长。所以。对有保温、绝缘、装饰等特殊要求的工程和受力配筋砌体以及不受地震区条件限制的其他工程，均可采用冻结法施工。

3.其他冬期施工法。

(1)暖棚法：是利用廉价的保温材料搭设简易结构的保温棚，将砌筑的现场封闭起来，使砌体在正温条件下砌筑和养护。

(2)蓄热法：用于气温在－5 ℃～10 ℃的不太寒冷的地区，或初春季节的砌体工程。利用对水、砂材料的加热，使搅拌砂浆在正温度下砌筑，并应立即覆盖保温材料，使砌体在正温条件下达到 20％的砌体强度。

三、雨期施工的要求

1. 合理组织施工：编制施工组织计划时，要根据雨期施工的特点，安排不宜在雨期施工的分项工程提前或延后，对必须在雨期施工的工程制定有效的措施，进行突击施工。

晴天安排室外工作，雨天安排室内工作，尽量缩小雨天室外作业的时间和工作面。密切关注气象预报，做好抗大风和防汛的准备工作，必要时应及时加固在建工程。

2.施工现场的道路、设施必须做到排水畅通、雨停水干，降水量大的地区在雨期到来之际，施工现场、道路及设施必须做好有组织的排水；临时排水设施尽量与永久性排水设施相结合。防止地表水流入地下室、基础、地沟内。根据实际情况采取措施，防止滑坡和塌方。

3.做好原材料、成品和半成品的防雨、防潮工作：水泥库必须保证不漏水，地面必须防潮，并按"先收先发、后收后发"的原则，避免久存受潮而影响水泥的活性。木门窗等易受潮变形的半成品应在室内堆放，其他材料也应根据其性能做好防雨、防潮工作。

4.施工现场临时设施、库房要做好防雨排水的准备：水泥、保温材料、铝合金构件、玻璃及装饰材料的保管堆放，应注意防潮、防雨和防止水的浸泡。

5.准备足够的防水、防汛材料(如草袋、油毡雨布等)和器材工具等，组织防雨、防汛抢险队伍，统一指挥，以防应急事件。

四、雨期施工的主要技术工作

(1)砖在雨期必须集中堆放，不宜浇水。砌墙时要求干湿砖块合理搭配，砖湿度大时不可上墙，以免砂浆流淌及砖块滑移造成墙体倒塌，每日砌筑的高度应控制在 1.2 m 以内。

(2)遇大雨必须停工。砌砖收工时应在砖墙顶盖一层干砖，避免大雨冲刷灰浆。大雨过后受雨冲刷过的新砌墙体应翻砌最上面的两层砖。

(3)稳定性较差的窗间墙、独立砖柱，应加设临时支撑或及时浇筑钢筋混凝土圈梁，以增加墙体的稳定性。

(4)砌体施工时，内外墙要尽量同时砌筑，转角及丁字墙之间的连接要同时跟上。遇大风时，应在与风向相反的方向加临时支撑，以保护墙体的稳定。

(5)雨水浸泡会引起脚手架底座下陷和倾斜，雨后施工要经常检查，发现问题及时加固处理。

(6)雨后继续施工时，要复核已完工砌体的垂直度和标高。

五、雨期施工的安全措施

(1)现场固定使用的机械设备(搅拌机、拌灰机、电焊机等)均应设置在地势较高、防潮避雨的地方，要搭设防雨棚，四周排水通畅，防止水淹设备。

(2)机械设备的电源线路需绝缘良好，要有完善、可靠的接地安全装置，可移动的电源开关、机电设备(振动器、水泵)，要装设漏电保护装置。

(3)高出建筑物的塔式起重机、施工电梯、钢管脚手架等，必须按电气专业的规定和要求安装临时避雷装置，以防止雷击事故。

第七节　砖混结构工程质量验收与安全技术要求

一、砖混结构工程质量验收

砖混结构工程质量验收必须严格按照工程建设国家标准《砌体结构工程施工质量验收规范》(GB 50203—2011)(以下简称《规范》)的规定。

《规范》中分别对砖砌体工程及混凝土小型空心砌块砌体工程等内容作了详细介绍。《规范》在"一般规定"中，主要介绍对原材料及施工过程的质量控制要求；在"主控项目"和"一般项目"中规定了验收项目的质量要求、抽检数量及检验方法。同时，《规范》还提供了大量砌体工程施工质量验收记录统一用表,以供施工参考。

二、砌筑工程安全技术措施

1. 进入现场,必须戴好安全帽,扣好帽带,并正确使用个人劳动防护用具。

2. 操作人员必须身体健康,并经过专业培训考试合格,在取得有关部门颁发的操作证或特殊工种操作证后,方可独立操作。学员必须在教师的指导下进行操作。

3. 悬空作业处应有牢靠的立足点,并必须视具体情况配置防护网、栏杆或其他安全设施。

4. 悬空作业所用的索具、脚手板、吊篮、吊笼、平台等设备,均需经过技术鉴定或检证方可使用。

5. 在操作之前必须检查操作环境是否符合安全要求、道路是否畅通、机具是否完好牢固、安全设施和防护用品是否齐全,经检查符合要求后才可施工。

6. 砌基础时,应检查并注意基坑土质的变化情况,有无崩裂现象,堆放砖块材料应离开坑边 1 m 以上。当深基坑装设挡板支撑时,操作人员应设梯子上下,不得攀跳,运料时不得碰撞支撑,也不得踩踏砌体和支撑上下。

7. 墙身砌体高度超过地坪 1.2 m 以上时,应搭设脚手架。在一层以上或高度超过 4 m 时,采用里脚手架必须支搭安全网,采用外脚手架应设护身栏杆和挡脚板后方可砌筑。

8. 脚手架上的堆料量不得超过规定荷载,堆砖高度不得超过 3 皮侧砖,同一块脚手板上的操作人员不应超过 2 人。

9. 在楼层(特别是预制板面)施工时,堆放机械、砖块等物品不得超过使用荷载;如超过使用荷载时,必须经过验算并采取有效加固措施后方可进行堆放和施工。

10. 不得站在墙顶上做画线、刮缝和清扫墙面或检查大角垂直等工作。

11. 不得用不稳固的工具或物体在脚手板面垫高操作,更不得在未经过加固的情况下,在一层脚手架上随意再叠加一层。脚手板不允许有空头现象。

12. 砍砖时应面向内操作,防止碎砖跳出伤人。

13. 用于垂直运输的吊笼、绳索具等,必须满足负荷要求、牢固无损,吊运时不得超载,并须经常检查,发现问题及时修理。

14. 用起重机吊砖要用砖笼,吊砂浆的料斗不能装得过满,吊件回转范围内不得有人停留。

15. 砖料运输车辆两车前后距离在平道上不小于 2 m,在坡道上不小于 10 m,装砖时要先取高处后取低处,防止倒塌伤人。

16. 砌好的山墙,应临时系联系杆(如檩条等)放置于各跨山墙上,使其联系稳定,或采取其他有效的加固措施。

17. 冬期施工时,脚手板上有冰雪、积雪,应先清除后才能上架子进行操作。

18. 每天下班时或遇雨天,要做好防雨措施,以防雨水冲走砂浆,使砌体倒塌。

19. 在同一垂直面内上、下交叉作业时,必须设置安全隔板,下方操作人员必须戴好安全帽。

20. 人工垂直向上或向下(深坑)传递砖块时,架子上的站人板宽度应不小于 60 cm。

第八节 砖混结构砖砌体施工方案

一、工程概况

某新建项目为砖混结构，五层，建筑面积为 6 789 m²，建筑总高度为 18.600 m。本工程基础及构造柱混凝土强度等级为 C30，墙体采用 MU10 烧结空心砖，砂浆采用 M7.5 水泥混合砂浆。请确定该工程的施工方案和质量保证措施。

二、主要施工方法和工艺要求

(一)施工准备

1. 材料及主要机具：

(1)砖：砖的品种、强度等级必须符合设计要求，并有出厂合格证、试验单。清水墙的砖应色泽均匀、边角整齐。

(2)水泥：水泥的品种及强度等级应根据砌体部位及所处环境条件选择，一般宜采用32.5级普通硅酸盐水泥或矿渣硅酸盐水泥。

(3)砂：砂选用中砂，配制 M5 以下砂浆所用砂的含泥量不超过 10%，M5 及其以上砂浆的砂含泥量不超过 5%，使用前用 5 mm 孔径的筛子过筛。

(4)掺合料：石灰熟化时间不少于 7 d，或采用粉煤灰等。

(5)其他材料：墙体拉结钢筋及预埋件、木砖应刷防腐剂等。

(6)主要机具：应备有大铲、刨锛、瓦刀、扁子、托线板、线坠、小白线、卷尺、铁水平尺、皮数杆、小水桶、灰槽、砖灰子、扫帚等。

2. 作业条件：

(1)完成室外及房心回填土，安装好沟盖板。

(2)办完地基、基础工程隐检手续。

(3)按标高抹好水泥砂浆防潮层。

(4)弹好轴线、墙身线，根据进场砖的实际规格尺寸，弹出门窗洞口位置线，经验线符合设计要求，办完预检手续。

(5)按设计标高要求立好皮数杆，皮数杆的间距以 15～20 m 为宜。

(6)砂浆由试验室做好试配，准备好砂浆试模(6 块为一组)。

(二)施工工艺

1. 工艺流程：砂浆搅拌→作业准备→砖浇水→砌砖墙→验评。

2. 砖浇水：烧结普通砖必须在砌筑前一天浇水湿润，一般以水浸入砖四边 1.5 cm 为宜，含水率为 10%～15%，常温施工不得用干砖上墙；雨期不得使用含水率达饱和状态的砖砌墙；冬期浇水较为困难，必须适当增大砂浆稠度。

3. 砂浆搅拌：砂浆配合比应采用质量比，水泥计量精度为±2%，砂、灰膏控制在±5%以内，宜用机械搅拌，搅拌时间不少于 1.5 min。

4. 砌砖墙：

(1)组砌方法：砌体一般采用一顺一丁(满丁、满条)、梅花丁或三顺一丁砌法。砖柱不得采用先砌四周后填心的包心砌法。

(2)排砖撂底(干摆砖)：一般外墙第一层砖撂底时，两山墙排丁砖，前后檐纵墙排条砖。根据弹好的门窗洞口位置线，认真核对窗间墙、垛尺寸，观察其长度是否符合排砖模数，如不符合模数时，可将门窗口的位置左右移动。若有破活，应将七分头或丁砖排在窗口中间、附墙垛或其他不明显的部位。移动门窗口位置时，应注意暖卫立管安装及门窗开启时不受影响。另外，在排砖时还要考虑在门窗口中边的砖墙合拢时也不出现破活。所以，排砖时必须做全盘考虑，前后檐墙排第一皮砖时，要考虑甩窗口后砌条砖，窗角上必须是七分头才是好活。

(3)选砖：砌清水墙应选择棱角整齐、无弯曲和裂纹、颜色均匀、规格基础一致的砖。敲击时声音响亮，焙烧过火变色，变形的砖可用在基础或不影响外观的内墙上。

(4)盘角：砌砖前应先盘角，每次盘角不应超过五层。新盘的大角，及时进行吊、靠。如有偏差要及时修整。盘角时要仔细对照皮数杆的砖层和标高，控制好灰缝大小，使水平灰缝均匀一致。大角盘好后再复查一次，当平整度和垂直度完全符合要求后，方可挂线砌墙。

(5)挂线：砌筑一砖半墙必须双面挂线，如果长墙几个人均使用一根通线，中间应设几个支线点，小线要拉紧，每层砖都要穿线看平，使水平缝均匀一致、平直通顺；砌一砖厚混水墙时，宜采用外手挂线，可照顾砖墙两面平整，为下道工序——控制抹灰厚度奠定基础。

(6)砌砖：砌砖宜采用一铲灰、一块砖、一挤揉的"三一"砌筑法，即满铺、满挤操作法。砌砖时砖要放平。里手高，墙面就要张；里手低，墙面就要背。砌砖一定要跟线，"上跟线，下跟棱，左右相邻要对平"。水平灰缝厚度和竖向灰缝宽度一般为 10 mm，且不应小于 8 mm，也不应大于 12 mm。为保证清水墙面主缝垂直，不游丁走缝，当砌完一步架高时，宜每隔 2 m 的水平间距，在丁砖立楞位置弹两道垂直立线，可以分段控制游丁走缝。在操作过程中，要认真进行自检，如有偏差应随时纠正，严禁事后砸墙。清水墙不允许有三分头，不得在上部任意变活、乱缝。砌筑砂浆应随搅拌随使用，一般水泥砂浆必须在 3 h 内用完，水泥混合砂浆必须在 4 h 内用完，不得使用过夜砂浆。砌清水墙应随砌随划缝，划缝深度为 8～10 mm，深浅一致，墙面清扫干净。混水墙应随砌随将舌头灰刮尽。

(7)留槎：外墙转角处应同时砌筑。内外墙交接处必须留斜槎，槎子长度不应小于墙体高度的 2/3，槎子必须平直、通顺。分段位置应在变形缝或门窗口角处，隔墙与墙或柱不同时砌筑时，可留阳槎加预埋拉结钢筋。按设计要求，沿墙高每 50 cm 预埋 2φ6 拉结钢筋，其埋入深度从墙的留槎处算起，一般每边均不小于 50 cm，末端应加 90°弯钩。施工洞口也应按以上要求留水平拉结钢筋。隔墙顶应用立砖斜砌挤紧。

(8)木砖预留孔洞和墙体拉结钢筋：木砖预埋时应小头在外，大头在内，数量按洞口高度决定。洞口高度在 1.2 m 以内的，每边放 2 块；洞口高度为 1.2～2 m 的，每边放 3 块；洞口高度为 2～3 m 的，每边放 4 块。预埋木砖的部位一般在洞口上边或下边四皮砖处，中间均匀分布。木砖要提前做好防腐处理。钢门窗安装的预留孔、硬架支模、暖卫管道，均应按设计要求预留，不得事后剔凿。墙体拉结钢筋的位置、规格、数量、间距均应按设计要求留置，不应错放、漏放。

(9)安装过梁、梁垫：安装过梁、梁垫时，其标高、位置及型号必须准确，坐灰饱满。如坐灰厚度超过 2 cm，要用豆石混凝土铺垫。过梁安装时，两端支承点的长度应一致。

(10)构造柱做法：凡设有构造柱的工程，在砌砖前应先根据设计图纸将构造柱位置进行弹线，并把构造柱插筋处理顺直。砌砖墙时，与构造柱连接处砌成马牙槎，每一个马牙槎沿高度方向的尺寸不宜超过 30 cm(即五皮砖)。马牙槎应先退后进。拉结钢筋按设计要求设置，当设计无要求时，一般沿墙高 50 cm 设置 2φ6 水平拉结钢筋，每边深入墙内不应小于 1 m。

5. 冬期施工。在预计连续 10 d 的平均气温低于 5 ℃或当日最低温度低于−3 ℃时，即进入冬期施工。冬期使用的砖，要求在砌筑前清除冰霜。水泥宜用普通硅酸盐水泥，灰膏要防冻，如已受冻应经过融化后方能使用。砂中不得含有大于 1 cm 的冻块。材料加热时，水加热不超过 80 ℃，砂加热不超过 40 ℃。砖正温度时应适当浇水，负温度时应停止浇水，可适当增大砂浆稠度。冬期不应使用无水泥的砂浆。砂浆中掺盐时，应用波美比重计检查盐溶液浓度，但对绝缘、保温或装饰有特殊要求的工程不得掺盐，砂浆使用温度不应低于5 ℃，掺盐量应符合冬期施工方案的规定。采用掺盐砂浆砌筑时，砌体中的钢筋应预先做防腐处理，一般涂两道防锈漆。

(三)质量标准

1. 主控项目。

(1)砖和砂浆的强度等级必须符合设计要求。

(2)砌体灰缝砂浆应密实饱满，砖墙水平灰缝的砂浆饱满度不得低于 80%；砖柱水平灰缝和竖向灰缝饱满度不得低于 90%。

(3)砖砌体的转角处和交接处应同时砌筑。严禁无可靠措施的内外墙分砌施工。在抗震设防烈度为 8 度及 8 度以上的地区，对不能同时砌筑而又必须留置的临时间断处应砌成斜槎，普通砖砌体斜槎水平投影长度不应小于高度的 2/3。多孔砖砌体的斜槎长高比不应小于 1/2。斜槎高度不得超过一步脚手架的高度。

(4)非抗震设防及抗震设防烈度为 6 度、7 度地区的临时间断处，当不能留斜槎时，除转角处外，可留直槎，但直槎必须做成凸槎，且应加设拉结钢筋，拉结钢筋应符合下列规定：

1)每 120 mm 墙厚放置 1φ6 拉结钢筋(120 mm 厚墙应放置 2φ6 拉结钢筋)；

2）间距沿墙高不应超过 500 mm；且竖向间距偏差不应超过 100 mm；

3）埋入长度从留槎处算起每边均不应小于 500 mm，对抗震设防烈度 6 度、7 度的地区，不应小于 1000 mm；

4）末端应有 90°弯钩。

2. 一般项目。

(1)砖砌体组砌方法应正确，内外搭砌，上、下错缝。清水墙、窗间墙无通缝；混水墙中不得有长度大于 300 mm 的通缝，长度 200 mm～300 mm 的通缝每间不超过 3 处，且不得位于同一面墙体上。砖柱不得采用包心砌法。

(2)砖砌体的灰缝应横平竖直，厚薄均匀。水平灰缝厚度及竖向灰缝宽度宜为 10 mm，但不应小于 8 mm，也不应大于 12 mm。

(3)砖砌体尺寸、位置的允许偏差及检验应符合表 2-3-1 的规定。

(四)成品保护

1. 墙体拉结钢筋、抗震构造柱钢筋、大模板混凝土墙体钢筋及各种预埋件，暖卫、电气管线等，均应注意保护，不得任意拆改或损坏。

2. 砂浆稠度应适宜，砌墙时应防止砂浆溅脏墙面。

3. 在吊放平台脚手架或安装大模板时，指挥人员和吊车司机要认真指挥和操作，防止碰撞已砌好的砖墙。

4. 在高车架进料口周围，应用塑料薄膜或木板等遮盖，保持墙面洁净。

5. 尚未安装楼板或屋面板的墙和柱，当可能遇到大风时，应采取架设临时支撑等措施，以保证施工中墙体的稳定性。

(五)施工中应注意的质量问题

1. 基础墙与上部墙错台：基础砖摺底要正确，收退大放角两边要相等，退到墙身之前要检查轴线和边线是否正确，如偏差较小可在基础部位纠正，不得在防潮层以上退台或出沿。

2. 清水墙游丁走缝：排砖时必须把立缝排匀，砌完一步架高度，每隔 2 m 间距在丁砖立楞处用托线板吊直弹线，二步架往上继续吊直弹粉线，由底往上所有七分头的长度应保持一致，上层分窗口位置必须同下层窗口保持垂直。

3. 灰缝大小不均：立皮数杆要保证标高一致，盘角时灰缝要掌握均匀，砌砖时小线要拉紧，防止一层线松，一层线紧。

4. 窗口上部立缝变活：清水墙排砖时，为了使窗间墙、垛排成好活，把破活排在中间或不明显的位置，在砌过梁上第一层砖时，不得随意变活。

5. 砖墙鼓胀：外砖内模墙体砌筑时，在窗间墙上、抗震柱两边分上、中、下留出 6 cm×12 cm 的通孔，在抗震柱外墙面上垫木模板，用花篮螺栓与大模板连接牢固。混凝土要分层浇筑，振捣棒不可直接触及外墙。楼层圈梁外三皮 12 cm 砖墙也应认真加固。如在振捣时发现砖墙已鼓胀，则应及时拆掉重砌。

6. 混水墙粗糙：舌头灰未刮尽，半头砖集中使用，造成通缝；一砖厚墙背面偏差较大；砖墙错层造成"螺丝墙"。半头砖应分散使用在墙体较大的面上。首层或楼层的第一皮砖要查对皮数杆的标高及层高，防止到顶砌成"螺丝墙"。一砖厚墙应外手挂线。

7. 构造柱处砌筑不符合要求：构造柱砖墙应砌成大马牙槎，设置好拉结钢筋，从柱脚开始两侧都应先退后进。当凿深 12 cm 时，宜上口一皮进 6 cm，再上一皮进 12 cm，以保证混凝土浇筑时上角密实。构造柱内的落地灰、砖渣等杂物必须清理干净，防止混凝土内夹渣。

复习思考题

1. 什么是砖混结构？砖混结构具有哪些特点？

2. 简述砌筑砂浆的分类及适用范围。

3. 皮数杆的作用是什么？怎样安放皮数杆？

4. 砖墙砌体的砌筑方法有哪些？简述砖砌体的施工工序。

5. 简述砌块施工的工作流程。

6. 简述圈梁与构造柱的作用和设置要点。

7. 根据砌体工程的标准砌筑工艺，观察现场砌体的砌筑工艺流程，指出他们在操作过程中存在的问题，并分析可能产生的后果。

8. 按照砌体工程质量的检查方法，检查现场砌体的质量，对不足之处分析其产生的原因，并提出改进方法。

9. 简述砌筑工程的安全生产措施，了解施工现场是如何进行安全生产的，写一篇心得体会。

第三章

框架、框剪和剪力墙结构施工

1. 了解框架、框剪和剪力墙结构受力特点；
2. 掌握模板工程的构造及施工要求，熟悉模板工程的质量验收；
3. 熟悉钢筋工程的质量要点以及钢筋工程的质量验收；
4. 掌握混凝土工程的制备、运输、浇筑及养护，熟悉其质量验收；
5. 了解混凝土后浇带、型钢混凝土及转换层的施工工艺。

工程案例

××市中医院病房楼工程，地下 1 层(面积为 3 834.1 m²)，地上 20 层(面积为 33 930.95 m²)，一层层高为 5.1 m，二层层高为 4.5 m，三层为设备层，层高为 3 m，建筑高度为 85.73 m。建筑结构的安全等级为一级，结构为钢筋混凝土框剪结构体系，框架及剪力墙抗震等级为二级，结构设计使用年限为 50 年，抗震设防类别为重点设防类，抗震设防烈度为 6 度，防火等级为一级。

第一节　框架、框剪和剪力墙结构受力特点简介

一、多层和高层建筑结构的受力特点

多层和高层建筑结构的受力特点和单层房屋有着明显的不同。主要有以下几个方面：

(1)随着房屋高度的增加，由水平力(风荷载和水平地震作用等)产生的内力和位移迅速增大。如果把建筑物视为一根竖立的悬臂梁，则其底部的轴向压力将与房屋高度成正比，由水平力产生的底部弯矩将与房屋高度的二次方成正比，由水平力产生的顶点水平位移将与房屋高度的四次方成正比。由此可见，随着房屋高度的增加，由水平力产生的内力

在总内力中所占的比例增大，房屋的水平位移也随之迅速增大。因此，结构的抗侧力问题愈加突出。

（2）随着房屋高度的增加，结构自重对结构受力的影响越来越重要。结构自重不仅产生竖向力，而且还增大地震作用。减轻结构自重，既可减少竖向荷载下结构构件的内力，又可减少地震作用下结构构件的内力和房屋的侧向位移，从而可减小结构构件的截面，节省材料、降低造价、增加使用空间。因此，减轻结构自重对于多层和高层房屋，尤其是高层房屋，具有十分重要的意义。

二、多层和高层房屋的结构体系

多层房屋和高层房屋之间没有明确界限。对于高层房屋的起始高度和层数，世界各国的规定均不一致。由于高层房屋建设标准高于多层房屋，因此，对于高层房屋的起始高度和层数的规定，与各国的建筑技术、消防设施和经济条件等因素有关。

按照我国现行《高层建筑混凝土结构设计规程》(JGJ 3—2010)的规定，10层及10层以上的住宅建筑和房屋高度大于24 m的其他高层民用建筑称为高层建筑。

此外，目前国际上一般将层数在30层以上或高度在100 m以上的高层建筑均称为超高层建筑。

1. 结构体系的类型。对于钢筋混凝土多层和高层建筑，常用的结构体系有：框架结构体系、剪力墙结构体系、框架-剪力墙结构体系和筒体结构体系。另外，还有巨型柱框架结构体系和悬挂结构体系等。

在多层建筑中，还常采用砖混结构体系。

（1）框架结构体系。框架结构体系（图3-1-1）是由横梁和柱子连接而成。梁、柱连接处（称为节点）一般为刚性连接，有时为便于施工或由于其他构造要求，也可将部分节点做成铰接或半铰接。柱支座一般为固定支座，必要时也可设计成铰支座。

框架结构布置灵活，容易满足建筑功能和生产工艺的多种要求。同时，经过合理设计，框架结构可以具有较好的延性和抗震性能。但是框架结构的侧向刚度较小，当层数较多或水平力较大时，水平位移也会较大，在强烈地震作用下往往由于变形过大而引起非结构构件（如填充墙）的破坏。因此，为了满足承载力和侧向刚度的要求，柱子的截面往往较大，既耗费建筑材料，又减小使用面积。这就使框架结构的建造高度受到一定的限制。

（2）剪力墙结构体系。剪力墙结构体系（图3-1-2）是由一系列钢筋混凝土墙（建筑物的承重内墙和外墙）组成。剪力墙既承受竖向荷载，又承受水平力。剪力墙水平截面的厚度较小、截面高度大。因此，剪力墙的平面刚度较小，而墙身平面的侧向刚度较大，纵、横向交错的剪力墙组成了一个整体侧向刚度较大的剪力墙结构体系，它能承受较大的水平力，并且侧移较小，因而可用于建造较高的建筑物。但是，剪力墙的布置受到楼板跨度的制约，从而间距较小，使建筑布置受到一定的限制，难以满足大空间的使用要求。因此，剪力墙结构体系常用于高层住宅、公寓和旅馆等居住建筑中，因为这类建筑需要划分居室和客房，隔墙数量较多且位置较为固定，可将隔墙与作为结构主体的剪力墙结合为一体。

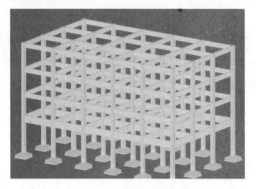

图 3-1-1　框架结构体系

图 3-1-2　剪力墙结构体系

当建筑物底层或底部几层需要大空间时（例如，在沿街建造的高层住宅中，往往要求在底层或底部几层布置商店），这就需要在建筑物的底部取消部分剪力墙，以形成大空间。为此，在结构布置时，可将底部的部分剪力墙改为框架，这种结构叫作框支剪力墙结构。

（3）框架-剪力墙结构体系。框架-剪力墙结构体系（简称框剪结构体系）（图 3-1-3）将框架结构体系和剪力墙结构体系结合起来，这样既可使建筑平面灵活布置，得到自由的使用空间，又可使整个结构抗侧移刚度适当，具有良好的抗震性能，因此，这种结构体系在高层建筑中得到广泛应用。

框架-剪力墙结构常用于高层公寓、旅馆、办公楼以及底部为商店的高层住宅。

（4）筒体结构体系。筒体结构体系是将剪力墙集中到房屋的内部或外部形成封闭的筒体，以此来承受房屋大部分或全部的竖向荷载和水平荷载所组成的结构体系。筒体分为实腹筒体和空腹筒体两类，有外筒、内筒、筒中筒和框架-核心筒（图 3-1-4）等结构形式。

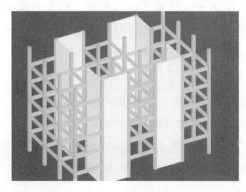

图 3-1-3　框剪结构体系

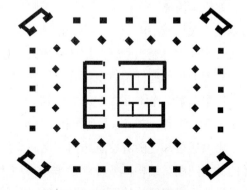

图 3-1-4　框架-核心筒结构体系

筒体结构如同一个固定于基础顶面的筒形悬臂梁。它不仅可以抵抗弯矩和剪力，而且可以抵抗扭矩，是一种整体刚度很大的空间结构体系。同时，它能够提供很大的建筑空间和建筑高度，因此，建筑内部空间的布置比较灵活。筒体结构广泛应用于多功能、多用途的超高层建筑中。

(5)巨型框架结构体系。巨型框架结构(图 3-1-5)是指由巨型梁和巨型柱组成的主框架及由普通梁和普通柱组成的次框架共同构成的框架结构。由此可见，巨型框架结构由两部分构成：一是由巨型梁和巨型柱组成的框架结构，我们称之为主框架或一级框架；二是由普通梁和普通柱组成的框架结构，我们称之为次框架或二级框架。

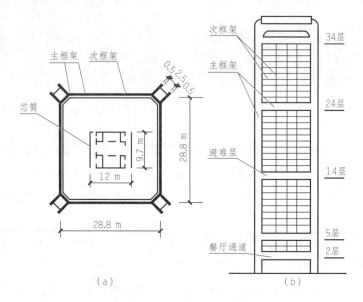

图 3-1-5　巨型框架结构

(a)巨型框架结构平面图；(b)巨型框架结构剖面图

主框架可以形象地比喻为按比例放大的框架，其中，巨型柱的尺寸很大，有时可超过一个普通框架的柱距，形式上可以是巨大的实腹钢筋混凝土柱、钢骨混凝土柱、空间格构式桁架或是筒体，大柱一般布置在房屋的四角和周边。巨型梁采用高度在一层左右的预应力混凝土大梁或平面(空间)格构式桁架，一般每隔 3～15 个楼层设置一道大梁。主结构的大梁实际上可充当刚臂，把两边的大柱连在一起组成一个整体巨型框架。

次框架为普通框架，由常规梁、柱构件组成。

巨型框架结构体系具有宽阔的使用空间，建筑布置灵活，能够满足建筑多功能的要求，适用于高层住宅、旅馆以及高层和超高层办公楼，巨型框架结构有着广阔的应用前景。

由上述可知，随着建筑物由多层向高层的发展，结构抵抗侧力的问题逐渐成为结构设计的关键问题，结构体系也就由框架-剪力墙结构体系、剪力墙结构体系以及由平面结构体系发展为空间结构体系(如筒体结构体系)。

2.结构施工的共同点。上述结构形式复杂多样，就钢筋混凝土主体结构施工而言，归结为钢筋混凝土柱、梁和板的施工，它们均包括模板、钢筋和混凝土三个分项工程。剪力墙可以看为截面高度很大的柱，除墙中的横向钢筋与柱中的箍筋有所区别外，其余的纵向钢筋、模板和混凝土浇筑均与柱的施工工艺相同。

第二节　模板工程施工

新课导入

1. 熟悉常见模板的种类、组成与基本要求。
2. 掌握常见模板的安装工艺及拆除要求。
3. 了解高支模的概念及其安全验算的要点。
4. 熟悉模板工程的质量检验标准。

一、模板的作用、组成、基本要求和分类

(一)模板的作用、组成和基本要求

混凝土具有较好的和易性和很强的可塑性，需要将其浇筑在与构件形状尺寸相同的模型内，经过凝结硬化，能成为需要的结构构件。模板就是使钢筋混凝土结构构件成型的模型。模板工程的施工工艺包括模板的选材、选型、设计、制作、安装、拆除和周转等过程。

钢筋混凝土结构构件的模板通常由两部分组成，即模板和支撑系统。支撑系统由支架和连接配件构成。

模板应具有一定的强度和刚度，以保证在混凝土自重、施工荷载及混凝土侧压力的作用下不破坏、不变形、不漏浆。

支撑系统是保证模板形状、尺寸及空间位置的支撑体系。在承受模板、钢筋、混凝土的自重及施工荷载时，其需要具有足够的承载力、侧向刚度和模板支撑体系的整体稳定性。模板及其支架应根据工程结构形式、荷载大小、地基土类别、施工设备和材料供应等条件进行设计。

质量良好的混凝土必须有良好的模板作为基础，因此，在现浇钢筋混凝土结构施工中，模板及其支承系统必须达到以下基本要求：

(1)保证工程结构和构件各部分的形状、尺寸和相互之间位置的正确性。

(2)具有足够的强度、刚度和稳定性，能可靠地承受新浇筑混凝土的质量和侧压力及倾倒混凝土时的冲击力、振动器的振捣力等。

(3)构造简单，装拆方便，便于绑扎钢筋、浇筑混凝土及满足养护等工艺要求。

(4)模板接缝严密，不得漏浆。

(5)要因地制宜、合理选材，做到经济用料，并能多次周转使用。

(二)模板的分类和发展方向

1. 模板的分类。模板的种类很多，主要有以下几种类型：

(1)按材料可分为木模板、钢木模板、胶合模板、钢竹模板、钢模板、塑料模板、玻璃钢模板、铝合金模板等。

(2)按结构的类型可分为基础模板、柱模板、楼板模板、楼梯模板、墙模板、壳模板和烟囱模板等。

(3)按其形式不同可分为整体式模板、定型模板、滑升模板、移动模板、台模等。

(4)按施工方法可分为现场装拆式模板、固定式模板、移动式模板、永久性模板等。

1)现场装拆式模板是一般现浇钢筋混凝土工程中常用的模板，按照设计要求的结构形状、尺寸及空间位置在现场组装，当所浇筑的混凝土经养护并达到拆模强度后即可拆除模板，再搬运至别处重新安装。现场装拆式模板多用定型模板和工具式支撑。

2)固定式模板也称胎模，一般固定于地面，多用于制作预制构件、基础等。

3)移动式模板是随着混凝土的浇筑，在较长的结构或较高的结构中沿水平或垂直方向逐渐移动，可节约大量的模板材料。滑升模板是沿垂直方向的移动式模板。

4)永久性模板又称一次性消耗模板，是指用钢丝网、水泥或钢筋混凝土制成的模板，待浇筑的混凝土强度达到设计要求后，该模板不拆除，其是组成结构的一部分，与现浇结构叠合后共同组合成受力构件。这种模板多用于大体积混凝土，如设备基础和人工挖孔桩的护壁等。

2. 模板的发展方向。随着新结构、新技术、新工艺的采用，模板工程也在不断发展，逐渐研究和开发出各种以人造板作面板的新型模板，成为我国模板工程的发展趋势。在模板工程的新工艺上，由散体板件的拼装进步为定型模板，现在已进入工具式模板阶段。现浇混凝土结构所用模板技术已迅速向多样化、体系化方向发展，除木模板外，已形成组合式、工具式、永久式三大系列工业化模板体系。其发展方向是：构造上由不定型向定型发展；材料上由单一木模板向多种材料模板发展；功能上由单一功能向多功能发展。

模板的发展使钢筋混凝土结构模板逐步实现定型化、装配化、工具化；同时，因地制宜地发展多种支模方法，大量节约了模板材料，尤其是木材，提高了模板的周转率，降低了工程成本，加快了工程进度，进一步提高了模板制作质量和施工技术水平。以整间大模板代替普通模板进行混凝土墙板结构施工，不仅节约了模板材料，还大大提高了工程质量和施工机械化程度，缩短工期，使模板本身形成了建筑体系，由支架系统逐渐向脚手架和支架通用性的工具化方向发展。

二、模板的构造和安装

模板工程的工艺流程如图 3-2-1 所示。

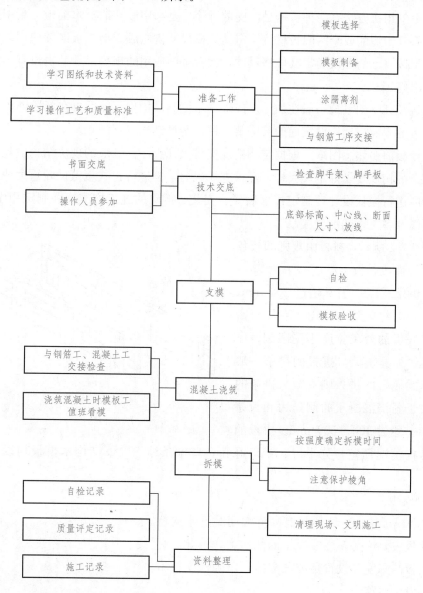

图 3-2-1 模板工程的工艺流程

(一)木模板的构造和安装

木模板在我国 20 世纪 50~60 年代开始应用，是钢筋混凝土结构施工中采用较早的一种模板。目前，我国推广应用量较大的是钢与木胶合板组合的定型模板，并配以固定立柱早拆水平支承和模板的早拆支撑体系。虽然这是目前我国较先进的一种定型组合模板，也是世界上较先进的一种组合模板，但其他形式的模板在构造上可以说是从木模板演变而来的，而且目前还有一些中、小工程或工程的某些部位仍在使用木模板，所以，学习木模板的构造仍然很有必要。

木模板的组拼方法有两种：一是散支散拆；二是利用散支散拆木模板。利用散支散拆木模板是将其中短的或窄的旧板材按一定的规格尺寸拼制成定型模板继续使用，以节约材料。各单位按自己的习惯确定其规格尺寸，没有全国通用的规格尺寸，也没有固定的产品在市场上出售。

木模板及其支架系统一般在加工厂或现场木棚制成构件，然后再在现场拼装。

木拼板的表面根据构件表面的装饰要求可以选择刨光或不刨光。

配制模板前要熟悉图纸，根据结构情况安排操作程序。一般的现浇结构应先做好标准支杆，复杂的构件要做好足尺大样，经检查无误后，再进行正式生产。较重大或结构复杂的工程，应进行模板设计，制定模板制作、安装、拆除的施工方案，并制定相应的质量、安全措施以及各工种的配合关系等。

如图 3-2-2 所示，拼板由规则的板条用拼条拼钉而成，板条厚度一般为 25～50 mm，板条宽度一般不超过 200 mm，以保证干缩时缝隙均匀、浇水后易于密缝。但梁底板的板条宽度不受限制，以减少拼缝，防止漏浆。拼板的拼条一般平放，但梁侧板的拼条则立放。拼条的间距取决于新浇混凝土的侧压力和板条的厚度，一般为 400～500 mm。拼板的

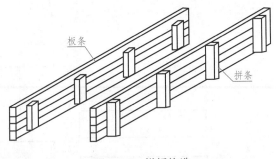

板条

拼条

图 3-2-2 拼板构造

拼缝视结构情况而定，分平缝、错口缝和企口穿条缝。以下结构木模板均以木胶模板为例。

1. 墙模板。

（1）墙模板构造。墙体具有高度大而厚度小的特点，其模板主要承受新浇混凝土的侧压力，因此，必须加强面板的刚度并设置足够的支撑，以确保模板不变形且不发生位移。

混凝土墙模板的构造如图 3-2-3 所示。墙模板的侧板可以采用长条板横拼，即预先与立挡钉成大块板，板块的高度一般不超过 2 m。牵杠钉在立挡外侧，从底部开始每隔 1～1.5 m 设置一道。在牵杠与木桩之间支斜撑和平撑。也可以采用胶合板替代木长条

图 3-2-3 墙模板现场施工图

板，以减少拼缝的数量。

（2）墙模板安装。墙模板安装的工艺流程：弹线→安装门洞口模板→安装一侧模板→安装另一侧模板→模板支撑加固→调整垂直度→复核上口尺寸→预检。

墙模板安装时，根据边线先立一道侧模板，临时用支撑撑住，用线坠校正模板的垂直度，然后钉牵杠，再用斜撑和平撑固定。待钢筋绑扎好后，按同样的方法安装另一侧模板及斜撑等，如图 3-2-4 所示。为了保证墙体厚度的准确，在两侧模板之间可用小方木撑头。

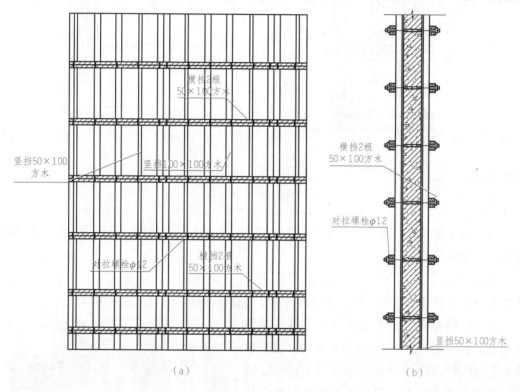

图 3-2-4　墙模板构造

(a)墙模板立面图；(b)墙模板剖面图

为了防止浇筑混凝土的墙身鼓胀，可用 8～10 号铅丝或直径为 12～16 mm 对拉螺栓拉结两侧模板。

2. 柱模板。

（1）柱模板构造。柱子的特点是断面尺寸不大但比较高。因此，柱模板的构造和安装主要需保证垂直度及抵抗新浇筑混凝土的侧压力，与此同时，也要便于浇捣混凝土、清理垃圾等。

矩形柱的模板由四面侧板、柱箍、支撑组成。构造做法有两种：一是两面侧板为长条板用木挡纵向拼制，另两面用短板横向逐块钉上，底部开有清理孔，在柱模底部用小方木钉成方盘，用于固定；二是将柱子四边侧模都采用纵向模板，则模板横缝较少。当采用胶合板模板时，其构造更为简单，如图 3-2-5 所示。

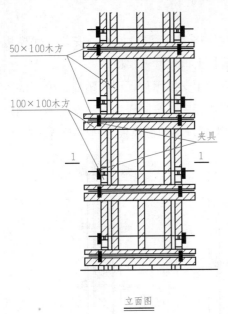

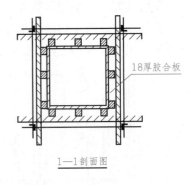

图 3-2-5 柱模板构造

为了防止在混凝土浇筑时模板产生鼓胀变形,模外应设置柱箍,可采用木箍、钢木箍及钢箍、蝴蝶卡等。

(2)柱模板安装。柱模板安装工艺流程:弹柱子位置线→柱子模板范围抄平→安装柱子模板→安装柱箍→柱子模板支撑加固→调整垂直度→复核上口尺寸→预检。

安装柱模板时,应先在基础面上弹柱轴线及边线,同一柱列应先弹两端柱轴线及边线,然后拉通线弹出中间部分柱的轴线及边线。按照边线先把底部方盘固定好,然后再对准边线安装柱模板。安装时,应校正其相邻两个侧面的垂直度,检查无误后即可用斜撑固定,如图 3-2-6所示。同一柱列的模板,可采取先校正两端的柱模,然后在柱模顶中心拉通线,按通线校正中间部分柱模的方法。

图 3-2-6 柱模板现场施工图

3. 梁模板。

(1)梁模板构造。梁的跨度较大而宽度不大,梁底一般是架空的,混凝土对梁侧模有侧压力,对梁底模有垂直压力,因此,梁模板及支架必须能承受这些荷载而不致发生规范允许外的过大变形。

梁模板主要由侧板、底板、夹木、托木、梁箍、支撑等组成,如图 3-2-7所示。其中侧板用厚为 25 mm 的长条板,而底板一般用厚为 40~50 mm 的长条板,均加木挡拼制,或用整块板。在梁底板下每隔一定间距用顶撑支设。顶撑可以用圆木、方木或钢管制成。

顶撑底要加垫一对木楔以校正标高。为使顶撑传下来的集中荷载均匀地传给地面，需在顶撑底加盖垫板。多层建筑施工中，应使上、下层的顶撑在同一垂直线上，单梁的侧模板一般拆除较早，因此，侧模板应包在底模板的外面。柱的模板与梁的侧模板一样，可较早拆除，梁的模板也不应伸到柱模板的开口内，同样，次梁的模板也不应伸到主梁侧模板的开口内。在主梁与次梁的交接处，应在主梁侧板上留缺口，并钉上衬口挡，次梁的侧板和底板钉在衬口挡上。

当梁的高度较大时，应在侧板外面另加斜撑，斜撑上端钉在托木上，下端钉在顶撑的帽木上。独立梁的侧板上口用搭头木互相卡住。

当梁两侧有现浇板整浇时，图 3-2-7 中梁模两侧的斜撑和顶部对搭头木应取消，由梁两侧的板底模对梁侧模起约束作用，如图 3-2-8 所示。

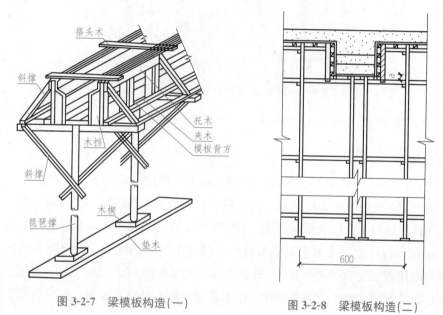

图 3-2-7　梁模板构造(一)　　　　　　　图 3-2-8　梁模板构造(二)

(2)梁模板安装。梁模板安装工艺流程：弹梁中线和位置线→支立柱→调整标高→安装梁底模→绑梁钢筋→安装侧模→预检。

梁模板安装时，沿梁模板下方地面上铺垫板，在柱模板缺口处钉衬口挡，把底板搁置在衬口挡上。然后，立靠近柱或墙的顶撑，再将梁长度等分，立中间部分的顶撑，顶撑底下打入木楔，检查调整梁底标高后，安装梁两边侧模板，两头钉在衬口挡上，在侧板底外侧铺钉夹木，再钉上斜撑和水平拉条。有主、次梁模板时，要待主梁模板安装并校正后，才能进行次梁模板安装。梁模板安装后应拉中线检查以及复核各梁模板中心线位置是否正确。

若梁的跨度大于或等于 4 m 时，应使梁底模板中部略起拱，防止由于混凝土的重力使跨中下垂。如设计无规定时，起拱高度宜为全跨长度的 1‰～3‰。

在现浇结构中，这种独立梁已不常见，通常是梁板整体浇筑，其模板支设如图 3-2-9 所示。

图 3-2-9　梁模板现场施工图

4. 楼板模板。

(1)楼板模板构造。楼板模板的特点是面积较大而厚度一般不大,因此,横向侧压力较小,楼板模板及支撑系统主要是承受新浇筑混凝土的垂直荷载和施工荷载,保证模板不变形下垂。楼板模板由底模和横楞组成,横楞下方由支柱承担上部荷载。底模一般用厚为20~25 mm 的木板拼成,或采用定型木模块,铺设在横楞搁栅上。搁栅两头搁置在托木上,搁栅一般用断面为 50 mm×100 mm 的方木,其间距为 400~500 mm。定型木模块的规格尺寸要符合搁栅间距,或调整搁栅间距来适应定型木模块,如图 3-2-10 所示。

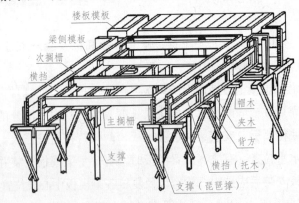

图 3-2-10　楼板模板构造

(2)楼板模板安装。楼板模板安装工艺流程:地面夯实→支立柱→安装楞木→铺模板→校正标高→水平和垂直支撑→预检。

楼板模板安装时，一般是先支设梁模板，后支设楼板的横楞搁栅，再依次支设下面的横杠和支柱。即先在梁模板的两侧板外侧弹水平线，水平线的标高应为楼板底标高减去楼板模板厚度及搁栅高度；然后按水平线钉上托木，托木上口与水平线相齐；再把靠梁模旁的搁栅先摆上，等分搁栅间距，铺中间部分的搁栅后，再铺设楼板模板。

5. 楼梯模板。楼梯模板的构造与楼板模板构造相似，其不同点是楼梯模板要倾斜支设，且要能形成踏步。

如图 3-2-11 所示为板式楼梯的安装构造图，板式楼梯包括楼梯段(梯板和踏步)、梯基梁、平台梁及平台板等。梯板成倾斜面，其拼合板由 20～25 mm 厚的板拼成，用 50 mm×60 mm 的木方做带，100 mm×100 mm 木方为托木和支柱。将梯步放置于板上，锯下多余部分成齿形，再把梯步模板钉上，安装固定在绑完钢筋的楼梯斜面上即可。平台梁和平台板模板的构造与肋形楼盖模板基本相同。楼梯模板是由底模、搁栅、牵杠、牵杠撑、外帮板、踏步侧板、反三角板等组成。

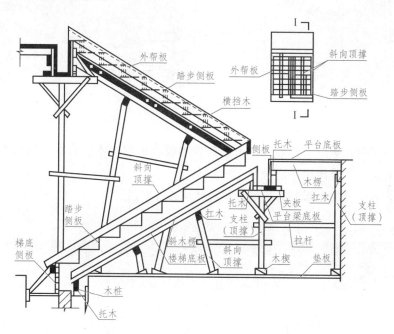

图 3-2-11 楼梯模板

梯段侧板的宽度至少要等于梯段板厚及踏步高，板的厚度为 30 mm，长度按梯段长度确定。每一梯段至少要配一块反三角木，楼梯较宽时可多配。反三角木用横楞及立木支吊。

在楼梯段模板放线时要注意每层楼梯的第一步和最后一个踏步的高度。施工时常因忽略了楼地面面层厚度的不同，而造成高低不同的现象，影响使用。

(二)胶合板模板简介

1. 胶合板模板的优点：

（1）板幅大、接缝少、费用低、安装方便、效率高；

（2）板面平整，浇筑混凝土的外观光滑，可直接刮腻子装饰，能满足清水混凝土的外观要求；

（3）锯截方便，易加工成各种形状的模板，便于按工程的需要弯曲成型，用作曲面模板。

常用的胶合板有木胶合板和竹胶合板两种。

2. 胶合板模板施工简介：

（1）木胶合板模板（图 3-2-12）。

图 3-2-12　木胶合板模板

1）分类：木胶合板以材种分类，可分为软木胶合板与硬木胶合板；以耐水性能分类，可分为Ⅰ～Ⅱ类，Ⅰ类耐水性能最好。

2）规格：我国模板用木胶合板的规格尺寸见表 3-2-1。

表 3-2-1　木胶合板的规格尺寸　　　　　　　　　　　　　　　　　mm

模数制		非模数制		厚度
宽度	长度	宽度	长度	
600	1 800	915	1 830	12.0
900	1 800	1 220	1 830	15.0
1 000	2 000	915	2 135	18.0
1 200	2 400	1 220	2 440	21.0

3）构造：模板用的木胶合板通常由 5、7、9、11 层等奇数单板经热压固化而胶合成型，相邻层的纹理方向相互垂直，通常最外层表面的纹理方向和胶合板板面的长向平行，因此，整张胶合板的长向为强方向，短向为弱方向，使用时必须加以注意。

4）安装：采用木胶合板制作模板的构造与木模板类似，只是用木胶合板代替木模板板材，其板材拼缝少、安装施工更简便、表面更平整。

（2）竹胶合板模板。我国竹材资源丰富，而且竹材顺纹抗拉强度可达 18 MPa，为松木的 2.5 倍，因此，在我国木材资源短缺的情况下，以竹材为原料，制成混凝土模板用竹胶合板，具有强度高、收缩率小、膨胀率和吸水率低，以及承载能力大等特点，是一种具有发展前途的新型建筑模板。

竹胶合板的面板与芯板所用材料可相同（图 3-2-13），也可不同（图 3-2-14）。芯板将竹子劈成竹条，又称竹帘单板，宽为 14～17 mm，厚为 3～5 mm，在软化池中进行高温软化处理后，进行烤青、烧黄、去竹皮及干燥等进一步处理，竹帘的编织可用人工或编织机编织。面板通常为编席单板，做法是将竹子劈成蔑片，由编工编成竹席，表面板采用薄木胶合板。这样既可利用竹材资源，又兼有木胶合板的表面平整度。

图 3-2-13　面板与芯板相同的竹胶合板

图 3-2-14　面板采用薄木的竹胶合板

另外，也有采用竹编席做面板，这种板材表面平整度较差，且胶粘剂用量较多。

为了提高竹胶合板的耐水性、耐磨性和耐碱性，经试验证明，竹胶合板表面进行环氧树脂涂面的耐碱性较好。国家标准《竹编胶合板》（GB/T 13123—2003）规定竹胶合板的规格见表 3-2-2。

表 3-2-2　竹胶合板长、宽规格　　　　　　　　　　　　　　　　　　　mm

长度	宽度	长度	宽度
1 830	915	2 440	1 220
2 000	1 000	3 000	1 500
2 135	915	—	—

竹胶合板的构造、安装与木胶合板相似（图 3-2-15）。

(三)组合式模板的构造

1. 定型组合钢模板的构造。定型组合钢模板是一种工具式定型模板，由钢模板和配件组成，配件包括连接件和支撑件。

钢模板通过各种连接件和支撑件可组合成多种尺寸、结构和几何形状的模板，以适应各种类型建筑物的梁、柱、板、墙、基础和设备

图 3-2-15　竹胶合板梁、板模板施工现场

等施工的需要，也可用其拼装成大模板、滑模、隧道模和台模等。施工时可在现场直接组

装，也可预拼装成大块模板或构件模板，用起重机吊运安装。

定型组合钢模板组装灵活、通用性强、拆装方便；每套钢模可重复使用 50～100 次；加工精度高、浇筑混凝土的质量好，成型后的混凝土尺寸准确、棱角整齐、表面光滑。组合钢模板的部件，主要由钢模板、连接件和支撑件三部分组成。

(1)钢模板。钢模板主要包括平面模板[图 3-2-16(a)]、阳角模板[图 3-2-16(b)]、阴角模板[图 3-2-16(c)]和连接角模板[图 3-2-16(d)]等。

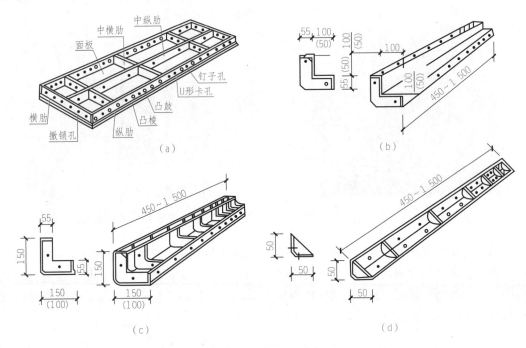

图 3-2-16　钢模板类型

(a)平面模板；(b)阳角模板；(c)阴角模板；(d)连接角模板

1)平面模板。由面板和肋条组成，采用 Q300 钢板制成，面板厚 2.3 mm 或 2.5 mm，肋条上设有 U 形卡孔。

平面模板可用于基础、墙体、梁、柱和板等各种结构的平面部位。

2)转角模板。转角模板有阳角、阴角和连接角模板三种，主要用于结构的转角部位，能有效地避免漏浆现象，提高混凝土的质量。

3)倒棱模板。分为角棱和圆棱模板两种，主要用于梁、柱、墙等阳角的倒棱部位。倒棱模板的长度与平面模板相同。

4)梁腋模板。主要用于渠道、沉箱和高架结构的梁腋部位。

5)其他模板。包括柔性模板、搭接模板、可调模板和嵌补模板等。

(2)连接件(图 3-2-17)。

1)U 形卡。U 形卡用于钢模板纵、横向的自由拼接，将相邻钢模板夹紧固定。

2)L 形插销。L 形插销用来增强钢模板的拼接刚度，确保接头处板面平整。

3)钩头螺栓。钩头螺栓用于钢模板与内、外钢楞之间的连接固定，直径为 12 mm。

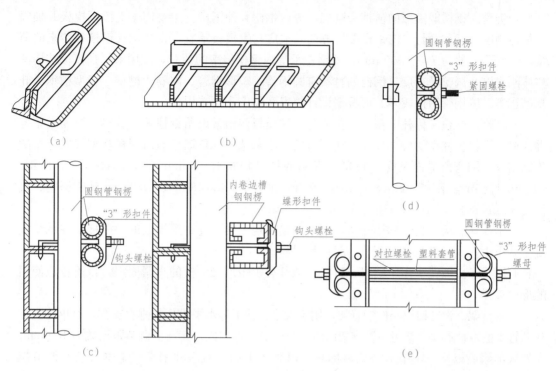

图 3-2-17　钢模板连接件

(a)U形卡连接件；(b)L形插销连接；(c)钩头螺栓连接；(d)紧固螺栓连接；(e)对拉螺栓连接

4)紧固螺栓。紧固螺栓用于紧固内、外钢楞，以增强模板拼装后的整体刚度，一般为12 mm。

5)扣件。扣件用于钢模板与钢楞或钢楞之间的紧固，并与其他构件一起将钢模板拼装成整体。配件应与相应的钢楞配套使用。按钢楞形状的不同，分为蝶形扣件和"3"形扣件，它能与钩头螺栓、紧固螺栓配套使用。

6)对拉螺栓。对拉螺栓用于连接内、外模板，保持模板的间距，承受新浇筑混凝土的侧压力和其他荷载，使模板具有足够的刚度和强度。常用的为圆杆式拉杆，又称穿墙螺栓，分组合式和整体式两种。对拉螺栓的规格和性能见表 3-2-3。

表 3-2-3　对拉螺栓的规格和性能

螺栓直径/mm	螺纹内经/mm	净面积/mm²	容许拉力/N	质量/(kg·m⁻¹)
M12	10.11	76	12 900	0.89
M14	11.84	105	17 800	1.21
M16	13.84	144	24 500	1.58
M18	15.29	174	29 600	2.00
M20	17.29	225	38 200	2.45
M22	19.29	282	47 900	2.98

(3)支撑件。定型组合钢模板的支撑件包括钢楞、柱箍、支架、斜撑及钢桁架等。

1)钢楞。钢楞即模板的横挡和竖挡，分内钢楞和外钢楞。主要用于支撑钢模板并加强其整体刚度，又称龙骨。内钢楞配置方向一般应与钢模板垂直，直接承受钢模板传来的荷载，其间距一般为 700～900 mm。外钢楞承受内钢楞传来的荷载，或用来加强模板结构的整体刚度以及调整平直度。钢楞的材料有圆钢管、矩形钢管、内卷边槽钢、轻型槽钢、轧制槽钢等，以钢管用得较多。可根据设计要求和供应条件选用。

2)柱箍。柱箍又称柱卡箍、定位夹箍。柱模板四角常设角钢柱箍，直接支撑和夹紧各类柱模，可根据柱模的外形尺寸和侧压力的大小来选用。角钢柱箍由两根互相焊成直角的角钢组成，用弯角螺栓及螺母拉紧。常用的柱箍规格有 75 mm×50 mm×5 mm 角钢、60 mm×6mm 扁钢、80 mm×43 mm×5 mm 和 100 mm×48 mm×5.3 mm 轧制槽钢、直径为 48 mm×3.5 mm 和直径为 51 mm×3.5 mm 钢管。

3)梁卡具。梁卡具也称梁托架，用于夹紧固定大梁、过梁等模板的侧模板，并承受混凝土侧压力，其种类较多，可节约斜撑等材料。

4)圈梁卡。圈梁卡用于圈梁、过梁、地基梁等矩形梁侧模的夹紧固定，目前各地使用的形式多样。

5)钢支架。钢支架也叫作钢管架，用于大梁、楼板等水平模板的垂直支撑，有单管支柱和四管支柱多种形式。常用钢管支架由内、外两节钢管制成，其高低调节距模数为 100 mm；支架底部除垫板外，均用木器调整标高，以利于拆卸。另一种钢管支架本身装有调节螺杆，能调节一个孔距的高度，使用方便，但成本略高。当用于层高较大的梁、板等水平构件模板的垂直支撑，且荷载较大、单根支架承载力不足时，可用组合钢支架或钢管井架，还可用扣件式钢管脚手架、门形脚手架作支架。

6)斜撑。斜撑是由组合钢模板拼成的整片墙模或柱模。在吊装就位后，下端垫平，紧靠定位基准线，模板应用斜撑调整和固定其垂直位置。

2. 定型组合钢模板的安装。定型组合钢模板的安装工艺流程，可参照木模板。如图 3-2-18、图 3-2-19 所示。

图 3-2-18　墙定型组合钢模板现场施工图　　图 3-2-19　楼板定型组合钢模板现场施工图

3. 钢框胶合板模板的安装。钢框胶合板(图 3-2-20)是指钢框与木胶合板或竹胶合板结合使用的一种模板。其由钢框和防水木、竹胶合板平铺在钢框上，用沉头螺栓与钢框连牢。

钢框胶合板模板的安装与定型组合钢模板类似，由于钢框胶合板模板板幅大、接缝少，相比定型组合钢模板的安装，施工操作更简便，施工速度更快，如图3-2-21所示，剪力墙采用钢框胶合板模板现场施工图。

图 3-2-20　钢框胶合板模板

图 3-2-21　钢框胶合板模板现场施工图

(四)新型模板体系施工

新型模板体系包括大模板、滑升模板、爬升模板、台模、永久性模板、早拆模板等。

1. 大模板。大模板是一种大尺寸工具式模板(图3-2-22)。

(1)大模板的组成。大模板由面板、次肋、主肋、支撑桁架、稳定机构及附件组成(图3-2-23)。

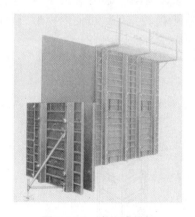

图 3-2-22　全钢大模板

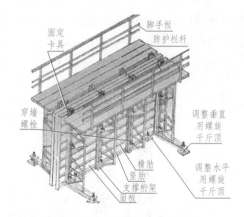

图 3-2-23　大模板构造示意图

1)面板：一般用4~5 mm的钢板，也可用组合钢模板拼装而成。

2)次肋(横楞或内楞)：一般用较小的槽钢；间距为0.3 m左右。

3)主肋(竖楞或外楞)：一般用较大的槽钢([6.5或[8)，间距为1 m左右。

(2)大模板制作安装。通常将承重剪力墙或全部内外墙体混凝土的模板制成片状大模板，根据需要，每道墙面可制成一块或数块，在地面拼装(图3-2-24)，由起重机进行装拆吊运(图3-2-25)。

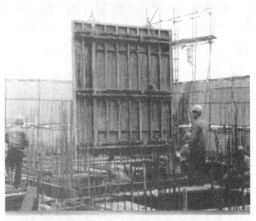

图 3-2-24 大模板地面拼装施工图　　　　图 3-2-25 大模板现场吊装施工图

(3)大模板的布置方案。

1)平面布置方案。大模板平面布置方案主要有平模布置、小角模布置、大角模布置等。其中，小角模方案使用广泛，其适应性强，便于模板的平面位置与垂直度的校正。

a. 平模布置方案。平模布置方案是以一个整面墙面制作成一块模板，能较好地保证墙面的平整度。当房间四面墙体都采用平模布置时，横墙与纵墙混凝土一般分两次浇筑。模板组装和拆卸方便。但由于纵、横墙需分开浇筑，故竖向施工缝多，从而影响房屋的整体性。

b. 小角模布置方案。小角模布置方案是为适应纵、横墙一起浇筑而在纵、横墙相交处附加的一种模板，通常用角钢制成。小角模设置在平模转角处，可使内模形成封闭的支撑体系，模板整体性好、组拆方便、墙面平整(图 3-2-26、图 3-2-27)。

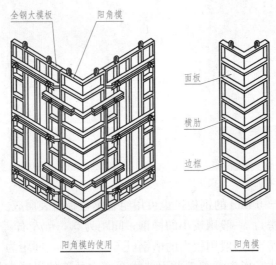

图 3-2-26 阳角模结构形式及加固示意图

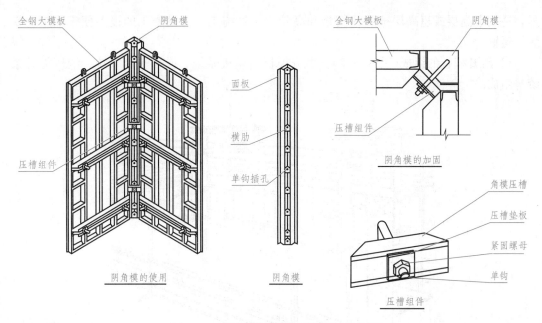

图 3-2-27 阴角模结构形式及加固示意图

2)大模板外墙布置方案。大模板外墙布置方案通常是将大模板支撑在附壁式支撑架上（图 3-2-28、图 3-2-29）。

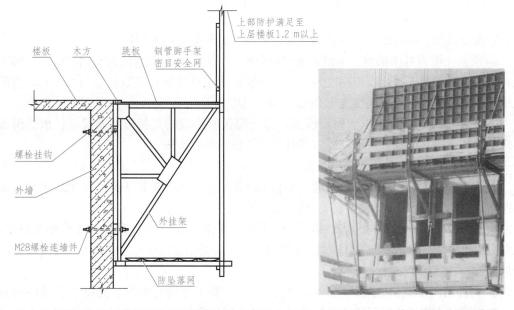

图 3-2-28 外挂附壁式支撑架安装示意图　　图 3-2-29 外墙大模板安装示意图

2. 滑升模板。滑升模板（简称为滑模），是在混凝土连续浇筑的过程中，使模板面紧贴混凝土面滑动的模板。采用滑模施工要比常规施工节约 70% 左右的木材（包括模板和脚手板等）；采用滑模施工可以节约 30%～50% 的劳动力；采用滑模施工要比常规施工的工期短、速度快，可以缩短 30%～50% 的施工周期；滑模施工的结构整体性好、抗震效果明显，适用于高层或超高层抗震建筑物和高耸构筑物施工；滑模施工的设备便于加工、安装、运输。

（1）滑升模板的组成（图3-2-30）。滑升模板由模板系统、操作平台系统、液压提升系统等组成。

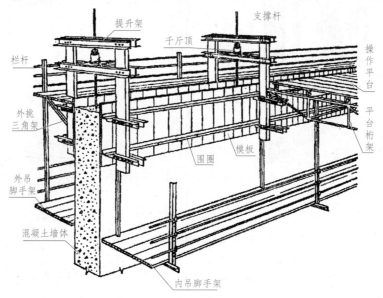

图 3-2-30　滑升模板组成示意图

1）模板系统。模板系统主要包括模板、围圈、提升架等基本构件。

a. 模板：模板可用钢模、木模或钢木混合模板三种，目前最常用的是钢模板。一般来说，当模板用于墙模时，模板高度为1 m；当模板用于柱模时，模板高度为1.2 m；当模板用于筒壁结构时，模板高度为1.2～1.6 m。

b. 围圈（又称围檩）：用于固定模板，保证模板所构成的几何形状及尺寸，承受模板传来的水平与垂直荷载，所以，要求其具有足够的强度和刚度。

c. 提升架（又称千斤顶架或门架）。

2）操作平台系统。操作平台系统主要包括操作平台、内外吊脚手架、外挑脚手架以及某些增设的辅助平台，以供材料、工具、设备的堆放。

a. 操作平台（又称工作平台）：既是绑扎钢筋、浇筑混凝土、提升模板等的操作场所，也是混凝土中转、存放钢筋等材料以及放置振捣器、液压控制台、电焊机等机械设备的场地。

b. 内外吊脚手架（又称吊架）：内外吊脚手架主要用于钢筋绑扎、混凝土脱模后检查墙（柱）体混凝土质量并进行装饰、拆除模板（包括洞口模板），引设轴线、高程以及支设梁底模板等操作之用。吊脚手架要求装卸灵活、安全可靠。内吊脚手架悬挂在提升架内侧立柱和操作平台的桁架上；外吊脚手架悬挂在提升架外侧立柱和三角挑架上。

c. 外挑脚手架：外挑脚手架一般由三角挑架、楞木、铺板等组成，其外挑宽度为0.8～1.0 m，外侧一般需设安全护栏，三角挑架可支撑在立柱上或挂在围圈上。

3）液压提升系统。液压提升系统主要包括支撑杆、液压千斤顶、液压控制系统三部分，其是液压滑模系统的重要组成部分，也是整套滑模施工装置中的提供动力与荷载传递系统。

(2)液压滑升模板施工工艺。液压滑升模板施工工艺是按照施工对象的平面尺寸和形状，在地面组装好包括模板、提升架和操作平台的滑模系统，然后分层浇筑混凝土，利用液压提升设备不断竖向提升模板，完成混凝土构件施工。

模板的滑升可分为初滑、正常滑升、末滑三个主要阶段。

1)初滑阶段是指工程开始时进行的初次提升模板阶段，主要对滑模装置和混凝土凝结状态进行检查。初滑的基本操作是当混凝土分层浇筑到模板高度的 2/3，且第一层混凝土的强度达到出模强度时，进行试探性提升，即将模板提升 1~2 个千斤顶行程，观察混凝土的出模情况。

2)正常滑升阶段可以连续一次提升一个浇筑层高度，待混凝土浇筑至模板顶面时再提升一个浇筑层高度，也可以随升随浇。模板的滑升速度取决于混凝土的凝结时间、劳动力的配备、垂直运输的能力、浇筑混凝土的速度以及气温等因素。在正常条件下，滑升速度一般控制在 150~300 mm/h。

3)末滑阶段是指当模板升至距建筑物顶部标高 1 m 左右时，放慢滑升速度，进行准确的抄平和找正工作。整个抄平、找正工作应在模板滑升至距离顶部标高 20 mm 以前做好。

停滑是因气候、施工需要或其他原因不能连续滑升时而采取可靠的停滑措施。停滑前，混凝土应浇筑到同一水平面上；停滑过程中，模板应每隔 0.5~1 h 提升一个千斤顶行程，确保模板与混凝土不黏结；对于因停滑造成的水平施工缝，应认真处理混凝土表面，保证后浇混凝土与已硬化的混凝土之间有良好的黏结；继续施工前，应对液压系统进行全面检查。

3. 爬升模板。爬升模板由钢模板、提升架、提升装置组成(图 3-2-31)。

爬升模板是在混凝土墙体浇筑完毕后，利用提升装置自下而上逐层爬升，将模板自行提升到上一个楼层，浇筑上一层墙体的垂直移动式模板。爬升模板采用整片式大平模，模板由面板及肋组成，不需要支撑系统；提升设备采用电动螺杆提升机、液压千斤顶或导链。爬升模板是将大模板工艺和滑升模板工艺相结合，既保持了大模板施工墙面平整的优点，又保持了滑模利用自身设备使模板向上提升的优点，墙体模板能自行爬升而不依赖塔式起重机。爬升模板适用作楼层间无楼板阻隔的墙体侧模，如高层建筑外墙、电梯井壁、管道间混凝土墙等施工。

4. 台模。台模又称飞模(图 3-2-32)，是现浇钢筋混凝土楼板的一种大型工具式模板，一般是一个房间一个台模。台模是一种由平台板、梁、支架、支撑和调节支腿等组

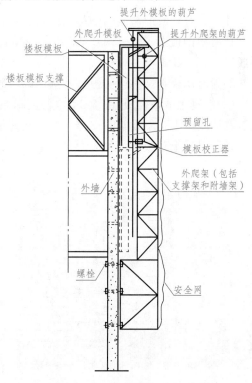

图 3-2-31　爬升模板构造图

成的大型工具式模板，可以整体脱模和转运，借助塔式起重机从浇完的楼板下飞出转移至上层重复使用。适用于高层建筑小开间、小进深的现浇混凝土楼盖施工。

图 3-2-32　台模

5. 永久性模板。永久性模板又称一次消耗模板，即在现浇混凝土结构浇筑后不再拆除，模板与现浇结构叠浇共同合成受力构件的模板。永久性模板分为压型钢板和配筋的混凝土薄板两种，多用于现浇钢筋混凝土楼(屋)面板。永久性模板简化了现浇结构的支模工艺，改善了劳动条件、节约了拆模用工、加快了工程进度、提高了工程质量。

(1)压型钢板模板(图 3-2-33)。压型钢板模板是采用镀锌或经过防腐处理的薄钢板，经冷轧成具有梯波形截面的槽型钢板，材料和规格如下：

1)压型钢板，一般采用 0.75～1.6 mm 厚(不包括镀锌和饰面层)的 Q300 薄钢板冷轧制成。

2)封沿钢板，又称堵头板，其选用的材质和厚度与压型钢板相同，板的截面呈 L 形。

(2)混凝土薄板模板(图 3-2-34)。预制混凝土薄板是一种永久性模板。施工时，薄板安装在墙或梁上，下设临时支撑，然后在薄板上浇筑混凝土叠合层，形成叠合楼板。

预制混凝土薄板分为预应力混凝土薄板、双钢筋混凝土薄板和冷扎扭钢筋混凝土薄板三种。

图 3-2-33　压型钢板作永久性模板

图 3-2-34　预制混凝土薄板现场安装施工图

6. 早拆模板。早拆模板体系是在混凝土浇筑3~4 d，且达到设计强度的50％时，即可提早拆除模板和托梁，但仍然保留一定数量的支柱，继续支撑梁、板混凝土，使楼板混凝土处于短跨度（支柱间距小于2 m）受力状态，待梁、板混凝土强度增长到足以承担自重和施工荷载时，再拆除支柱。

实现早拆模板的基本原理（图3-2-35）：保留适当数量的支柱，将拆模跨度由长跨变为短跨，所需的拆模强度降至混凝土设计强度的50％，从而加快了承重模板的周转速度。

例如：8 m跨的板，按规定，混凝土强度达100％方可拆底模；如跨中预留1个支撑，则该板的施工跨度为4 m，混凝土强度达75％即可拆除底模；如预留3个支撑，则该板的施工跨度为2 m，混凝土强度只要达50％即可拆除底模，从而达到早拆模的目的。

早拆模板施工考虑的重点：一是保留支柱部位的模板与提早拆除模板和托梁能成功分离；二是精确定位，保证各层保留支柱的位置上、下对齐。

早拆装置（图3-2-36）是实现提早拆除楼板的模板和托梁能成功分离的关键。通过早拆装置，第一次拆除模板后的效果如图3-2-37和图3-2-38所示。

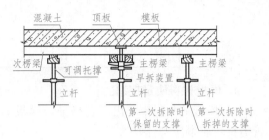

早拆模板前：支模、浇筑混凝土。面板支撑于次楞梁上，次楞梁支撑于主楞梁上

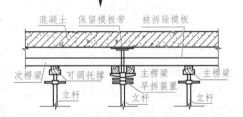

主次楞梁下降：混凝土达到规定强度，调节早拆装置螺母，使升降托架下降，主楞架下降，其上支撑的次楞梁及面板也随之下降，模板同混凝土脱开，实行模板早拆

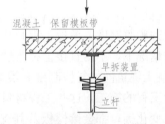

早拆模板后：保留一定数量的支柱。早拆装置的立杆继续支撑，拆除其余立杆，养护混凝土达到设计强度

图 3-2-35　早拆模板工艺原理图

图 3-2-36　早拆模板升降柱头

图 3-2-37　早拆模体系（保留点布支柱）

图 3-2-38　早拆模体系（保留条带支柱）

三、模板安装的质量控制

1. 模板材料质量控制。

（1）模板的材料应有出厂合格证，模板加固及支撑系统采用龙骨木方、对拉螺栓及钢管等材料质量应符合要求。

（2）模板的保养及验收要求。

1）检查模板的制作和试拼装，合格后方可进入现场安装。

2）每批模板拆除后应全数清理、保养并整修，经验收符合要求后，方可再次使用。

3）脱模剂采用水性脱模剂，应有出厂合格证。使用时不得污染钢筋，为避免影响混凝土的后期装饰，禁止使用废机油等替代产品。

2. 模板工程施工技术管理。模板工程施工前，技术人员应熟悉施工图纸和技术资料，了解操作规程和质量标准，编写模板工程技术交底文件，并组织对模板施工班组进行书面技术交底。在使用新的模板材料或采用新的模板施工工艺，以及复杂的模板工程施工前，还应编写专门的模板施工方案。并在施工过程中及时进行技术指导和检查。

3. 模板工程质量验收制度管理。

（1）模板工程施工涉及诸多工种的相互配合，如测量放线工、架子工、模板工、钢筋工、水电设备安装工和混凝土工等工种，必须坚持施工工序的"三检"制度，即自检、互检和交接检查制度。

（2）建立健全的"三级"检查验收制度，即班组自验、施工项目经理部专职质检员验收和监理工程师验收制度。模板工程必须在自验合格的基础上，逐层上报验收，在未经内部验收合格的情况下，不得直接上报监理部验收。

（3）混凝土浇筑前的复检制度和混凝土浇筑时的监护制度。模板工程验收合格后，还有一些紧后工程的施工，这些工程材料和机械设备的吊运、施工人员的操作以及日晒夜露和雨淋气象变化等，都会给模板及其支撑系统带来一定的影响，可能使模板移位、偏斜、支撑松动位移等，直接影响工程质量。如柱木模板，在太阳暴晒几天后，朝阳的一面模板干缩，从而造成柱模板倾斜。因此，在混凝土浇筑前，应对模板体系进行一次复检。混凝土浇筑时，振动设备的振捣，混凝土下料的冲击等也会造成模板的偏移和支撑松动等。所以，模板工在混凝土浇筑时，必须看护好模板和支撑，发现问题及时加固和调整模板，确保混凝土的成型质量。

4. 模板工程施工控制要点。

（1）模板必须要有足够的强度、刚度和稳定性；其支柱的支撑部分应有足够的支撑面积；基土必须坚实并有排水措施；对湿陷性黄土，必须有防水措施；对清水混凝土工程及装饰混凝土工程，应使用能达到设计效果的模板。

（2）现浇多层房屋和构筑物，应采用分段分层支模的方法，安装现浇结构的上层模板及其支架时，下层楼板应具有承受上层荷载的承载能力。当层间高度大于 5 m 时，宜选用多层支架支模的方法，这时支架的垫板应平整、支柱应垂直。上、下层支柱要对准且在同一竖向中心线上。

（3）模板安装完毕后，应及时对模板的几何尺寸、轴线、标高、垂直度、平整度、接缝、清扫口及支撑体系等进行检查，必须保证结构和构件各部分形状、尺寸和相互位置准确。现浇钢筋混凝土梁跨度大于等于 4 m 时，起拱高度为全跨度的 1‰～3‰。

（4）拼装后模板间的接缝宽度不大于 2.5 mm，保证模板不漏浆；预留洞和预留孔洞不得遗漏，位置要准确、安装应牢固。

（5）在浇筑混凝土前，对模板内的杂物和钢筋上的油污等应清理干净，对模板的缝隙和孔洞应预堵严，对木模板应浇水湿润，但模板内不得有积水。浇筑混凝土时，应对模板及其支架进行观察和维护。发现异常情况时，应按施工技术方案进行及时处理。

四、模板的拆除

混凝土结构浇筑后，应达到一定的强度后方可拆模。模板的拆取决于混凝土的强度，以及各个模板的用途、结构的性质、混凝土硬化时的气温。及时拆模，可提高模板的周转率。但过早拆模，混凝土会因强度不足以承担本身自重，或受到外力作用而变形甚至断裂，造成重大的质量事故。

1. 模板拆除的一般要求。根据《混凝土结构工程施工质量验收规范》的规定，对现浇整体式结构的模板及其支架拆除应符合下列规定：

（1）拆除模板前，必须有模板工程拆除的专项施工方案。拆模前施工单位要提出拆模申请报告单，经审查批准后，方可进行拆模作业。

（2）拆模时，混凝土的强度应符合设计要求，当设计无要求时，应符合下列规定：

1）不承重的侧面模板，包括梁、柱、墙的侧模板，应在混凝土强度能保证其表面及棱角不因拆除模板而受损后，方可拆除；一般墙体大模板在常温条件下，混凝土强度达到 2.5 N·mm 即可拆除。具体时间可参考表 3-2-4。

表 3-2-4　拆除侧模时间参考表　　　　　　　　　　　　　　d

水泥品种	混凝土强度等级	混凝土凝固的平均温度/℃					
		5	10	15	20	25	30
		混凝土强度等级达到 2.5 MPa 所需天数					
普通水泥	C10	5	4	3	2	1.5	1
	C15	4.5	3	2.5	2	1.5	1
	≥C20	3	2.5	2	1.5	1.0	1
矿渣及火山灰质水泥	C10	8	6	4.5	3.5	2.5	2
	C15	6	4.5	3.5	2.5	2	1.5

2）承重的底模板，包括梁、板等水平结构构件的底模，应在与混凝土结构同条件养护的试件达到表 3-2-5 规定强度标准值后，方可拆除。达到规定强度标准值所需时间可参考表 3-2-6。

表 3-2-5 现浇结构拆模时所需混凝土强度

结构类型	结构跨度/m	达到设计的混凝土强度标准值的百分率/%
板	≤2	50
	>2，≤8	75
	>8	100
梁、拱、壳	≤8	75
	>8	100
悬臂构件	—	100

注："设计的混凝土强度标准值"是指与设计混凝土强度等级相应的混凝土立方体抗压强度标准值。

表 3-2-6 拆除底模板的时间参考表 d

水泥强度等级及品种	混凝土达到设计强度标准值的百分率/%	混凝土硬化时昼夜平均温度/℃					
		5	10	15	20	25	30
32.5 MPa普通水泥	50	12	8	6	4	3	2
	75	26	18	14	9	7	6
	100	55	45	35	28	21	18
42.5 MPa普通水泥	50	10	7	6	5	4	3
	75	20	14	11	8	7	6
	100	50	40	30	20	20	18
32.5 MPa矿渣及火山灰质水泥	50	18	12	10	8	7	6
	75	32	25	17	14	12	10
	100	60	50	40	28	24	20
42.5 MPa矿渣及火山灰质水泥	50	16	11	9	8	7	6
	75	30	20	15	13	12	10
	100	60	50	40	28	24	20

（3）在拆模过程中，如发现实际结构的混凝土强度并未达到要求，有影响结构质量安全的问题，应暂停拆模。经妥当处理，实际强度达到要求后，方可继续拆除。

（4）已拆除模板及其支架的混凝土结构，应在混凝土强度达到设计的混凝土强度标准值后，才允许承受全部设计的使用荷载。当承受施工荷载的效应比使用荷载更为不利时，必须经过核算，加设临时支撑。

（5）对于大体积混凝土，除满足混凝土强度要求外，还应考虑保温措施，拆模后要保证混凝土内外温差不超过 20 ℃，以免发生温差裂缝。

（6）拆除的模板必须随拆随清理，以免钉子扎脚、阻碍通行、发生事故。

（7）拆模时下方不能有人，拆模区应设警戒线，以防有人误入被砸伤。

（8）拆除的模板向下运送传递，一定要上下呼应，不能猛撬，以致大片塌落。用起重机吊运模板时，模板应堆码整齐捆牢，才可吊装，否则在空中散落十分危险。

（9）拆除高度在 5 m 以上的模板时，应搭脚手架，并设防护栏杆，防止上下在同一垂直面操作。

2. 拆模顺序。各类模板拆除的顺序和方法，应根据模板设计的规定进行。如果模板设计无规定时，一般先支的后拆，后支的先拆，先拆除侧模板部分，后拆除底模板及支架部分，遵循自上而下的顺序拆除。重大而复杂模板的拆除，事前应制定拆模方案。对于柱形楼板的拆除顺序，首先是柱模板，然后是梁侧模板、楼板的底模板，最后是梁底模板。

多层楼板模板支架的拆除，应按下列要求进行：上层楼板正在浇筑混凝土时，下一层楼板的模板支架不得拆除，再下一层楼板模板的支架，仅可以拆除一部分；跨度在 4 m 及 4 m 以上的梁下均应保留支架，其间距不得大于 3 m。一般情况下，应保持有三套模板及支撑周转使用。

已拆除模板及其支架的结构，应在混凝土达到设计强度后，才允许承受全部计算荷载。施工中不得超载使用，严禁堆放过量建筑材料。当承受施工荷载大于计算荷载时，必须经过核算且加设临时支撑。

3. 模板拆除注意事项。

(1)模板拆除时，不应对楼层形成冲击荷载。

(2)拆除的模板和支架宜分散堆放并及时清运。

(3)拆模时，应尽量避免混凝土表面或模板受到损坏。

(4)拆下的模板，应及时加以清理、修理，按尺寸和种类分别堆放，以便下次使用。

(5)若定型组合钢模板背面油漆脱落，应补刷防锈漆。

(6)已拆除模板及支架的结构，应在混凝土达到设计的强度标准后，才允许承受全部使用荷载。

(7)当承受施工荷载产生的效应比使用荷载更为不利时，必须经过核算，并加设临时支撑。

五、模板工程施工安全技术

在模板工程的施工中，对工程技术人员特别要求必须具有一定的施工安全技术基本知识，了解模板结构安全的关键所在，能更好地在施工过程中进行安全监督指导。

(一)模板施工前的安全技术准备工作

模板施工前，现场负责人要认真审查施工组织设计中关于模板的设计资料，并审查下列项目：

1. 模板结构设计计算书的荷载取值是否符合工程实际，计算方法是否正确，审核手续是否齐全。

2. 模板设计图中的结构构件大样及支撑体系、连接件等的设计是否安全合理，图纸是否齐全。

3. 模板设计中安全措施是否周全。当模板构件进场后，要认真检查构件和材料是否符合设计要求，例如，钢模板构件是否有严重锈蚀或变形，构件的焊缝或连接螺栓是否符合要求，木材的材质以及木构件拼接接头是否牢固等。自己加工的模板构件，特别是承重钢构件，其检查手续是否齐全。同时，要排除模板工程施工中现场的不安全因素，要保证运输道路畅通，做到现场防护设施齐全。土地面需平整夯实。要做好夜间施工照明的准备工作，电动工具的电源线绝缘、漏电保护装置要齐全，并做好模板垂直运输的安全施工准备工作。

现场施工负责人在模板施工前要认真向有关人员作安全技术交底，特别是新的模板工艺，必须通过试验，并培训操作人员。

(二)保证模板工程施工安全的基本要求

模板工程作业高度在 2 m 及 2 m 以上时，要根据高空作业安全技术规范的要求进行操作和防护，要有安全、可靠的操作架子，4 m 以上或二层及二层以上周围应设安全网、防护栏杆。临街及交通要道地区施工应设警告牌，避免伤及行人。操作人员上下通行，必须通过马道、施工电梯或上人扶梯等，不允许攀登模板或脚手架上下，不允许在墙顶、独立梁及其他狭窄而无防护栏的模板面上行走。高处作业架子上、平台上一般不宜堆放模板料，必须短时间堆放时，一定要码放平稳，不能堆得过高，必须控制在架子或平台的允许荷载范围内。高处支模工人所用工具不用时要放在工具袋内，不能随意将工具、模板零件放在脚手架上，以免坠落伤人。

冬期施工：应事先清除操作地点和人行通道的冰雪，避免人员滑倒摔伤。五级以上大风天气，不宜进行大块模板拼装和吊装作业。

注意防火：木料及易燃保温材料要远离火源堆放，采用电热养护的模板要有可靠的绝缘、漏电和接地保护装置，按电气安全操作规范要求操作。

雨期施工：高耸结构的模板作业，要安装避雷设施，其接地电阻不得大于 4 Ω，沿海地区要考虑抗风和加固措施。

在架空输电线路下面进行模板施工，如果不能停电作业，应采取隔离防护措施，其安全操作距离应符合表 3-2-7 的要求。

表 3-2-7　架空输电线路下作业的安全操作距离

输电线路电压	1 kV 以下	1~20 kV	35~110 kV	154 kV	220 kV
最小安全操作距离/m	4	6	8	10	15

吊运模板的起重机的任何部位和被吊的物件边缘与 10 kV 以下架空线路边缘最小水平距离不得小于 2 m。如果达不到这个要求，或者施工操作距离达不到表 3-2-7 的要求，必须采取防护措施，如增设屏障、遮拦、围护或保护网，并悬挂醒目的警告标示牌。在架设防护设施时，应有电气工程技术人员或专职安全人员负责监护。如果防护设施无法实现时，必须与有关部门协商，采取停电、迁移外电线路等措施，否则不得施工。

夜间施工必须有足够的照明，照明电源电压不得超过 36 V，在潮湿地点或易触及带电体场所，照明电源电压不得超过 24 V。各种电源线应用绝缘线，并不允许直接固定在钢模板上。

模板支撑不得固定在脚手架或门窗上，避免发生倒塌或模板位移。

液压滑动模板及其他特殊模板应按相应的安全技术规程进行施工准备和作业。

(三)普通模板安装的安全技术

1. 混凝土柱模板。柱模板支模时，四周必须设牢固支撑或用钢筋、钢丝绳拉结牢固，避免柱模整体歪斜甚至倾倒。柱箍的间距及拉结螺栓的设置必须符合模板的设计要求。当柱模在 6 m 以上时，不宜单独支模，应将几个柱子模板拉结成整体。

2. 单梁与整体混凝土楼盖模板。单梁与整体混凝土楼盖支模，应搭设牢固的操作平台，并设护身栏。要避免上、下层同时作业，楼层层高较高，或立柱高度超过 4 m 时，不宜用工具式钢支柱，宜采用钢管脚手架立柱或门式脚手架。如果采用多层支架支模时，各层支架本身必须成为整体空间稳定结构，支架的层间垫板应平整，各层支架的立柱应垂直，上、下层立柱应在同一条垂直线上。

现浇多层房屋和构筑物，应采取分层分段的支模方法。在已拆模的楼盖上，支模要验算楼盖的承载力能否承受上部支模的荷载，如果承载力不够，则必须附加临时支柱支顶加固，或者保留该楼盖模板支柱。上、下层楼盖楼板的支柱应在同一垂直线上立柱。首层地上支模，地面应夯实平整，立柱下面要垫通长垫板。冬期不能在冻土或潮湿地面上支立柱，否则土受冻膨胀可能将楼盖顶裂或化冻时立柱下沉，引起结构变形。

3. 混凝土墙模板。一般有大型起重设备的工地，墙模板常采用预拼装成大模板，整片安装，整片拆除，可以节省劳力，加快施工速度。这种拼装成大块模板的墙模板，一般没有支腿，在停放时一定要有稳固的插放架。大块墙模一般由定型模板品种拼装而成，要拼装牢固，吊环要进行设计计算。整片大块墙模安装就位后，除用穿墙螺栓将两片模板拉牢之外，还必须设置支撑或与相邻墙连成整体。如果是小块模板就地散支散拆，必须由下而上，逐层用龙骨固定牢固，上层拼装要搭设牢固的操作平台或脚手架。

4. 圈梁与阳台模板。支圈梁模板要有操作平台，不允许在墙上操作。阳台支模的立柱可采用两种方法：一种是由下而上逐层在同一垂直线上支立柱，拆除时由上而下拆除；另一种是阳台留洞，让立柱直通到顶层。总之，阳台是悬挑结构，附加的支模立柱传来的集中荷载是难以承受的，若无法承受该荷载，则可能会造成塌落。首层阳台支模立柱支撑在散水回填土上，一定要夯实并垫垫板，否则雨期下沉、冬期冻胀都可能造成事故。支阳台模板的操作地点要设护身栏、安全网。

5. 烟囱、水塔等模板。烟囱、水塔及其他高大特殊的构筑物模板工程，要进行专门设计，制定专项安全技术措施，并经过主管安全技术部门审批。

(四)模板拆除的安全技术

1. 现浇楼盖及框架结构拆模。一般现浇楼盖及框架结构的拆模顺序如下：楼板底模、梁侧模、梁底模、柱模斜撑与柱箍、柱侧模。需要说明的是，如果施工时考虑柱和梁、板分两次浇筑，即先浇筑柱混凝土，待柱混凝土达到拆模强度后，可先拆除柱模，然后安装梁、板模板，在这种情况下，拆模顺序是：楼板底模、梁侧模、梁底模。

楼板小钢模的拆除，应设置供拆模人员站立的平台或架子，应在洞口和临边进行封闭后，才能开始工作。拆除时先拆除钩头螺栓和内外钢楞，然后拆下 U 形卡、L 形插销，再用钢钎轻轻撬动钢模板，用木槌或带胶皮垫的铁锤轻击钢模板，把第一块钢模板拆下，然后将钢模逐块拆除。拆下的钢模板不准随意向下抛掷，要向下传递至地面。已经活动的模板，必须一次连续拆除后方可中途停歇，以免落下伤人。

模板立柱有多道水平拉杆时，应先拆除上面的，按由上而下的顺序拆除，拆除最后一道拉杆时，应与拆除立柱同时进行，以免立柱倾倒伤人。

多层楼板模板支柱的拆除，下面应保留几层楼板的支柱，应根据施工速度、混凝土强度增长的情况、结构设计荷载与支模施工荷载通过计算确定，一般情况下，楼盖的模板支撑系统不应少于两层。

2. 现浇柱模板拆除。柱模板拆除顺序：先拆除斜撑或拉杆、自上而下拆除柱箍或横楞、拆除竖楞并由上向下拆除模板连接件、模板面。

3. 滑模装置的拆除。

(1)滑模装置的拆除必须编制详细的施工方案，明确拆除的内容、方法、程序、使用的机械设备、安全措施及指挥人员的职责等，并报上级主管部门审批后方可实施。

(2)滑模装置的拆除必须组织拆除专业队，指定熟悉该项专业技术的专人负责统一指挥。参加拆除的作业人员，必须经过技术培训，考核合格方能上岗。不能中途随意更换作业人员。

(3)拆除中使用的垂直运输设备和机具，必须经检查合格后方准使用。

(4)滑模装置拆除前应检查各支撑点埋设件的牢固情况，以及作业人员的上下走道是否安全、可靠。当拆除工作利用施工的结构作为支撑点时，结构混凝土强度的要求应经结构验算确定，且不低于 15 N/mm^2。

(5)拆除作业必须在白天进行，宜采用分段整体拆除，在地面解体。拆除的部件及操作平台上的一切物品，均不得从高空抛下。

(6)当遇到雷雨、雾、雪和风力达到五级或五级以上的天气时，不得进行滑模拆除作业。

(7)烟囱类构筑物宜在顶端设置安全行走平台。

4. 大模板拆除。大模板拆除顺序与组装顺序相反，大模板拆除后停放的位置，无论是短期停放还是较长期停放，一定要支撑牢固，并采取防止倾倒的措施。

拆除大模板的过程中要注意不碰坏墙体混凝土，这是有关施工结构的质量和安全问题。

六、模板工程技术交底

模板工程技术交底是施工员向模板作业班组进行的技术交底，其目的就是让模板工程的施工人员，尤其是一线的施工人员明白做什么、怎么做、达到什么要求以及什么是不能做的。

模板工程技术交底的形式，一般以书面交底的方式进行。

模板工程技术交底的重点内容包括：

1. 各种钢筋混凝土构件的轴线和水平位置、标高、截面形式和几何尺寸；

2. 支模方案和技术要求；

3. 支撑系统的强度、稳定性具体技术要求；

4. 拆模时间；

5. 预埋件、预留洞的位置、标高、尺寸、数量及预防其移位方法；

6. 特殊部位的技术要求及处理方法；

7. 质量标准与其质量通病预防措施，安全技术措施。

七、高大模板支撑系统施工

(一)高大模板支撑系统施工的概念

1. 高大模板支撑系统的界定。

(1)依据《建设工程安全生产管理条例》及相关安全法规,《建设工程高大模板支撑系统的施工安全监督管理导则》(建质〔2009〕254号)中对高大模板工程的明确定义为:施工现场混凝土构件模板支撑高度超过8 m,或搭设跨度超过18 m,或施工总荷载大于15 kN/m²,或集中线荷载大于20 kN/m的模板支撑系统。即《危险性较大的分部分项工程安全管理办法》(建质〔2009〕87号)中"超过一定规模"的危险性较大的分部分项工程,在《建筑施工安全技术统一规范》(GB 50870—2013)中的危险等级定为一级。

(2)《危险性较大的分部分项工程安全管理办法》(建质〔2009〕87号)中将搭设高度为5 m及以上,搭设跨度为10 m及以上,施工总荷载为10 kN/m²及以上,集中线荷载为15 kN/m²及以上,高度大于支撑水平投影宽度且相对独立无连系构件的混凝土模板支撑工程,作为危险性较大的分部分项工程。在《建筑施工安全技术统一规范》(GB 50870—2013)中的危险等级定为二级。

以上两种情况均属于危险性较大的分部分项工程,都必须编制安全专项施工方案。第一种情况为"超过一定规模"的危险性较大的分部分项工程,施工单位应当组织专家对安全专项施工方案进行论证;第二种情况为危险性较大的分部分项工程,施工单位编制的专项施工方案,只需经施工单位总工程师和监理单位总监理工程师签字即可。

其实,高大模板支撑系统并无严格的界定,对于第二种情况,虽未有规范或文件明确定义为高大模板支撑系统,但在《建设工程高大模板支撑系统的施工安全监督管理导则》实施之前,一直将其作为高大模板支撑系统考虑,就其危险性程度和危险等级而言,也可认为属于高大模板支撑系统。

2. 高大模板支撑系统的施工特点。

(1) 高大模板支撑系统的特点。

1)高大模板支撑系统支设高度高,高度超过8 m,一般出现在底层高大空间的情况下。

2)高大模板支撑系统跨度大,搭设跨度超过18 m,多出现在楼层大空间的情况下。梁跨度大,中间无柱支撑,这种情况,一般梁截面尺寸也比较大。

3)高大模板支撑系统承受施工总荷载大,施工总荷载大于15 kN/m²,或集中线荷载大于20 kN/m,一般当梁的截面尺寸大于400 mm×1 300 mm、板的厚度大于360 mm时,就应理解为高大模板支撑系统。

4)高大模板支撑系统施工的危险性较大,模板坍塌事故常有发生,造成人员伤亡和较大的经济损失。

(2)高大模板支撑系统的施工特点。

1)高大模板支撑系统施工前必须编制专项施工方案,模板支撑的杆件和整个支撑系统都必须通过计算，确保其强度、刚度和稳定性，其安全专项施工方案需经专家论证后方可实施。

2）高处作业的施工难度大，既是支撑系统，又是施工脚手架，有一定的操作危险性。

3）杆件连接多，纵横向、水平、垂直支撑复杂，操作工艺要求高，检查验收标准高。

（二）高大模板支撑系统坍塌的事故原因分析

高大模板支撑系统由模板和支撑系统组成，支撑系统由支架和支撑体系组成。模板体系承受钢筋、新浇筑混凝土、施工荷载及模板自重；支架体系承受模板的竖向荷载；支撑体系保证支架体系的稳定性，并有效地传递模板支撑系统可能出现的水平荷载到基层或地面。

高大模板支撑系统在浇筑中发生的整体坍塌事故，往往都会造成惨重的人员伤亡、巨大的经济损失和不良的社会影响。因此，我们必须高度重视对模板支架坍塌事故，特别是高大模板支撑系统坍塌事故的研究，深入分析引发支架坍塌事故的直接原因、间接原因、技术原因和管理原因，以及各种可以孕育和引发坍塌事故的安全隐患表现及其存在情况，并相应地采取强有力的技术保障措施和管理监督措施，预防和杜绝模板支架坍塌事故的发生。

1. 高大模板支架坍塌事故案例。

（1）南京某演播厅屋盖模板支架坍塌事故。2000 年 10 月 25 日发生的南京某演播厅屋盖模板支架坍塌事故：其面积为 624 m²，支架高为 36.4 m，在混凝土浇筑作业刚过中部大梁时突然发生坍塌，整个过程仅延续 4 s，造成 6 人死亡，11 人重伤，24 人轻伤，如图 3-2-39～图 3-2-42 所示。

事故原因：没有方案设计，由工人凭经验搭设，不能满足高支模承载力的要求；混凝土浇筑工艺失当，由一侧向中间推进，到达中部大梁后瞬即导致架体失稳、模架坍塌。

如此高大的模板支架，未设计和计算，任由工人凭经验搭设，立杆间距达 1.5 m 以上，步距为 1.5～2.0 m（漏设水平杆处竟达 3.9 m），且未设置扫地杆，架子底部步高约 1.8 m，残存钢管支架的立杆连续 4 根钢管接头在同一高度，架子底部与周边支架的水平连系杆根少，立杆的横向约束很弱。支架钢管扣件量约 300 t，倒塌后坠落的钢管将周边楼板冲切破坏。残存钢管支架的底部均无扫地杆，在地坑处步高达 2.6 m，且无扫地杆。

图 3-2-39　南京某演播厅模板支架坍塌
事故（一）

图 3-2-40　南京某演播厅模板支架坍塌
事故（二）

图 3-2-41　南京某演播厅
模板支架坍塌事故(三)

图 3-2-42　南京某演播厅模板
支架坍塌事故(四)

(2)北京西西工程模板支架坍塌事故。2005 年 9 月 5 日发生的北京西西工程 4♯地中楼盖模板支架坍塌事故：其面积为 423 m^2，总高为 21.9 m，使用扣件钢管支架，步距为 1.5 m，立杆间距为 0.6 m(梁下)和 1.2～1.5 m(板下)，立杆顶部伸出长度达 1.4～1.7 m。支架方案未经审批就进行搭设，在其三面邻跨楼盖未浇筑的情况下临时改变，先浇筑中庭，在浇筑接近完成时，从楼盖中偏西南部位发生凹陷式坍塌(图 3-2-43)，造成 8 人死亡，21 人重伤的重大事故。

现场人员当时看到楼板发生 V 形下折情况和支架立杆发生多波弯曲并迅速扭转后，随即整个楼盖连同布料机一起垮塌下来(图 3-2-44)，砸落在地下一层顶板(首层底板)上，形成 0.5～2 m 高堆集，至 10 日凌晨才挖出最后一名遇难者。地下一层和地下二层支架均有显著变形和损伤(图 3-2-45)。图 3-2-46 则表示出了中庭边部架体的变形情况。事故发生后，5 名责任人判刑，责任企业不得不进行重组改貌。

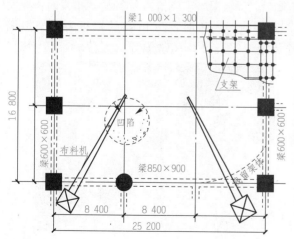

图 3-2-43　北京西西工程施工平面和
破坏起始位置

图 3-2-44　整个楼盖连同布料机一起
垮塌下来

图 3-2-45 西西工程相应地下室
结构的支架受损与变形情况

图 3-2-46 西西工程邻边部位支架变形情况

北京西西工程事故调查结论：

1)实际搭设模板支架立杆顶部伸出的长度过大是造成本次事故的主要原因。

2)调查发现现场模板支架搭设质量很差：个别节点无扣件连接、扣件螺栓拧紧扭力矩普遍不足、立杆搭接或支撑于水平杆上、缺少剪刀撑、步距超长等；从周边模板支架搭设质量看，缺少扫地杆、横杆随意缺失等搭设质量问题随处可见。支架搭设质量差可能造成支撑体系局部承载力严重下降，这也是事故产生的主要原因之一。

3)现场搭设模板支架中使用的钢管杆件、扣件、顶托等材料存在质量缺陷，也是事故产生的原因之一。此外，支撑方案审查、现场安全监督、技术交底、隐患整改、验收等环节管理也存在严重问题。

（3）金南漳国际大酒店五楼天井顶盖模板脚手架坍塌事故。2013 年 11 月 20 日发生的金南漳国际大酒店五楼天井顶盖模板脚手架坍塌事故：天井顶板高支模作业面积为 331.5 m² (19.5 m×17 m)，梁、板钢筋模板重约为 55.8 t，梁板混凝土浇筑约为 200 t，事发时作业面施工总荷载为 7.6 kN/m²。18 时 20 分许，天井顶盖浇筑时，28 m 高的模板脚手架坍塌（图 3-2-47），作业面上 12 人瞬间坠落，经全力抢救（图 3-2-48）仍造成 7 人死亡，5 人受伤。

图 3-2-47 事发现场

图 3-2-48 搜救队员合力撬开变硬的混凝土搜救工友

该事故为高支模坍塌事故。事故主要原因是施工单位在实施 28 m 高支模板顶棚浇筑施工时，无专项施工方案，违规施工，未按高支模浇筑施工工序进行，导致满堂支架负载过重而坍塌。

2. 引发高大模板支撑系统坍塌事故的原因分析及预防措施。

(1)高大模板支撑系统坍塌事故的根本原因。高大模板支撑系统坍塌事故之所以会发生，有以下两种情况，或者二者兼而有之。

1)架体或其杆件、节点实际受到的荷载作用超过了其实际具有的承载能力，特别是稳定承载能力。

2)架体由于受到了不应有的荷载作用(侧力、扯拉、扭转、冲砸等)，或者架体发生了不应有的设置与工作状态变化(倾斜、滑移和不均衡沉降等)，导致发生非原设计受力状态的破坏。

简而言之，以上两种情况，实际上就是高大模板支撑系统的承载力和稳定性问题。

(2)高大模板支撑系统坍塌事故的成因分析。高大模板支撑系统坍塌事故时有发生，造成坍塌事故的原因比较复杂，尤其是出现坍塌事故后，很难还原事故发生前的原始状况，这对准确分析造成坍塌事故的原因有一定的难度，但通过对多次坍塌事故教训的调查和分析，归结为以下几个方面：

1)设计方面。

A. 没有严格按照《建筑施工模板安全技术规范》和《建筑工程高大模板支撑系统施工安全监督管理导则》规定的荷载计算和构造设置要求进行模板支撑方案编制，或设计方案缺乏整体性和针对性。

B. 荷载计算有误或考虑不周，没有按照最不利的原则对荷载进行组合，没有对泵送混凝土引起的动力荷载进行设计计算，或者虽有计算，但荷载估计不足。

C. 计算模式与实际搭设状况不一致，设计立杆受力模式不合理，方案设计时往往采用顶部水平钢管传力方式，但在计算时未考虑偏心影响；未按施工现场条件对立杆地基承载力、楼面承载力及变形进行验算。

D. 钢管计算参数没有按照施工现场实际使用的钢管现状考虑，包括钢管管壁的厚度和钢管的新旧程度等因素。

E. 主、次梁和板下的立杆间距不统一、纵横不成行，导致梁下立杆没有水平横杆连接，缺少了侧向水平支撑，而梁下立杆受力最大，致使架体的整体稳定性大大降低，导致事故发生。许多事故案例印证了大多数的模板支撑体系坍塌是从梁的部位开始的，梁和板的立柱，其纵、横向间距应成倍数。

F. 错把计算书当成施工方案，文字成了方案的主要表达方式，很少有图或没有图。由于文字表述不够直观，设计意图难以表达清楚，令操作人员无所适从、任意搭设，导致不同水平的施工人员搭设的支撑系统不一样。不能像工程图纸那样，不论哪个施工企业施工，建成的建筑物是完全一样的。

2)施工方面。高大模板支撑安全专项施工方案系统通过专家评审后，应严格按照专项方案组织施工，必须保证支撑体系的搭设质量。由支撑体系的搭设质量不符合要求而发生的坍塌事故，主要表现为以下几个方面：

A. 未按设计计算进行搭设，立杆的间距、纵横向水平拉杆的步距未满足设计要求，未设置扫地杆、水平杆设置步距过大，有的在某一方向水平杆符合要求，另一方向漏设水平杆，或采用搭一隔一的形式设置水平杆，造成立杆计算长度与设计不符。

B. 扣件拧紧力矩不符合要求。螺栓拧紧未采用专用扳手，扣件螺栓拧紧扭力矩值不应小于 40 N·m，且不应大于 65 N·m，实际施工中很多达不到要求，节点刚度达不到设计要求。

C. 支撑体系的搭设构造措施不到位，如未按规定设置垂直方向与水平方向纵、横向剪刀撑；未与现有的结构有效连接，高大结构采用整体浇筑，新浇筑的墙、柱还未产生强度，不能给模板支撑系统提供有效的侧向约束。

D. 可调托座自由长度超过允许长度，立杆顶部自由臂尺寸过大。支撑系统立杆顶部自由臂采用顶托支撑的模架。检查时，常发现立杆顶部伸出顶部水平杆的长度过大，严重影响立杆的刚度及水平位移。此外，在梁底部采用水平横杆与立杆搭接连接时，为了安全起见，在梁底部设置了一定数量的顶托支撑的钢管，作为安全的两道防线，现场检查时发现，这种作为安全储备的顶管，竟然无任何纵、横向连接，造成这样的杆件形同虚设。

E. 立杆的接头未按规定错开，均在同一水平面上，有的立杆接长甚至采用搭接的方式，使立杆偏心受压。

F. 顶部承载梁模的水平杆与立杆搭接连接时，水平杆用单钢管与立杆钢管单扣件连接，未设置双扣件连接，即未设置等卡作为安全储备。

G. 模板支撑立杆底部的基础处理不满足设计要求，雨期施工地基产生明显不均匀沉降，导致模板支撑产生较大的次应力，极易发生垮塌。

H. 未考虑混凝土浇筑方案，使模板支撑系统偏心受力。

3）材料方面。在模板支撑体系倒塌事故中，扣件常常发生断裂，钢管因壁厚很薄而发生严重变形。搭设材料不符合要求是导致模板坍塌事故发生的重要原因。

A. 施工现场所使用的钢管、扣件的生产许可证、产品质量合格证明、检测证明等相关资料不全。进场的钢管、扣件使用前，未能按有关技术标准规定进行抽样送检。

B. 钢管、扣件由于使用时间较长、周转次数较多，再加上保护意识不强，外观质量差，部分磨损、锈蚀、变形、开裂的钢管、扣件仍在使用。

《建筑施工扣件式钢管脚手架安全技术规范》(JGJ 130—2011)规定宜采用 $\phi48\times3.6$ mm 钢管，扣件应采用可锻铸铁制作。目前，在建筑市场上，许多施工单位使用的钢管、扣件均由市场上租赁而来，由于租赁市场的源头缺乏有效控制，名义上是 $\phi48\times3.5$ mm 钢管，实际测量时，不少钢管壁厚实为 $\phi2.8\sim3.0$ mm，有的甚至只有 2.5 mm，其轴向抗压能力降低了 18.7%～13.3%。这些钢管使用多年，普通碳钢管易锈蚀，局部壁厚也变薄，严重的出现麻坑，影响其承载力，直接导致模板支撑架结构承载能力下降；有些钢管经过多年使用后，钢管产生变形和弯曲，而模板支撑设计时均按直线钢管来考虑，不考虑其弯曲变形的部分，实际上钢管弯曲后的承载能力大为降低。有些钢管的管端经多次气割或电焊割，端面严重不平整，用作立杆时，在对接扣件部位出现初弯曲，严重影响立柱的承载力，易失稳。有些钢管材质不符合要求，钢管应采用现行国家标准中规定的 3# 普通钢管，其质量应符合现行国家标准中 Q300-A 级钢的规定。但目前市场上 Q300、Q215、Q195 钢管经常混杂，难以保证为 Q300。有些扣件合格率低，《建筑施工扣件式钢管脚手架安全技术规范》(JGJ 130—2011)规定对接扣件抗滑承载力为 3.2 kN，直角与回转扣件抗滑承载力为 8 kN，从现场检查发现，很难达到此规定。

4）安全管理方面。

A. 对高大模板支撑系统的搭设未引起足够的重视，对高大模板支撑系统安全专项施工方案的编制、审批把关不严，对涉及施工安全的重点部位和环节的检查督促落实不到位，现场搭设的支撑体系不符合规定，存在隐患的问题未能及时按要求督促整改。

B. 监理单位对高大模板支撑系统安全专项施工方案的审核基本上只是履行签字手续，没有进行实质性审查，也未能提出有针对性的审核意见；对支撑体系搭设过程监控不到位，未严格按照规范和经审批的专项施工方案要求组织验收；对监理过程中发现的安全隐患也未能及时督促整改、制止和报告。在验收时，未严格按照规范和专项施工方案要求进行专项验收，部分施工单位和监理单位参加验收仅履行签字手续而已，而有的项目根本未正式组织验收就进入下道工序施工，验收程序形同虚设。

C. 部分高大模板支撑系统安全专项施工方案编制粗糙，未突出工程施工特点，针对性和指导性差，模板和支撑体系的设计计算、材料规格、钢管连接方式脱离工程实际，未附施工平面图和构造大样，对支撑体系搭设工艺叙述不清，不能起到有效指导施工的作用。还有一些施工企业，不按规定在施工前编制高大模板支撑系统安全专项施工方案，为了赶工期，安全专项施工方案编制和施工同时进行，边设计边施工，先按"经验"搭设，待安全专项施工方案批准后，再按批准的安全专项施工方案整改，往往整改不到位，留下安全隐患。

D. 安全技术交底流于形式。施工现场安全技术交底一般仅交底到班组长，具体搭设人员基本无交底，且交底内容也仅是一般性的安全注意事项，没有对支撑架体搭设工艺、关键工序和主要构造技术参数进行交底，因此，搭设中的随意性很大，具体搭设人员无法按方案要求搭设，从搭设开始就埋下了安全隐患，给后期的整改带来很多麻烦。

E. 高大模板支撑系统的搭设队伍和搭设人员资格不符合要求。目前，由于模板工程基本上由模板专业队伍承包，高大模板支撑系统的搭设也基本由模板专业队伍完成，多数搭设人员未经培训无证上岗，未能掌握扣件式钢管脚手架的搭设要求，不能有效执行相关标准规范，给高大模板支撑系统留下不安全因素。

F. 有的项目高大模板安全专项施工方案，未按规定组织专家组进行论证审查，有的项目虽经专家组论证审查，但专家组的意见建议未能在专项施工方案中得到改进和完善，也未能在搭设过程中逐项落实。

（3）高大模板支撑系统坍塌事故预防措施。

1）严格执行专项施工方案管理制度。施工单位在高大模板支撑系统施工前，必须按规定编制专项施工方案，组织专家对专项方案进行论证审查，并经施工单位技术负责人、项目总监理工程师、建设单位项目负责人签字确认。严禁无方案施工或边设计边施工。

2）坚持持证上岗制度。高大模板支撑系统搭设劳务分包队伍应具有相应资质并取得安全生产许可证；搭设作业人员应取得特种作业人员操作资格证书。

3）加强安全教育和安全技术交底工作。高大模板支撑系统施工前，应对搭设作业人员进行安全教育，有条件的单位可利用多媒体教学设备，放映高大模板支撑系统坍塌事故分析的幻灯片和录像，宣传安全知识，增强作业人员的安全意识，结合专项方案进行技术交底，并保存交底记录。

4）严把材料质量关。材料是保证高大模板支撑系统施工质量的基础，施工前应对进场的材料进行查验。新采购的钢管、扣件应核查生产许可证、产品质量合格证明、检测证明等相关资料，对周转使用的钢管、扣件等，应认真对照专项方案中材料的规格和质量要求严格筛选，剔除不满足要求的钢管和配件。如钢管的壁厚与专项方案不符时，应及时提请技术人员调整专项方案。

5）搭设管理措施。

A. 高大模板支撑系统的地基承载力、沉降等应能满足方案设计要求。如遇松软土、回填土，应根据设计要求进行平整、夯实，并采取防水、排水措施，按规定在模板支撑立柱底部采用具有足够强度和刚度的垫板。

B. 对于高大模板支撑体系，其高度与宽度相比大于两倍的独立支撑系统，应加设保证整体稳定的构造措施。

C. 高大模板工程搭设的构造要求应符合相关技术规范要求，支撑系统立柱接长严禁搭接；应设置扫地杆、纵横向支撑及水平垂直剪刀撑，并与主体结构的墙、柱牢固拉接。

D. 搭设高度在 2 m 以上的支撑架体时，应设置作业人员登高措施。作业面应按有关规定设置安全防护设施。

E. 模板支撑系统应为独立系统，禁止与物料提升机、施工升降机、塔式起重机等起重设施钢结构架体机身及其附着设施相连接；禁止与施工脚手架、物料周转平台等架体连接。

6）加强验收管理。

A. 高大模板支撑系统搭设前，应由项目技术负责人组织对需要处理或加固的地基、基础进行验收，并留存记录。

B. 高大模板支撑系统的结构材料应按相关要求进行验收、抽检和检测，并留存记录、资料。

C. 对承重杆件的外观抽检数量不得低于搭设用量的 30%，发现质量不符合标准、情况严重者，要进行 100% 的检验，并随机抽取外观检验不合格的材料（由监理见证取样）送至法定专业检测机构进行检测。

D. 采用钢管扣件搭设高大模板支撑系统时，还应对扣件螺栓的紧固力矩进行抽查，抽查数量应符合《建筑施工扣件式钢管脚手架安全技术规范》（JGJ 130—2011）的规定，对梁底扣件应进行 100% 检查。

E. 高大模板支撑系统应在搭设完成后，由项目负责人组织验收，验收人员应包括施工单位和项目两级技术人员，项目安全、质量、施工人员，监理单位的总监理工程师和专业监理工程师。验收合格，经施工单位项目技术负责人及项目总监理工程师签字后，方可进入后续工序的施工。

7）模板支撑系统的使用与检查。

A. 模板、钢筋及其他材料等施工荷载应均匀堆置，放平放稳。施工总荷载不得超过模板支撑系统设计荷载要求。

B. 模板支撑系统在使用过程中，立柱底部不得松动悬空，不得任意拆除任何杆件，不得松动扣件，也不得用作缆风绳的拉接。

C. 施工过程中检查项目应符合下列要求：

a. 立柱底部基础应回填夯实；

b. 垫木应满足设计要求；

c. 底座位置应正确，顶托螺杆伸出长度应符合规定；

d. 立柱的规格尺寸和垂直度应符合要求，不得出现偏心荷载；

e. 扫地杆、水平拉杆、剪刀撑等设置应符合规定，固定可靠；

f. 安全网和各种安全防护设施符合要求。

8)混凝土浇筑管理措施。

A. 混凝土浇筑前，施工单位项目技术负责人、项目总监理工程师确认具备混凝土浇筑的安全生产条件后，签署混凝土浇筑令，方可浇筑混凝土。

B. 框架结构中，柱和梁板的混凝土浇筑顺序，应按先浇筑柱混凝土，后浇筑梁板混凝土的顺序进行。浇筑过程应符合专项施工方案要求，并确保支撑系统受力均匀，避免引起高大模板支撑系统的失稳倾斜。

C. 浇筑混凝土时要派专人进行监测、监控。施工时不要超负荷施工，发现支架沉陷、松动、变形或变形超过预警值等情况，应当立即停止作业，并组织作业人员撤离到安全区域，工程技术人员应当立即研究解决措施并进行处置，确认安全、可靠后方可继续施工作业。

9)高大模板支撑系统拆除管理。

A. 高大模板支撑系统拆除前，项目技术负责人、项目总监理工程师应核查混凝土同条件试块强度报告，浇筑混凝土达到拆模强度后方可拆除，并履行拆模审批签字手续。

B. 高大模板支撑系统的拆除作业必须自上而下逐层进行，严禁上、下层同时拆除作业，分段拆除的高度不应大于两层。设有附墙连接的模板支撑系统，附墙连接必须随支撑架体逐层拆除，严禁先将附墙连接全部或数层拆除后再拆支撑架体。

C. 高大模板支撑系统拆除时，严禁将拆卸的杆件向地面抛掷，应有专人传递至地面，并按规格分类，均匀堆放。

D. 高大模板支撑系统搭设和拆除过程中，地面应设置围栏和警戒标志，并派专人看守，严禁非操作人员进入作业范围。

综上所述，只要在高大模板支撑系统搭设施工管理工作中，认真按照有关标准、规范和施工方案的要求施工，全面落实安全生产责任制，努力提高操作人员的技术素质和全员安全意识，高大模板支架坍塌事故是完全可以避免的。

(三)高大模板支撑系统专项施工方案的编制

高大模板支撑系统专项施工方案应严格按照《建设工程高大模板支撑系统施工安全监督管理导则》(建质〔2009〕254号)和相关现行标准规范的规定，由施工单位项目技术负责人组织相关专业技术人员，结合工程实际编制。

1. 专项施工方案应当包括以下内容：

(1)编制说明及依据：相关法律、法规、规范性文件、标准、规范及图纸(国标图集)、施工组织设计等。

(2)工程概况：高大模板工程特点、施工平面及立面布置、施工要求和技术保证条件，具体明确支模区域、支模标高、高度、支模范围内的梁截面尺寸、跨度、板厚、支撑的地基情况等。

(3)施工计划：施工进度计划、材料与设备计划等。

(4)施工工艺技术：高大模板支撑系统的基础处理、主要搭设方法、工艺要求、材料的力学性能指标、构造设置以及检查、验收要求等。

(5)施工安全保证措施：模板支撑体系搭设及混凝土浇筑区域管理人员组织机构、施工技术措施、模板安装和拆除的安全技术措施、施工应急救援预案，模板支撑系统在搭设、钢筋安装、混凝土浇捣过程中及混凝土终凝前后模板支撑体系位移的监测、监控措施等。

(6)劳动力计划：包括专职安全生产管理人员、特种作业人员的配置等。

(7)计算书及相关图纸：验算项目及计算内容包括模板、模板支撑系统的主要结构强度和截面特征及各项荷载设计值及荷载组合，梁、板模板支撑系统的强度及刚度计算，梁板下立杆稳定性计算，立杆基础承载力验算，支撑系统支撑层承载力验算，转换层下支撑层承载力验算等。每项计算均列出计算简图和截面构造大样图，注明材料尺寸、规格、纵横支撑间距。

附图包括支模区域立杆、纵横水平杆平面布置图，支撑系统立面图、剖面图，水平剪刀撑布置平面图及竖向剪刀撑布置投影图，梁板支模大样图，支撑体系监测平面布置图及连墙件布设位置及节点大样图等。

2. 专项施工方案审核论证。

(1)高大模板支撑系统专项施工方案，应先由施工单位技术部门组织本单位施工技术、安全、质量等部门的专业技术人员进行审核，经施工单位技术负责人签字后，再按照相关规定组织专家论证。下列人员应参加专家论证会：

1)专家组成员；

2)建设单位项目负责人或技术负责人；

3)监理单位项目总监理工程师及相关人员；

4)施工单位分管安全的负责人、技术负责人、项目负责人、项目技术负责人、专项方案编制人员、项目专职安全管理人员；

5)勘察、设计单位项目技术负责人及相关人员。

(2)专家组成员应当由 5 名及以上符合相关专业要求的专家组成。本项目参建各方的人员不得以专家身份参加专家论证会。

(3)专家论证的主要内容包括：

1)方案是否依据施工现场的实际施工条件编制；方案、构造、计算是否完整、可行；

2)方案计算书、验算依据是否符合有关标准规范；

3)安全施工的基本条件是否符合现场实际情况。

(4)施工单位根据专家组的论证报告，对专项施工方案进行修改完善，并经施工单位技术负责人、项目总监理工程师、建设单位项目负责人批准签字后，方可组织实施。

第三节　钢筋工程施工

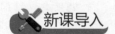 新课导入

1. 了解钢筋的受力情况。

2. 熟悉钢筋工程的施工准备内容与要求。

3. 掌握钢筋配料的计算方法。

4. 掌握钢筋加工的工艺与方法。

5. 掌握钢筋连接的方法与要求。

6. 熟悉钢筋骨架的安装程序。

7. 掌握钢筋骨架的安装工艺与操作要求。

一、钢筋的分类与材料检验

(一)钢筋的技术性能

钢筋的技术性能包括力学性能和工艺性能两个方面。力学性能包括抗拉性能、冲击韧性、耐疲劳度和硬度；工艺性能主要包括冷弯和焊接。

1. 抗拉性能。抗拉性能是钢筋最主要的技术性质，是指其抵抗拉力作用所表现出来的一系列变化。钢筋的抗拉性能可通过抗拉试验确定。

2. 冲击韧性。钢材的冲击韧性是指抵抗冲击荷载的能力。用于重要结构的钢材，特别是承受冲击荷载结构的钢材，必须保证其冲击韧性。钢材的冲击韧性是以标准试件在弯曲冲击试验时，每平方厘米所吸收的冲击断裂功表示，其检验如图 3-3-1 所示。该值越大，冲击韧性越好。钢材的冲击韧性会随温度的降低而明显减小，当降低至负温范围时，则呈现脆性，即所谓的冷脆性。在负温下使用的钢材，不仅要保证常温下的冲击韧性，通常还规定测−20 ℃的冲击韧性。

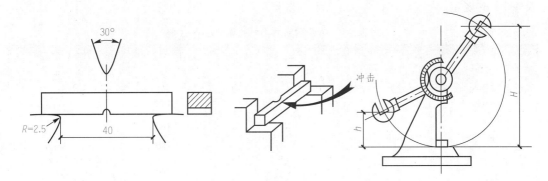

图 3-3-1　检验钢筋的冲击韧性

3. 冷弯性能。冷弯是检验钢材质量和焊接接头质量的重要项目之一，它能够检验钢材内部是否均匀，是否存在夹渣、气孔、裂纹等缺陷，对于钢筋焊接质量的检验尤为重要。

冷弯性能是指钢材在常温下承受弯曲变形的能力，钢材的冷弯性能以试验时的弯曲角度(α)和弯曲直径(d)为指标表示。

（二）钢材的分类

钢筋按生产工艺分为热轧钢筋、冷拉钢筋、预应力热处理钢筋、冷轧带肋钢筋、冷拔低碳钢丝、预应力混凝土钢丝及钢绞线。

钢筋按外形可分为光圆钢筋、带肋钢筋、钢丝和钢绞线。

（三）钢筋的性能

1.热轧钢筋。热轧钢筋是经热轧成型并自然冷却的成品钢筋，其分为热轧光圆钢筋和热轧带肋钢筋两类。

热轧光圆钢筋由低碳钢轧制而成，屈服点为 300 MPa，其强度等级代号为 HPB300，塑性及焊接性能好，便于各种冷加工，广泛应用于各种钢筋混凝土构件的受力钢筋和构造钢筋。

热轧带肋钢筋如图 3-3-2 所示，其牌号分为 HRB335（20MnSi）、 HRB400（20MnSiV、20MnSiNb、 20MnNb、 20MnTi）、 RRB400（K20MnSi），其中，H 表示"热轧"，R 表示"带肋"，B 代表月牙肋钢筋。用于 HRB335、HRB400 级带肋钢筋，其横肋的纵截面呈月牙形，且与纵肋不相交。等高肋钢筋用于 RRB400 级带肋钢筋，其横肋的纵、横面高度相等，且与纵肋相交。

图 3-3-2 热轧钢筋

热轧钢筋的力学性能与工艺性能，应符合表 3-3-1 的规定。

表 3-3-1 热轧钢筋的力学性能与工艺性能

种类	公称直径/mm	强度标准值	冷弯	
		不小于	弯曲角度	弯曲直径
HPB300	8～20	300	180°	3d
HRB335	6～50	335	180° 180°	3d 4d
HRB400	6～50	400	90° 90°	3d 4d
RRB400	8～40	400	90° 90°	5d 6d

2.预应力热处理钢筋。预应力混凝土用热处理钢筋是用 φ8、φ10(mm)的热轧螺旋钢筋经淬火和回火等调制而成。

预应力混凝土用热处理钢筋的优点是：强度高，可代替高强度钢丝使用；配筋根数少，节约材料；锚固性好，不易打滑，预应力稳定；施工简便，开盘后钢筋自然顺直，不需调直。其主要用于预应力钢筋混凝土轨枕，也可用于预应力梁、板结构及吊车梁等。

3. 冷轧带肋钢筋。冷轧带肋钢筋是热轧圆盘经冷轧减径成为三面或两面有肋的钢筋。冷轧带肋钢筋分为五种，其代号为 CRB500、CRB650、CRB800、CRB970 和 CRB1170，其中，C、R、B 分别表示"冷轧""带肋"和"钢筋"，后面的数字表示钢筋抗拉强度等级数值。

4. 冷拔低碳钢丝。冷拔低碳钢丝是用圆盘条经多次拔制而成的。

5. 冷轧扭钢筋。冷轧扭钢筋是由普通低碳钢丝热轧圆盘条经扭轧扭工艺制成，其表面呈连续的螺旋形。这种钢筋具有较高的强度，而且有足够的塑性，与混凝土的粘结性能优异，一般用于预制钢筋混凝土圆孔板，以及现浇钢筋混凝土楼板等构件。

(四)钢筋的检验

钢筋进场时或加工前，必须按规范规定抽样送检。未经检验不得进行钢筋加工，检验不合格的钢筋必须退场。

(1)钢筋进场要有出厂证明书或试验报告单，若为复印件，合格证上应有复印人签名及原件存放处并盖红章。钢筋进场由材料员验收，并委托试验员分批量作质量偏差检验及力学性能试验，如使用中发现钢筋脆断、焊接性能不良和机械性能显著不正常时，还应进行钢筋化学成分分析，不允许有不合格的钢材用于本工程。

(2)钢筋取样：同一厂家、同一炉罐号、同一规格、同一交货状态，每≤60 t 为一验收批。按照钢筋规格型号的不同分别依据不同的标准，按照一定取样数量分别做质量偏差检验及拉伸和弯曲试验。如果现场质量偏差检验不符合要求，该批钢筋做不合格退场处理。质量偏差检验合格后按规定取样做拉伸和弯曲试验，试验时，如果有一个试验结果不符合规范所规定的数值时，则应另取双倍数量的试样做第二次试验，如仍有项目不合格，则该批钢筋不予验收，不能用在本工程上。

(3)对结构纵向受力钢筋应进行检验，检验所得的强度实测值应符合下列要求：

1)钢筋的抗拉强度实测值与屈服强度实测值的比值不应小于 1.25。

2)钢筋的屈服强度实测值与钢筋的强度标准值的比值不应大于 1.3。

3)钢筋最大力下的总伸长率不应小于 9%。

(4)钢筋进场后必须严格按分批同等级、牌号、直径、长度分别挂牌堆放，不得混淆。

(5)存放钢筋的场地应坚实、平整，钢筋堆放时，钢筋下面垫垫木，垫木厚度为 200 mm，间距为 1 500 mm，以防钢筋锈蚀和污染。

(6)钢筋半成品要标明分部、分层、分段和构件名称，按号码顺序堆放，同一部位或同一构件的钢筋要放在一起，并有明显标识，标识上注明构件名称、部位、钢筋、尺寸、直径和根数。

二、钢筋加工

钢筋的加工工序有除锈、调直、下料剪切、弯曲成型等。

(一)钢筋除锈与调直

1. 钢筋除锈的方法。根据现行国家规范《混凝土结构工程施工质量验收规范》(GB 50204—2015)的规定:"钢筋应平直、无损伤,表面不得有裂纹、油污、颗粒状或片状老锈。"

钢筋除锈工作应在调直后、弯曲前进行,并应尽量利用冷拉和调直工序进行除锈。钢筋除锈一般有两种方法:一种是在钢筋冷拉或钢筋调直过程中除锈,其既省力又经济;另一种是用机械或人工的方法除锈,如采用电动除锈机除锈,其对钢筋局部锈蚀清除较为方便。此外也可以采用手工除锈、酸洗除锈等。需要说明的是,钢筋轻微锈蚀时可不除锈,对钢筋与混凝土的粘结有利。

2. 钢筋调直。钢筋调直包括人工调直和机械调直。利用冷拉方法调直盘圆钢筋是简单有效的方法。

对冷拔低碳钢丝可用蛇形管调直架人力牵引调直,如图 3-3-3 所示,但一般是采用调直机调直,对 10 mm 以下的盘圆筋可用绞磨牵引拉直钢筋。粗钢筋可用扳手、大锤人工调直。

图 3-3-3 机械调直

(二)钢筋的切断

根据计算下料长度进行配料,长钢筋需要切断。钢筋切断机可切断直径不大于 40 mm 的钢筋;直径大于 40 mm 的钢筋用氧-乙块焰切断。手动切断机如图 3-3-4 所示。机械切断机断料如图 3-3-5 所示。

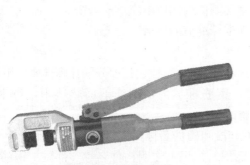

图 3-3-4 手动切断机

图 3-3-5 机械切断机断料

(三)钢筋弯曲成型

已切断的钢筋需弯曲成需要的形状和尺寸。弯曲的顺序是画线、试弯、弯曲成型。

画线主要根据不同的弯曲角度在钢筋上标出弯折部位,画线以外包尺寸为依据,但需扣除弯曲量度差值。

在钢筋成批弯曲之前都要先取出一根试弯，以便检查其是否符合设计要求、画线是否正确。

钢筋弯曲包括人工弯曲和机械弯曲。人工弯曲主要用手摇扳手，它可以弯曲 12 mm 以下的钢筋。弯曲多根钢筋的手摇扳手，主要为弯制箍筋用。人工弯曲钢筋在工作台上进行，工作台上设有卡盘，卡盘由底盘和扳柱轴组成。扳手有横口和顺口两种，以配合卡盘使用。

大量钢筋加工时宜采用钢筋弯曲机。钢筋弯曲机可弯曲直径小于 40 mm 的钢筋，钢筋直径为 22～40 mm 时，仅能单根弯曲；如在 22 mm 以下，则可同时弯曲。

如图 3-3-6 所示为一钢筋弯曲机的外形。图中工作盘在弯曲机工作台面上，是一个用铸钢制成的圆盘，圆盘上的中心孔安插心轴，周围的八个孔可安插成型轴。在工作台面上有两条具有孔眼的挡铁插入座，孔眼用于安插挡铁轴。工作时，先将钢筋放在工作盘的心轴和成型轴之间。开动弯曲机，工作盘转动，由于钢筋一端被挡铁轴挡住，所以，钢筋被成型轴绕心轴进行弯曲，当达到要求角度后，将倒顺开关关闭，然后工作盘反转，回到原来的位置。

图 3-3-6 钢筋弯曲机的外形

三、钢筋的连接

纵向通长钢筋的接头可采用机械连接、绑扎搭接或焊接；钢筋直径大于 25 mm 时，采用机械连接或焊接；钢筋直径小于 16 mm 时，采用绑扎搭接或焊接。

(一)受力钢筋的连接

1. 钢筋接头的有关规定。受力钢筋的接头位置应设置在受力较小处，且应相互错开。当采用搭接接头时，从任一接头中心至 1.3 倍搭接长度的区段范围内，当采用机械或焊接连接时，在任一机械接头中心至长度为 35 倍钢筋直径的范围内（且不应小于 500 mm），称为同一连接区域，在同一连接区域有接头的受力钢筋截面面积占受力钢筋总截面面积的百分率应符合表 3-3-2 的规定。

表 3-3-2 钢筋接头百分率

接头形式	受拉区接头数量	受压区接头数量
绑扎连接	25%	50%
机械连接或焊接	50%	不限

2. 钢筋接头的位置。

(1)楼层梁板钢筋的接头位置，上部钢筋在跨中 1/3 范围内，下部钢筋的接头在支座处，基础梁板的接头位置设置与此相反，接头位置设置如图 3-3-7 所示。

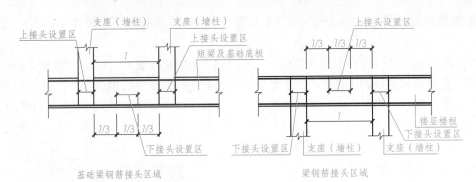

图 3-3-7 钢筋接头位置

有抗震设防要求的结构中，梁端、柱端箍筋加密区范围内不宜设置钢筋接头，且不应进行钢筋搭接。同一纵向受力钢筋不宜设置两个或两个以上接头。

（2）现浇钢筋混凝土楼板下部钢筋不应在跨中搭接，板上部钢筋不应在支座搭接。

(二)绑扎搭接

1. 核对成品钢筋的钢号、直径、形状、尺寸和数量是否与料单、料牌相符，如有错漏，须立即纠正增补。

2. 绑扎形式复杂的结构部位时，须先研究钢筋穿插就位顺序，并与模板工讨论支模和绑扎先后次序，减少绑扎困难。钢筋确实无法摆放时，要与技术部门联系（可能涉及建设、设计、监理等单位）解决。

3. 钢筋绑扎全部采用 22 号钢丝（火烧丝）或镀锌钢丝（铅丝），所有钢筋交错点均需绑扎，且必须牢固，同一水平直线上相邻绑扣呈"八"字形，朝向混凝土体内部。钢筋搭接处，需在中心和两端用钢丝扎牢。钢筋绑扎长度参考表 3-3-3。

表 3-3-3 钢筋绑扎长度　　　　　　　　　　　　　　　　　　　　mm

钢筋直径	6～8	10～12	14～16	18～20	22	25
6～8	150	170	190	220	250	270
10～12		190	220	250	270	290
14～16			250	270	290	310

4. 受拉区域内，HPB300 级钢筋末端需做 180°弯钩。

5. 搭接长度的末端距钢筋弯折处，不得小于钢筋直径的 10 倍，接头不得位于构件最大弯矩处。

(三)焊接连接

焊接连接的方式有闪光对焊、气压焊、电渣压力焊、电弧焊。

钢筋的可焊性是指被焊钢材在采用一定焊接材料、焊接工艺条件下，获得优质焊接接头的难易程度，也就是钢材对焊接加工的适应性。它包括以下几个方面：

1. 工艺焊接性。工艺焊接性也就是接合性能，是指在一定焊接工艺条件下焊接接头中出现各种裂纹及其他缺陷的敏感性和可能性。这种敏感性和可能性越大，其工艺焊接性能就越差。

2. 使用焊接性。使用焊接性是指在一定焊接条件下焊接接头对使用要求的适应性，以及影响使用可靠性的程度。这种适应性和使用可靠性越大，其使用焊接性就越好。

HPB300级钢筋的焊接性能良好；HRB335级和HRB400级钢筋的焊接性能较差，焊接时需采用预热、控制焊接温度等工艺措施；HRB500级钢筋的碳含量很高，焊接难度大，不允许采用电弧焊，需采用闪光对焊，且必须采取较高的预热温度、焊后热处理和严格的工艺措施。

3. 闪光对焊。根据钢筋品种、直径和所用焊机功率大小不同，钢筋闪光对焊可分为连续闪光焊、预热闪光焊和闪光—预热—闪光焊等三种工艺。预热闪光焊的施工工艺为：预热→连续闪光→顶锻。闪光—预热—闪光焊的施工工艺为：一次闪光→预热→二次闪光→顶锻。其原理如图3-3-8所示，实景如图3-3-9所示。

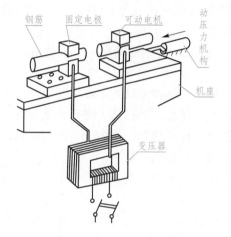

图 3-3-8　闪光对焊原理图

图 3-3-9　闪光对焊实景图

（1）连续闪光焊。连续闪光焊的施工工艺为：连续闪光和顶锻过程。施焊时，先闭合一次电路，使两钢筋端面仍保持轻微接触，此时，端面的间隙中即喷射出火花般熔化的金属微粒——闪光，接着徐徐移动钢筋使两钢筋端面仍保持轻微接触，形成连续闪光。当闪光到预定的长度，使钢筋端头加热到将近熔点时，就以一定的压力迅速进行顶锻，顶锻到一定长度，焊接接头即告完成。

根据焊机型号、钢筋的品种、直径选择闪光对焊工艺，试焊两个接头，经外观检查合格后，确定各项对焊参数，其钢筋上限直径见表3-3-4。

表 3-3-4　连续闪光焊钢筋上限直径

焊机容量/(kV·A)	钢筋级别	钢筋直径/mm
160	HPB300	25
	HRB335	22
	HRB400	20
100	HPB300	20
	HRB335	18
	HRB400	16

续表

焊机容量/(kV·A)	钢筋级别	钢筋直径/mm
	HPB300	16
80	HRB335	14
	HRB400	12

（2）预热闪光焊。预热闪光焊是在连续闪光焊前加一次预热过程，以扩大焊接热影响区。其施工工艺过程包括预热、闪光和顶锻过程。施焊时，先闭合电源，然后使两钢筋端面交替接触和分开，这时，钢筋端面的间隙中即发出断续的闪光，而形成预热过程。当钢筋达到预热温度后进入闪光阶段，随后顶锻而成。

（3）闪光—预热—闪光焊。闪光—预热—闪光焊是在预热—闪光焊前加一次闪光过程，目的是使不平整的钢筋端面烧化平整，使预热均匀。其施工工艺过程包括一次闪光、预热、二次闪光及顶锻过程。施焊时首先连续闪光，使钢筋端部闪平，然后同预热闪光焊。

（4）焊后热处理。对于HRB500级钢筋，碳、锰、硅的含量较高，焊接性能差，焊后容易产生淬硬组织，降低接头的塑性性能。为改善上述情况，其操作关键在于掌握适当的温度。焊接宜用闪光—预热—闪光焊工艺进行焊接。操作要点为一次闪光，闪去压伤；预热适中，频率中低；二次闪光，稳而灵活；顶锻过程，快而用力适当。

HRB500级钢筋对焊时应采用"一大二低"。即较大的调伸长度、较低的变压数和较低的预热频率，低频预热应符合下列要求：

1）根据钢筋级别及其直径大小，预热接触时间在0.5～2 s/次内选择。预热间歇时间稍大于每次预热接触时间。

2）预热时应有一定的接触压力。

3）预热程度宜采用预热留量与预热次数相结合的办法来控制。

4）螺丝端杆与钢筋对焊时，宜事先对螺丝端杆预热，或适当减少螺丝端杆的调伸长度。钢筋一侧的电极应调高，保证钢筋与螺丝端杆的轴线成一直线。

HRB500级钢筋采用预热闪光焊或闪光—预热—闪光焊，其接头的力学性能不能符合质量要求时，可在焊后进行通电热处理，具体施工工艺要求如下：

1）待接头冷却至常温，将电极钳口调至最大间距，接头居中，重新夹紧。

2）采用较低变压器级数，进行脉冲式通电加热，每次脉冲循环包括的通电时间和间歇时间宜为3 s。

3）热处理温度通过试验确定，一般为750 ℃～850 ℃，随后在空气中自然冷却。

（5）对焊注意事项。

1）对焊前清除钢筋端头150 mm范围内的铁锈、污泥等。此外，如钢筋端头有弯曲，应预调直或切除。

2）当调换焊工或更换焊接钢筋的规格和品种时，应先对焊接试件进行冷弯试验。合格后才能成批焊接。

3）焊接参数应根据钢种特性、气温高低、实际电压、焊机性能等具体情况由操作人员自行修正。

4)夹紧钢筋时，应使两钢筋端面的凸出部分相接触，以利均匀加热和保证焊缝与钢筋轴线相垂直。

5)焊接完毕后，应待接头处由白红色变为黑红色才能松开夹具，平稳地取出钢筋，以免引起接头弯曲。当焊接后张预应力钢筋时，应在焊后趁热将焊缝周围的毛刺打掉，以便钢筋穿入预留孔道。

6)不同直径的钢筋可以对焊，但其截面比不能大于 1.5，此时，除应按大直径钢筋选择焊接参数外，还应减少大直径钢筋的调伸长度，或利用短料首先将大直径钢筋预热，以使两者在焊接过程中加热均匀，保证焊接质量。

7)焊接场地应有防风、防雨措施，以免接头区骤然冷却，发生脆裂。当气温较低时，接头部位可适当用保温材料覆盖。

负温对焊，负温条件下进行闪光对焊，应有防风、挡雪措施，且应采用弱参数，其操作要点为：①调伸长度适当增加 10%~20%；②变压器级数降低 1~2 级；③烧化过程的中期速度适当减慢；④适当提高预热时的接触压力；⑤适当增长预热间歇时间；⑥延缓冷却速度，未冷却的接头严禁立即碰到冰雪。

(6)质量通病及防治措施。在钢筋对焊生产中，若出现质量通病，应按照表 3-3-5 规定的措施及时消除，保证产品质量。

表 3-3-5 钢筋对焊异常现象，焊接缺陷及防治措施

序号	质量通病	防治措施
1	烧化过分剧烈并产生强烈的爆炸声	降低变压器级数 减慢烧化速度
2	闪光不稳定	清除电极底部和表面的氧化物 提高变压器级数 加快烧化速度
3	接头中有氧化膜，未焊透或夹渣	增加预热程度 加快临近顶锻时的烧化速度 确保带电顶锻过程 加快顶锻速度 增大顶锻压力
4	接头中有缩孔	降低变压器级数 避免烧化过程过分强烈 适当增大顶锻留量及顶锻压力
5	焊缝金属过烧或热影响区过热	减小预热程度 加快烧化速度，缩短焊接时间 避免过多带电顶锻
6	接头区域裂缝	检查钢筋的碳、硫、磷含量；如不符合规定，应更换钢筋 采取低频预热方法，增加预热程度
7	钢筋表面微熔及烧伤	清除钢筋被夹紧部位的铁锈和油污 清除电极内表面的氧化物 改进电极槽口形状，增大接触面积 夹紧钢筋

续表

序号	质量通病	防治措施
8	接头弯折或轴线偏移	正确调整电极位置 修整电极钳口或更换已变形的电极 切除或矫直钢筋的弯头

(7)安全技术。

1)焊接机械必须经过调整试运转正常后方可正式使用,焊机必须由专人使用和管理。

2)焊机必须装有接地线,接地线电阻不应大于 4 Ω,在操作前应经常检查接地是否正常。

3)调整焊接变压器级数时,应切断电源。

4)焊接机械电源部分要分开,防止钢筋与电源接触,不允许两个焊机使用一个电源闸刀。电源开关箱内应装设电压表。

5)焊工必须穿戴好安全防护用品,防止火花灼烧。对焊机闪光区域内需有防火隔离设施。

6)在进行大量生产焊接时,焊接变压器等不得超过负荷,其温度不得超过 60 ℃。焊机的电源线路、保险丝的规格必须符合规定要求。

7)焊接工作房必须用防火材料搭设,并配有防火设施。

8)如电源电压降至 8% 时,应停止焊接。

4. 钢筋气压焊。钢筋气压焊是利用氧-乙炔火焰把接合面及其附近金属加热至塑化状态,同时施加适当的压力使其结合的固结焊接法。由于加热和加压使结合面附近金属受到镦锻式压延,被焊金属产生强烈的塑性变形,促使两结合面接近到原子间的距离,进入原子力作用的范围内,实现原子间的互相嵌入及键合,并在热变形过程中,完成晶粒重新组合的再结晶过程而获得牢固的接头。

这种焊接工艺具有设备简单、操作方便、质量好、成本低等优点,适用于各种位置的钢筋焊接,但对焊工要求严,焊前对钢筋端面处理要求高。

其施工工艺一般为:准备阶段(机具及钢筋端头加工)→压焊阶段(安装钢筋、加热压接钢筋、卸除夹具)→检验阶段。

气压焊可用于直径为 16～40 mm 的 HPB300、HRB335、HRB400 级钢筋,不同直径连接也可用此工艺,但两钢筋直径相差不得大于 7 mm。

(1)工艺设备。用于气压焊(图 3-3-10)的设备有:供气设备、多嘴环管加热器、加压器、焊接夹具。

(2)安全技术。

1)雨雪和风力较大的天气,不得组织施工。但为保证工程进度而必须施工时,要有防护措施。

图 3-3-10 气压焊

2)为避免压接时产生偏压，出现偏心量过大的接头，当风速大于5 m/s时，应停止压接操作；当风速小于5 m/s时，可以搭设防风板维护操作，同时，还要调整火焰能率或延长加热时间。

3)冬期施工，当室外温度不低于－15 ℃的情况下，可以组织施工，但在工艺上要采取提高1～2个档次的焊炬功率，同时，也需有防止接头急速冷却等措施。

4)除执行气压焊安全操作规定外，还应检查气压焊设备是否完好、各种表是否安全、管子是否漏气。如发生回火，要及时关闭乙炔阀，再关闭氧气阀，时间紧迫可拔掉乙炔管。

5)现场使用的氧气瓶、乙炔瓶和焊接火钳，三者距离不得小于10 m。同一地点有两个及两个以上乙炔瓶时，瓶与瓶之间的距离也不得小于10 m，达不到时，应有隔离设施。

6)每个氧气瓶的减压器和乙炔瓶的减压器只许装一把焊接火钳。

7)氧气瓶、乙炔瓶应设有防晒棚，不得接近火源、热源，一般应直立放置，不得放在高压线下方。

8)施工现场应搭有牢固的操作平台和安全防护围栏。

9)油泵的高压油管不得漏油，防止引起爆炸。

10)停止施工时，要将高压容器阀门关紧，盖上瓶帽。

5. 电渣压力焊。电渣压力焊是利用电流通过渣池产生的电阻热将钢筋端部熔化，然后施加压力使钢筋焊合。这种焊接方法比电弧焊节省钢材、工效高、成本低，适用于现浇混凝土结构中竖向或斜向、直径为14～40 mm的HPB300、HRB335、HRB400级钢筋的接长，但直径在28 mm以上的钢筋焊接技术难度较大。日常施工中当直径为25 mm以上时，正常采用机械连接。电渣压力焊设备如图3-3-11所示(电渣压力焊斜向操作很少采用，一般是先竖向焊好，再人工打弯)。

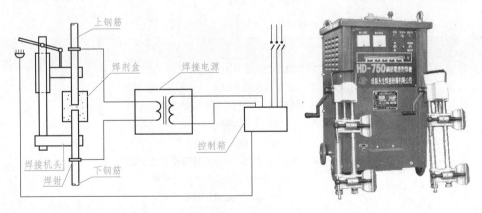

图3-3-11　电渣压力焊

电渣压力焊在供电条件差、电压不稳、雨期以及防火要求高的场合慎用。

(1)焊接工艺。竖向钢筋电渣压力焊的工艺过程包括引弧、电弧、电渣和顶压过程。

1)手工电渣压力焊可采用直接引弧法，即一个焊接接头的完成，要经过引弧→电弧→电渣→顶压的过程。

2)自动电渣压力焊，宜采用钢丝圈引弧法，即一个焊接接头的完成，要经过引弧渣→

顶压的过程，但这个过程均为自动控制。

引弧过程：可采用直接引弧法和钢丝球引弧法。将上钢筋与下钢筋接触，不能错位，接通电源。直接引弧法是在通电后迅速将上钢筋提起，使两端头之间的距离为 $2\sim4$ mm，引燃电弧，这种过程很短。当钢筋端头夹杂不导电物质或端头过于平滑造成引弧困难时，可以多次把上钢筋移下与下钢筋短接后再提起，达到引弧目的。

钢丝球引弧法是将钢丝球放在上、下钢筋端头之间，电流通过钢丝球与上、下钢筋端面的接触点形成短路引弧。钢丝球采用 $0.5\sim1.0$ mm 退火钢丝，球径不小于 10 mm，球的每一层缠绕方向应相互垂直交叉。当焊接电流较小、钢筋端面较平整或引弧距离不易控制时，宜采用此方法。

电弧过程也称造渣过程。靠电弧的高温作用，将钢筋端头的凸出部分不断烧化；同时将接口周围的焊剂充分熔化，形成一定深度的渣池。

电渣过程：渣池形成一定深度后，将上钢筋缓缓插入渣池中，此时电弧熄灭，进入电渣过程。由于电流直接通过渣池，产生大量的电阻热，使渣池温度升到近 2 000 ℃，将钢筋端头迅速而均匀地熔化。其中，上钢筋端头熔化量比下钢筋大一倍。经熔化后的上钢筋端面呈微凸形，并在钢筋的端面上形成一个由液态向固态转化的过渡薄层。

挤压过程：电渣压力焊的接头，是利用过渡层使钢筋端部的分子与原子产生巨大的结合力完成的。因此，在停止供电的瞬间，对钢筋施加挤压力，把焊口部分熔化的金属、熔渣及氧化物等杂质全部挤出结合面。由于挤压时焊口处于熔融状态，所需的挤压力很小，对各种规格的钢筋仅为 $0.2\sim0.3$ kN。

（2）焊接缺陷及防治措施。在钢筋电渣压力焊的焊接过程中，若出现轴线位移、接头弯折、结合不良、烧伤、夹渣等焊接缺陷，参照表 3-3-6 查明原因，采取措施，及时消除焊接缺陷，保证产品质量。

表 3-3-6　钢筋电渣压力焊接头质量通病及防治措施

序号	缺陷性质	防治措施
1	轴线偏移	1. 钢筋的焊接端部力求挺直 2. 正确安装夹具及钢筋 3. 及时修理或更换已变形的电极钳口 4. 操作过程避免晃动
2	接头弯折	1. 钢筋的焊接端部力求挺直 2. 正确安装钢筋，并在焊接时始终扶直端正 3. 焊毕，适当延长钢筋上的扶持时间 4. 及时修理或更换已变形的电极钳口
3	过热（焊包薄而大）	1. 合理选择焊接参数，避免采取大能量焊接法 2. 减少焊接时间 3. 缩短电渣过程
4	结合不良	1. 正确调整动夹头的起始点，确保上钢筋下送到位 2. 避免下钢筋伸出钳口的长度过短，确保熔池金属受到焊剂正常依托 3. 防止在焊接时焊剂局部泄漏，避免熔池金属局部流失 4. 避免顶压前过早断电，有效地排除夹渣

序号	缺陷性质	防治措施
5	焊包不匀	1. 钢筋端部切平 2. 装焊接时，力求钢筋四周均匀 3. 焊剂回收使用时排除一切杂质 4. 避免电弧电压过高 5. 防止焊剂局部泄漏，避免熔池金属局部流失
6	气孔夹渣	1. 遵守使用焊剂的有关规定 2. 焊前清除钢筋端部的杂质、锈斑 3. 缩短渣电过程，使钢筋端部呈微凸状 4. 及时进行顶压过程

（3）安全技术。

1）冬期钢筋的焊接应在室内进行。如必须在室外焊接时，其最低气温不宜低于－20 ℃，且应有防雪、挡风措施。焊后的接头，严禁立即碰到冰雪。

2）焊机必须接地，以保证操作人员的安全，对于焊接导线应可靠、绝缘。

3）焊工必须穿戴防护衣具。施焊时，焊工应在干木垫或其他绝缘垫上。

4）焊机的电源开关箱内装设电压表、以便观察电压波动情况。如电源电压下降大于5％，则不宜进行焊接。

5）控制箱内应安装电压表、电流表和信号电铃，便于操控者控制焊接参数和正常掌握焊接接通时间。

6. 电弧焊。

（1）作业条件。

1）焊工必须持证上岗。

2）作业现场要有安全防护、防火、通风措施，防止发生触电、火灾、中毒及烧伤等事故。

3）正式焊接前，各个电焊工应对其在工程中准备进行电弧焊的主要规格的钢筋各焊3个模拟试件，做拉伸试验，经试验合格后，方可参加施工作业。

（2）材料要求。

1）钢筋：钢筋的级别、规格必须符合设计要求，有产品合格证、出厂检测报告和进场复验报告。进口钢筋还应做化学试验及可焊性试验，结果符合要求。钢筋表面应清洁无裂纹、老锈和油污。

2）钢材：预埋件用的钢板不得有裂纹锈蚀、变形。

3）焊条：焊条的牌号应符合设计要求。如设计无规定时，应符合表 3-3-7 的要求。

表 3-3-7　焊条牌号要求

钢筋级别	搭接焊、帮条焊	坡口焊
HPB300	E4303	E4303
HRB335	E4303	E5303
HRB400	E5003	E5503
HPB300、HRB335 级钢筋与钢板焊接	E4303	

焊条必须有出厂合格证。焊条质量应符合以下要求：

a. 药皮无裂缝、气孔、凹凸不平等缺陷。

b. 焊接过程中，电弧应燃烧稳定，药皮熔化均匀，无成块脱落现象。

c. 焊条必须根据要求烘干后再用。

4)施工机具：电焊机、电缆、电焊钳、面罩等。

(3)质量要求：钢筋手工电弧焊接工程质量要求应符合《混凝土结构工程施工质量验收规范》(GB 50204—2015)的规定。

(4)工艺流程：检查设备→选定焊接参数→焊定位焊缝→引弧、施焊、收弧→清渣→质量检查。

(5)操作工艺。

1)搭接焊。

a. 搭接焊适用于 HPB300、HRB335、HRB400 级钢筋。宜采用双面焊，当不能进行双面焊时，方可采用单面焊。

b. 焊缝长度应符合表 3-3-8 的规定。

表 3-3-8　焊缝长度

钢筋级别	焊缝型式	焊缝长度
HPB300	单面焊	≥8d
	双面焊	≥4d
HRB335、HRB400	单面焊	≥10d
	双面焊	≥5d
注：d 为主筋直径(mm)		

c. 搭接焊的焊缝厚度不应小于 0.3d，焊缝宽度 b 不小于 0.8d。

d. 搭接焊时，钢筋应预弯，以保证两根钢筋的轴线在同一直线上。弯折角度控制：单面焊 1∶10；双面焊 1∶5。

e. 搭接焊时，先在离端部 20 mm 以上部位焊接两个定位焊缝。

f. 搭接焊时，引弧应在搭接钢筋形成焊缝的一端开始，收弧应在搭接钢筋的端头上，弧坑应填满。第一层焊缝应有足够的熔深，主焊缝与定位焊缝应熔合良好，不得烧伤主筋。

g. 预埋件 T 形接头电弧焊：分为贴角焊和穿孔焊。

钢板厚度不小于 0.6d，并不宜小于 5 mm。

钢筋应采用 HPB300、HRB335 级。受力锚固钢筋直径不应小于 8 mm，构造锚固筋直径不应小于 6 mm。锚固钢筋直径为 6～25 mm，可采用贴角焊，锚固钢筋 d≥28 mm 时，应采用穿孔塞焊。

采用 HPB300 级钢筋时，贴角焊缝焊脚 k 不小于 0.5d；采用 HRB400 级钢筋时，k 不小于 0.6d。d 为 T 形件锚固钢筋直径。

2)帮条焊。

a. 钢筋帮条焊适用于 HPB300、HRB335、HRB400 级钢筋，宜采用双面焊。不能进行双面焊时，也可以采用单面焊。帮条长度同搭接焊焊缝长度。当帮条级别与主筋相同时，帮条直径可与主筋相同或小一个规格；当帮条直径与主筋相同时，帮条级别可与主筋相同或低一个级别。

b. 帮条焊焊缝厚度不应小于主筋直径的 0.3 倍，焊缝宽度不应小于主筋直径的 0.8 倍。

c. 两主筋端面的间隙应为 2～5 mm，帮条与主筋之间应用四点定位焊固定，定位焊缝与帮条端部的距离应不小于 20 mm。

d. 引弧应在帮条的一端开始，收弧应在帮条钢筋端部，弧坑应填满。主焊缝与定位焊缝应熔合良好，不得烧伤主筋。

(6)应注意的质量问题。

1)应根据钢筋的级别、直径、接头形式，选择焊条、焊接工艺。焊接参数应采用班前会交底确定的参数。

2)焊接地线与钢筋应接触紧密，休息期间要断开电源，以避免焊条接触钢筋发生电弧，烧伤钢筋。焊接过程中应及时清渣，弧坑应填满。

(四)机械连接

机械连接可以分为套筒挤压连接、锥螺纹套筒连接、直螺纹套筒连接。

机械连接接头具有接头性能可靠、质量稳定、不受气候及焊工技术水平的影响、连接速度快、安全、无明火、节能等优点，可连接各种规格的同径和异径钢筋，也可连接可焊性差的钢筋。

接头应根据抗拉强度、残余变形以及高应力和大变形条件下反复拉压性能的差异，分为以下三个性能等级：

Ⅰ级接头抗拉强度等于被连接钢筋的实际拉断强度或不小于 1.10 倍钢筋抗拉强度标准值，残余变形小并具有高延性及反复拉压性能。

Ⅱ级接头抗拉强度不小于被连接钢筋抗拉强度标准值，残余变形较小并具有高延性及反复拉压性能。

Ⅲ级接头抗拉强度不小于被连接钢筋屈服强度标准值的 1.25 倍，残余变形较小并具有一定的延性及反复拉压性能。

其各项指标详见《钢筋机械连接技术规程》(JGJ 107—2016)。

接头连接件的屈服承载力和受拉承载力的标准值不应小于被连接钢筋的屈服承载力和受拉承载力标准值的 1.10 倍。

1. 套筒挤压连接。带肋钢筋套筒挤压连接是将待接钢筋插入钢套筒，用挤压连接设备沿径向钢筋套筒，使之产生塑性变形，依靠变形后的钢套筒与被连接钢筋纵肋、横肋产生的机械咬合成整体的钢筋连接方法，如图 3-3-12 所示。

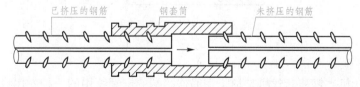

图 3-3-12 套筒挤压连接

(1)钢套筒。套筒的规格尺寸宜符合表 3-3-9 的规定。其允许偏差：外径±1%(且不大于±0.5 mm)，壁厚＋12%，－10%，长度±2 mm。

表 3-3-9　钢套筒的规格尺寸

钢套筒型号	钢套尺寸/mm			压接标志指数
	外径	壁厚	长度	
G40	70	12	240	8×2
G36	63	11	216	7×2
G32	56	10	192	6×2
G28	60	8	168	5×2
G25	45	7.5	150	4×2
G22	40	6.5	132	3×2
G20	36	6	120	3×2

挤压接头所用套筒的尺寸与材料应与一定的挤压工艺配套，必须经生产厂家型式检验认定。施工单位采用经过型式检验认定的套筒及挤压工艺进行施工，不要求对套筒原材料进行力学性能检验。

(2)挤压工艺。

1)准备工作。

a. 钢筋端头的锈、泥砂、油污等杂物应清理干净。

b. 钢筋与套筒应进行试套，如钢筋有马蹄、弯折或纵肋尺寸过大，应预先矫正或用轮打磨，对不同直径钢筋套筒不得串用。

c. 钢筋端部应画出定位标记与检查标记。定位标记与钢筋端头的距离为钢套筒长度的一半，检查标记与定位标记的距离一般为 200 mm。

d. 检查挤压设备情况，并进行试压，符合要求后方可作业。

2)挤压作业。钢筋挤压连接宜先在地面上挤压一端套筒，在施工作业区插入待连接钢筋后，再挤压另一端套筒。

压接钳就位时，应对正钢套筒压痕位置的标记，并应与钢筋轴线保持垂直。从钢套筒中部顺次向端部进行施压。每次施压时，主要控制压痕深度。

2. 锥螺纹套筒连接。锥螺纹套筒连接是将两根待接钢筋端头用套丝机作出锥形外丝，然后用带锥形内丝的套筒将钢筋两端拧紧的钢筋连接方法，如图 3-3-13 所示。

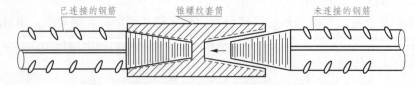

图 3-3-13　锥螺纹套筒连接

(1)机具设备。

1)钢筋套丝机。钢筋套丝机是加工钢筋连接端的锥螺纹用的一种专用设备，可套制直径为 16~40 mm 的 HRB335、HRB400 级钢筋。

2)扭力扳手。扭力扳手是保证钢筋连接质量的测力扳手。它可以按照钢筋直径大小规定的力矩值，把钢筋与连接套筒拧紧，并发出声响信号。

3)量规。量规包括牙形规、卡规和锥螺纹塞规。牙形规是用来检查钢筋连接端的锥螺纹牙形加工质量的量规；卡规是用来检查钢筋连接端的锥螺纹小端直径的量规；塞规是用来检查锥螺纹连接套加工质量的量规。

（2）锥螺纹套筒的加工与检验。锥螺纹套筒的材质：HRB335级钢筋采用30～40号钢，HRB400级钢筋采用45号钢。

锥螺纹套筒的尺寸，应与钢筋端头锥螺纹的牙形与牙数匹配，并应满足承载力略高于钢筋母材的要求。

锥螺纹套筒的加工，宜在专业工厂进行，以保证产品质量。各种套筒外表面，均应有明显的钢筋级别及规格标记。套筒加工后，其两端锥孔必须用与其相应的塑料密封装盖封严。

锥螺纹套筒的验收，应检查套筒的规格、型号与标记；套筒的内螺纹圈数、螺距与齿高；螺纹有无破损、歪斜、不全、锈蚀等现象。其中，套筒检验的重要一环是用锥螺纹塞规检查同规格套筒的加工质量，当套筒大端边缘在锥螺纹塞规大端缺口范围内时，套筒为合格。

（3）钢筋锥螺纹的加工与检验。钢筋下料时应采用无齿锯切割。其端头截面应与钢筋轴线垂直，并不得翘曲。

将钢筋两端卡于套丝机上套丝。套丝时要用水溶性切削冷却润滑液进行冷却润滑。对大直径钢筋要分次切削到规定的尺寸，以保证丝扣精度，避免损坏梳刀。

表 3-3-10　钢筋套丝完整牙数的规定值

钢筋直径/mm	16～18	20～22	25～28	32	36	40
完整牙数	5	7	8	10	11	12

钢筋锥螺纹的检查：对已加工的丝扣端要用牙形规逐个进行自检，要求钢筋丝扣的牙形必须与牙形规吻合，小端直径不超过卡规的允许误差，丝扣完整牙数不得小于规定值。不合格的丝扣，要切掉后重新套丝。

锥螺纹检查合格后，一端拧上塑料保护帽，另一端拧上钢套筒与塑料封盖，并用矩扳手将套筒拧至规定的力矩，以利于保护与运输。

（4）锥螺纹钢筋的连接。连接钢筋时，将下层钢筋上端的塑料保护帽拧下来露出丝扣，并将丝扣上的水泥浆等污物清理干净。将已拧套筒的钢筋拧到被连接的钢筋上，用扭力扳手按表 3-3-11 规定的力矩值把钢筋接头拧紧，直至扭力扳手在调定的力矩值发出响声，并随手画上油漆标记，以防有的钢筋接头漏拧。

表 3-3-11　连接钢筋拧紧力矩值

钢筋直径/mm	≤16	18～20	22～25	28～32	36～40
拧紧力矩/(N·m)	100	180	240	300	360

3. 直螺纹连接。直螺纹连接（图 3-3-14）是在锥螺纹连接的基础上发展起来的一种钢筋连接形式，它与锥螺纹连接的施工工艺基本相似，但它克服了锥螺纹连接接头处钢筋断面削弱的缺点。

直螺纹连接接头处钢筋断面不削弱的关键是钢筋端部镦

图 3-3-14　直螺纹连接

粗。钢筋镦粗用的墩头机能自动实现对中、夹紧、墩头等工序。每次墩头所需时间为 30～40 s，每台班可镦 500～600 个，墩头操作十分方便简单。墩头机质量约 380 kg，便于运至现场加工。

安装接头时可用管钳扳手拧紧，应使钢筋丝头在套筒中央位置相互顶紧，标准型接头安装后的外露螺纹不宜超过 $2p$（p 为螺距），安装后应用扭力扳手校核拧紧扭矩，拧紧扭矩值应符合表 3-3-12 的要求。

表 3-3-12　直螺纹接头安装时的最小拧紧扭矩值

钢筋直径/mm	≤16	18～20	22～25	28～32	36～40
拧紧力矩/(N·m)	100	200	260	320	360

标准型接头是最常用的。套筒长度均为 2 倍钢筋直径，以直径为 25 mm 的钢筋为例，套筒长度为 50 mm，钢筋丝头长度为 25 mm，套筒拧入一端钢筋，并用扳手拧紧后，丝头端面即在套筒中央，再将另一端钢筋丝头拧入，并用普通扳手拧紧，利用两端丝头相互对顶力锁定套筒位置（标准型套筒规格尺寸见表 3-3-13）。

表 3-3-13　标准型套筒规格尺寸　　　　　　　　　　　　　　　　　mm

钢筋直径	套筒外径	套筒长度	螺纹规格
20	32	40	M25×2.5
22	34	44	M25×2.5
25	39	50	M29×3.0
28	43	56	M32×3.0
32	49	64	M36×3.0
36	55	72	M40×3.5
40	61	80	M45×3.5

4. 钢筋机械连接的质量检验。

（1）工程中应用钢筋机械接头时，应由该技术单位提交有效的型式检验报告。

（2）钢筋连接工程开始前，应对不同钢筋生产厂的进场钢筋进行接头工艺检验；施工过程中，更换钢筋生产厂时，应补充进行工艺检验。

（3）接头安装前应检查连接件产品合格证及套筒表面生产批号标识；产品合格证应包括适用钢筋直径和接头性能等级、套筒类型、生产单位、生产日期以及可追溯产品原材料力学性能和加工质量的生产批号。

（4）接头的现场检验应按验收批进行。同一施工条件下采用同一批材料的同等级、同型式、同规格的接头，应以 500 个为一个验收批进行检验与验收，不足 500 个也应作为一个验收批。

（5）螺纹接头安装后应按验收批，抽取其中 10% 的接头进行拧紧扭矩校核，拧紧扭矩值不合格数超过被校核接头数的 5% 时，应重新拧紧全部接头，直到合格为止。校核用扭力扳手与安装用扭力扳手应区分使用，校核用扭力扳手应每年校核 1 次，准确度级别：锥螺纹连接应选用 5 级，直螺纹连接应选用 10 级。

(6)对接头的每一验收批，必须在工程结构中随机截取 3 个接头试件作抗拉强度试验，按设计要求的接头等级进行评定。当 3 个接头试件的抗拉强度均符合相应等级的强度要求时，该验收批应评为合格。如有 1 个试件的抗拉强度不符合要求，应再取 6 个试件进行复检。复检中如仍有 1 个试件的抗拉强度不符合要求，则该验收批应评为不合格。

(7)现场检验连续 10 个验收批抽样试件抗拉强度试验一次合格率为 100％时，验收批接头数量可扩大 1 倍。

(8)现场截取抽样试件后，原接头位置的钢筋可采用同等规格的钢筋进行搭接连接，或采用焊接及机械连接方法进行补接。

四、钢筋配料注意事项

1. 混凝土保护层。为了保证钢筋不锈蚀，同时保证钢筋与混凝土能很好地粘结，钢筋混凝土构件按规定设有混凝土保护层，一般在设计图纸上都有说明。

混凝土保护层厚度是指最外层钢筋至混凝土表面的距离。《混凝土结构设计规范(2015 年版)》(GB 50010—2010)实施之前，混凝土保护层厚度是指纵向钢筋至混凝土表面的距离，与现行规范含义不同，其直接影响钢筋的下料长度。表 3-3-14 是《混凝土结构设计规范(2015 年版)》(GB 50010—2010)规定的各种构件混凝土保护层的最小厚度，可以按表中规定的环境类别套用。

表 3-3-14　混凝土保护层的最小厚度　　　　　　　　mm

环境类别	板、墙、壳	梁、柱、杆
一	15	20
二 a	20	25
二 b	25	35
三 a	30	40
三 b	40	50

注：混凝土结构暴露的环境类别可参照《混凝土结构设计规范(2015 年版)》(GB 50010—2010)3.5.2 条确定。

2. 钢筋根数的计算。

钢筋根数的计算公式为

$$根数 = 配筋范围的长度/间距 + 1$$
$$n = L/a + 1$$

式中　n——根数；

　　　L——配筋范围的长度；

　　　a——间距。

计算的结果不一定是整数，一般是采用进一法计算钢筋的根数，如计算的结果是 20.1，就取 21 根，而实际施工时，只用了 20 根，平白无故多出了 1 根钢筋，验收也满足要求。这是因为工人在布筋时利用了钢筋间距的允许误差，将 0.1 个间距(0.1×100＝10 mm)分摊到 19 个钢筋间距中，使每一个间距只增加了 0.5 mm，而绑扎钢筋网或绑扎箍筋、横向钢筋间距的允许误差为±20 mm，所以，满足钢筋间距验收的要求。值得注意的是，钢筋间距的允许误差是有一定条件的，验收规范要求尺量连续 3 档，取较大偏差值与允许偏差值比较，不是每一个间距都可以偏差 20 mm。计算出的钢筋根数小数点后的值，多大可以进一，应根据钢筋的间距，计算出的钢筋根数多少和验收要求而定，这需要在工程实践中多摸索，积累经验。

3. 柱与梁、梁与梁纵向受力钢筋的相对位置，对箍筋下料长度的影响。

边框架柱和梁的节点处，柱和梁外侧平齐，梁的纵向受力钢筋一般置于柱纵向受力钢筋的内侧，使得梁一侧的混凝土保护层偏大了一个柱钢筋的直径(图 3-3-15)。如梁的宽度不变，箍筋的宽度应扣除一个柱钢筋直径，否则就会出现大套箍现象。

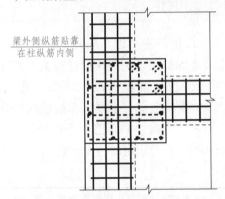

梁外侧纵筋贴靠
在柱纵筋内侧

图 3-3-15　柱和梁外侧平齐

梁与梁的交接，有可能是框架梁与非框架梁、框架梁与框架梁、主梁与次梁，必存在一个方向的梁纵向受力钢筋从另一个方向的梁纵向钢筋下面穿过，则影响该方向的梁箍筋高度，否则也会出现大套箍。特别是中间框架柱节点处，两个方向均为框架梁，很可能梁高相等，梁上、下部钢筋在节点处纵、横交错，且钢筋直径都比较粗，很难满足图集(12G901－1，P2－14)中描述的下部钢筋"自然弯曲排布于另一方向梁下部纵筋之上"的要求。这个自然弯曲力，是借助于箍筋与主筋之间的扎丝绑扎提供的，由于粗钢筋的弹性，在实际工程中很难实现，最常见的是扎丝滑移。因此，箍筋的高度应按实际情况考虑。

4. 当梁钢筋骨架中采用多肢箍筋(一般是大箍套小箍)，梁的上、下部外侧钢筋根数不同时，梁中的小箍宽度按套住较多的纵筋根数考虑，如上部外侧 5 根钢筋，下部外侧 4 根钢筋，中间的小箍，上套 3 根钢筋，下套 2 根钢筋，必须按照 3 根钢筋及钢筋间的净距要求计算箍筋的宽度，如按下部 4 根钢筋均匀布置计算小箍的宽度，就可能会造成上部钢筋净距不满足要求。

5. 柱复合箍筋中的拉筋的位置，在标准图集中，拉筋有 3 种做法(图 3-3-16)，拉筋紧靠纵筋并勾住箍筋、拉筋紧靠箍筋并勾住纵筋、拉筋同时勾住纵筋和箍筋。第 1、3 种构造中拉筋的长度应考虑增加两侧的箍筋直径，当拉筋较粗时，很容易造成混凝土浇筑后拉筋露筋。

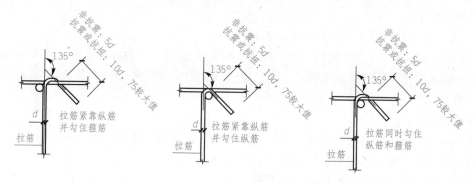

图 3-3-16　拉筋弯钩构造

6. 框架梁、柱和剪力墙的锚固和搭接长度应根据结构的抗震等级确定，有时框架和剪力墙的抗震等级不同，应分别考虑锚固和搭接长度。抗震等级为四级时，虽然钢筋锚固和搭接长度与非抗震结构相同，但钢筋的构造仍应按照抗震结构要求施工（如箍筋弯钩的平直长度，抗震为 10d，非抗震为 5d）。抗震结构中的非框架梁、板钢筋锚固和搭接长度不受抗震等级的影响，按非抗震结构构造要求考虑。

7. 框架梁的下部钢筋在支座处锚固，往往由于钢筋根数多，造成框架节点处钢筋密密麻麻，缝隙很小，浇筑混凝土时，混凝土根本下不去，中间像隔了一层钢板，很难保证钢筋的锚固和混凝土的浇筑密实。因此，钢筋配料时，可以考虑部分下部钢筋在支座节点外（距支座边缘为 $1.5h_b \sim L_n/4$，h_b 为梁高，L_n 为梁净跨）连接。

8. 框架柱钢筋采用电渣压力焊时，应考虑钢筋焊接缩量，一般为 20～25 mm，实际的缩量值应根据现场试验确定。

五、钢筋的安装

（一）一般要求

1. 准备工作。钢筋绑扎前应做好充分的准备工作，才能保证质量并提高功效。一般应做好以下几项：

（1）熟悉结构施工图和配筋图，明确各部位做法。施工图纸是钢筋绑扎、安装的依据，熟悉施工图上明确规定的钢筋安装位置、标高、形状、各细部尺寸及其他要求。

（2）根据结构施工图及配筋单，清理核对成型钢筋。要核对钢号、直径、形状、尺寸和数量，如有错漏，应纠正增补。

（3）备好机具和材料。如扳手、绑扎钩、小撬棍、绑扎镀锌钢丝、画线尺、保护层垫块、临时加固支撑、拉筋，以及双层钢筋需用的支架、搭设操作架子等。

（4）对形式复杂、交错密集的结构部位，应先研究逐根钢筋穿插就位的先后顺序；同木工联系商定支模与钢筋绑扎的先后顺序，相互配合，以保证绑扎与安装的顺利进行，以免造成不必要的返工。

（5）清扫与弹线。清扫绑扎场地，弹出构件中线或边线，在模板上弹出洞口线，必要时弹出钢筋位置线。

(6)加工成型的钢筋半成品吊运至绑扎现场。

(7)做好互检、自检及交接检工作。在钢筋绑扎安装前，应会同施工员、木工等工种，共同检查模板尺寸、标高、预埋铁件，水、电、气管的预留位置。

2.绑扎方法。

(1)常用的绑扎方法。

1)一面顺扣操作法适用于平面上扣量很多的，不易滑动的构件，如底板、墙壁等。

2)十字花扣、兜扣适用于平板钢筋网和箍筋处的绑扎。

3)缠扣主要用于墙钢筋网和柱箍的绑扎。

4)反十字花扣、兜扣加缠适用于梁骨架的箍筋与主筋的绑扎。

(2)钢筋绑扎用镀锌钢丝。

1)主要使用规格为 20~22 号镀锌钢丝或绑扎钢筋专用的火烧丝。

2)一般绑扎直径为 12 mm 以下的钢筋时，宜用 22 号镀锌钢丝；绑扎直径为 12~25 mm 的钢筋时，宜用 20 号镀锌钢丝。

3.绑扎的一般规定。

(1)钢筋的绑扎搭接接头应在接头中心和两端用镀锌钢丝扎牢。

(2)墙、柱、梁钢筋骨架中各竖向面钢筋网交叉点应全数绑扎；板上部钢筋网的交叉点应全数绑扎，底部钢筋网除边缘部分外可间隔交错绑扎。

(3)梁、柱的箍筋弯钩及焊接封闭箍筋的焊点应沿纵向受力钢筋方向错开设置。

(4)构造柱纵向钢筋宜与承重结构同步绑扎。

(5)梁及柱中箍筋、墙中水平分布钢筋、板中钢筋距构件边缘的起始距离宜为 50 mm。

(二)钢筋绑扎的施工操作程序

各种结构的操作程序略有区别，下面介绍几种结构的钢筋绑扎施工操作程序。

1.框架柱钢筋绑扎。框架柱钢筋绑扎工艺流程：套柱箍筋→搭接绑扎(或套筒连接)竖向受力筋→画箍筋间距线→绑箍筋。

(1)对基础或下层伸出钢筋进行调整。清理钢筋上的锈皮、水泥浆和污垢，并整理顺直，若发现伸出钢筋位置与设计要求位置出入大于允许偏差，应进行调整。

(2)按图纸要求计算好每根(段)柱子所要的箍筋数量，按箍筋接头交错布置原则先理好，一次套在伸出筋上，然后立竖筋。竖筋和伸出筋的接头方法可采用绑扎搭接、电渣焊接、气压焊接和机械连接等。绑扎搭接绑扣不得少于三扣(应在接头中心和两端用镀锌钢丝扎牢)，绑扣朝里，便于箍筋向上移动，若竖筋是圆钢，搭接时弯钩应朝柱心。

(3)在立好的竖筋上用色笔画出箍筋间距，然后将套好的箍筋往上移动，由上往下绑扎。箍筋与主筋交点均应绑扎。箍筋的接头(即弯钩叠合处)和复合箍筋中拉筋(即单肢箍筋)布置不对称时应沿柱子竖向交错布置。有抗震要求的柱子，箍筋弯钩应弯成135°，平直部分的长度不小于10d。柱顶、梁柱节点核心区，箍筋间距应按设计要求加密。

(4)柱钢筋绑扎注意事项。

1)柱相邻纵向钢筋接头位置应互相错开，位于同一连接区段内纵向钢筋接头面积百分率不应大于50%。

2)框架柱纵向钢筋直径 $d > 25$ mm 时，不宜采用绑扎搭接接头。

3)框架柱纵向钢筋应贯穿中间层节点，不应在中间各层节点内截断。钢筋接头应设在节点区以外。有抗震要求的框架柱纵向钢筋连接接头位置应避开柱端箍筋加密区，当无法避开时，应采用机械连接或焊接，且钢筋接头面积百分率不应超过 50%。

4)柱净高范围内最下一组箍筋距底部梁顶 50 mm，最上一组箍筋距顶部梁底 50 mm。节点区最下、最上一组箍筋距节点区梁底、梁顶不大于 50 mm，当顶层柱顶与梁顶标高相同时，节点区最上一组箍筋距梁顶不大于 150 mm，在不同配置要求的箍筋区域分界处应设置一道分界箍筋，分界箍筋应按相邻区域配置要求较高的箍筋配置。纵向钢筋搭接长度范围内的箍筋间距 $\leqslant 5d$（d 为搭接钢筋较小直径），且 $\leqslant 100$ mm。

5)柱横截面内部横向复合箍筋应紧靠外封闭箍筋一侧绑扎，竖向复合箍筋应紧靠外封闭箍筋另一侧绑扎。柱封闭箍筋（外封闭大箍与内封闭小箍）弯钩位置应沿柱竖向按顺时针方向（或逆时针方向）顺序排布。柱内部复合箍筋采用拉筋时，拉筋宜紧靠纵向钢筋并勾住外封闭箍筋。抗震设计时，箍筋对纵筋应满足隔一拉一的要求。

6)柱筋保护层：用砂浆垫块时，垫块应绑在箍筋外皮上，用塑料卡时应卡在外排钢筋上，间距一般为 1 000 mm 左右，以保证钢筋保护层厚度的正确。

7)当柱截面尺寸有变化时，柱钢筋收缩位置、尺寸应符合设计要求，收缩时宽高比应小于 1/6。

8)为保证柱伸出钢筋的位置准确，应采取以下措施：

a. 外伸部分钢筋加 1～2 道临时箍筋，然后用模板、铁卡或方木卡好固定。

b. 浇筑混凝土前再复查一遍，如发生移位，应立即校正。

c. 注意浇筑混凝土和振捣操作，尽量不碰撞钢筋，在混凝土浇捣过程中，应有专人随时检查，及时纠正。

2. 剪力墙钢筋绑扎。剪力墙钢筋绑扎分为现场钢筋绑扎和预制网片绑扎两种。

剪力墙钢筋现场绑扎工艺流程：立 2～4 根竖筋→画水平间距→绑定位横筋→绑其余横筋→绑其余横竖筋。

剪力墙采用预制网片绑扎工艺流程：顺直预留搭接筋→临时固定网片→绑扎根部钢筋→绑门窗洞加筋→绑拉筋或支撑筋。

(1)剪力墙钢筋现场绑扎。

1)将预留钢筋调直理顺，并将表面砂浆等杂物清理干净。先立 2～4 根纵向钢筋，并画好横筋分档标志，然后在下部及齐胸处绑扎两根定位水平钢筋，并在横筋上画好分档标志，然后绑扎其余纵向钢筋。

2)如剪力墙中有暗梁、暗柱时，应先绑扎暗梁、暗柱，再绑扎周围横向钢筋。

3)剪力墙的钢筋网绑扎。全部钢筋的相交点都要扎牢，绑扎时相邻绑扎点的镀锌钢丝扣成"八"字形，以免网片歪斜变形。

4)采用双层钢筋网时，在两层钢筋层间可设置撑铁，以固定钢筋间距。撑铁可采用直径为 6～10 mm 的钢筋制成，长度等于两层网片的净距，间距约为 1 m，相互错开排列。

5)剪力墙钢筋绑扎完后，将垫块固定好以确保钢筋保护层厚度。

6)剪力墙钢筋绑扎注意事项。

a. 剪力墙水平分布钢筋的搭接：剪力墙水平分布钢筋的搭接长度不应小于 $1.2l_a(l_{aE})$，

同排水平分布钢筋的搭接接头之间及上、下相邻水平分布筋的搭接接头之间，沿水平方向的净间距不宜小于 500 mm。

b. 剪力墙水平分布钢筋的锚固：剪力墙水平分布钢筋伸入端柱、暗柱、翼墙、转角墙、约束边缘构件和构造边缘构件内锚固。水平钢筋伸入到外边竖向钢筋内侧弯折，除暗柱内端部弯折 10d 外，其余均为 15d；当伸入端柱尺寸满足直锚要求时，可不弯折。

c. 一、二级抗震等级剪力墙底部加强部位、约束边缘构件和构造边缘构件内竖向分布钢筋绑扎连接时应分批搭接，其他情况均可在楼面处同一高度搭接，搭接长度不小于 $1.2l_a$ （l_{aE}），如采用机械连接或焊接时，应分批连接，第一批接头的位置位于楼面 500 mm 以上，第二批接头的位置距第一批接头 35d，且不小于 500 mm。接头面积百分率不大于 50%。

d. 剪力墙钢筋的弯钩应朝向混凝土内。

e. 当不同直径的钢筋绑扎搭接时，搭接长度按较小直径计算。当不同直径的钢筋机械连接或焊接时，两批连接接头间距为 35d，按较小直径计算。

f. 端柱竖向钢筋连接和锚固要求与框架柱相同。剪力墙钢筋的拉筋构造与框架柱中的拉筋相同。

g. 混凝土浇筑前，对伸出的墙体钢筋应进行整理，绑一道临时横筋固定竖向伸出筋的间距。墙体混凝土浇筑时派专人检查钢筋，浇筑完后，立即对伸出的钢筋进行修整。

（2）预制焊接钢筋网片绑扎。

1）剪力墙采用预制焊接网片的绑扎前，应将墙身处预留钢筋调直理顺，并将表面杂物清理干净。按图纸要求将网片就位，网片立起后用木枋临时固定支牢，然后逐根绑扎根部搭接钢筋，在搭接部分和两端共绑 3 个扣。

2）剪力墙中用焊接网作分布钢筋时，可按一楼层为一个竖向单元。其竖向搭接可设在楼层面之上，且不应小于 400 mm 与 40d 的较大值，d 为竖向分布钢筋的直径。在搭接范围内，下层焊接网不应设水平分布钢筋，搭接时应将下层网的竖向钢筋与上层网的钢筋绑扎固定。

3）墙体中钢筋焊接网在水平方向的搭接，对外层焊接网宜采用平搭法，对内层网可采用叠搭法或扣搭法。

4）当墙体端部有暗柱时，墙中焊接网应布置至暗柱边，再用通过暗柱的 U 形筋与两侧焊接网搭接，搭接长度应符合设计要求；或将焊接网设在暗柱外侧，并将水平钢筋弯成直钩伸入暗柱内，直钩的长度宜为 5d～10d，且不应小于 50 mm；当墙体端部为转角暗柱时，墙中两侧焊接网应布置至暗柱边，再用通过暗柱的 U 形筋与两侧焊接网搭接。

5）当墙体端部 T 形连接处为暗柱或边缘结构柱时，焊接网应布置至混凝土边，用 U 形筋连接内墙两侧焊接网，用同种钢筋连接垂直于内墙的外墙两侧焊接网的水平钢筋。

6）当墙体底部和顶部有梁或暗梁时，竖向分布钢筋应插入梁或暗梁中，带肋钢筋焊接网在暗梁中的锚固长度，应符合设计要求。

3. 梁钢筋绑扎。梁钢筋绑扎分为模外绑扎和模内绑扎。

模外绑扎（先在梁模板上口绑扎成型后再入模内）工艺流程：在主、次梁模板上口铺横杆数根→在横杆上布梁上、下层钢筋→在梁通长钢筋上画主、次梁箍筋间距→套箍筋→按箍筋间距绑扎→绑钢筋保护层→抽出横杆，降梁钢筋骨架入模→调整钢筋。

模内绑扎工艺流程：穿主梁底层纵筋及弯起筋→穿主梁上层纵向架立筋→画主梁箍筋间距→套主梁箍筋→穿次梁下层钢筋→按箍筋间距绑扎→穿次梁上层纵向钢筋→画次梁箍

筋间距→按箍筋间距绑扎。

(1)在梁侧板模板上画出箍筋间距，摆放箍筋。

(2)先穿主梁的下部纵向受力钢筋，将箍筋按已画好的间距逐个分开；穿次梁的下部纵向受力钢筋，并套好箍筋；放主次梁的架立筋；隔一定间距将架立筋与箍筋绑扎牢固；调整箍筋间距使间距符合设计要求，先绑立筋，再绑主筋，主次梁同时配合进行。

(3)框架梁上部纵向钢筋应贯穿中间节点，梁下部纵向钢筋伸入中间节点锚固，锚固长度及伸过中心线的长度要符合设计要求，框架梁纵向钢筋在端节点内的锚固长度也要符合设计要求。绑梁上部纵向筋的箍筋，宜用套扣法绑扎。箍筋在叠合处的弯钩，在梁中应交错布置，箍筋弯钩采用135°。平直部分长度为10d。

(4)梁端第一个箍筋应设置在距离柱节点边缘50 mm处。梁与柱交接处箍筋应加密，其间距与加密区长度均要符合设计要求。梁柱节点处，由于梁筋穿在柱筋内侧，导致梁筋保护层加大，应采用渐变箍筋，渐变长度一般为600 mm(当梁的钢筋较粗时，可适当增加渐变长度，或箍筋不变，在梁钢筋骨架外侧挂钢丝网)，以保证箍筋与梁筋紧密绑扎到位。在主、次梁受力筋下均应垫垫块(或塑料卡)，以保证保护层的厚度。受力筋为双排时，可用短钢筋垫在两层钢筋之间，钢筋排距应符合设计规范要求。

(5)梁筋的搭接：梁的受力钢筋直径等于或大于22 mm时，宜采用焊接接头或机械连接接头；小于22 mm时，可采用绑扎接头。搭接长度要符合规范的规定。搭接长度末端与钢筋弯折处的距离，不得小于钢筋直径的10倍。接头宜位于构件弯矩较小处(一般上部钢筋在跨中$l_n/3$范围内搭接，下部钢筋应在跨边$1.5h_b \sim l_n/4$范围内搭接)，搭接处应在中心和两端扎牢。接头位置应相互错开，当采用绑扎搭接接头时，在规定搭接长度的任一区段内有接头的受力钢筋截面面积占受力钢筋总截面面积百分率，受拉区不大于25%。

(6)当采用模外绑扎时，梁柱节点处柱箍筋的绑扎，应采用临时固定措施，一般采用短钢筋临时固定柱箍筋，并临时固定于梁钢筋骨架上，待降梁钢筋骨架入模后，再将柱箍筋绑扎于柱筋上。

(7)梁钢筋绑扎注意事项。

1)箍筋加密区始、末端应各配置一根分界箍筋，分界的箍筋应按相邻区域配置要求较高的箍筋配置。

2)梁下一、二排钢筋之间可采用直径为25 mm的短钢筋分隔，间距为1 m，与钢筋骨架绑扎牢固。梁上第二排钢筋，应采用较粗的镀锌钢丝绑扎吊在第一排钢筋上，应保证一、二排钢筋净距符合规范要求，靠箍筋的二排钢筋还应与箍筋绑扎牢固。值得注意的是，《混凝土结构设计规范》(GB 50010)中对一、二排钢筋净距的规定描述为"各层钢筋之间的净间距不应小于25 mm和d，d为钢筋的最大直径"。在设计中计算梁的有效高度时，按净距25 mm和d(钢筋的最大直径)的较大值考虑，而在实际工程施工中，由于种种原因(如吊二排筋的镀锌钢丝过细断裂，箍筋较粗，135°的弯钩的阻挡等)，使一、二排钢筋的净距比25 mm和d(钢筋的最大直径)大得多，有的竟达到70~80 mm，显然是满足规范要求的，但不符合承载能力的计算假定，严重影响结构的承载力。因此，在执行规范条文时，应全面而综合地考虑，正确理解。

3)主梁上附加钢筋的绑扎，吊筋可在箍筋绑扎的同时绑扎在钢筋骨架中，附加箍筋必须在次梁纵向钢筋穿筋前套好主梁附加箍筋。主梁箍筋在交叉节点内连续设置，不受附加箍筋的影响，次梁在梁相交节点处不设置；对于井字梁，纵筋在下的交叉井字梁，其箍筋在交叉节点内连续设置；纵筋在上的交叉井字梁，其箍筋在交叉节点内不设置。

4）梁两侧腰筋用拉筋联系，拉筋紧靠箍筋同时勾住腰筋。当梁侧向拉筋多于一排时，相邻上下排拉筋应错开设置。

5）内部复合箍筋应紧靠外封闭箍筋一侧绑扎，当有水平拉筋时，拉筋在外封闭箍筋的另一侧绑扎。封闭箍筋弯钩位置：当梁顶部有现浇板时，弯钩位置设置在梁顶；当梁底部有现浇板时，弯钩位置设置在梁底；当梁顶部或底部均无现浇板时，弯钩位置设置在梁顶部。相邻两组复合箍筋平面及弯钩位置沿梁纵向对称排布。

6）梁上的构造柱应在梁钢筋骨架绑扎后插筋，当构造柱上下贯通时，插筋应穿过梁底模，留足搭接长度。

7）当主、次梁顶部的标高相同时，主梁上部纵筋与次梁上部纵筋的上、下位置关系应根据楼层施工钢筋整体排布方案并经设计确认后确定，一般次梁上部纵筋应置于主梁上部纵筋之上，如次梁上部纵筋置于主梁上部纵筋之下，应经设计确认；当主、次梁底部标高相同时，次梁下部纵筋应置于主梁下部纵筋之上；若井字梁及其边框架梁梁顶标高相同，应整体规划各梁钢筋的排布。通常较长跨框架梁为主框架梁，排布时主框架梁和同方向井字梁的上部纵筋均置于另一方向次框架梁或井字梁上部同层纵筋之上，且主框架梁方向的井字梁下部纵筋均置于另一方向井字梁下部各同层纵筋之上，若各方向跨度相等且边框架梁不分主次，可结合现场实际假设主框架梁和次框架梁的方向，然后按照前述主、次边框架梁方式排布各自方向边框架梁或井字梁的纵筋。如果设计对井字梁及其边框架梁的钢筋排布和构造有具体的方案和要求，以设计为准。

4. 楼板钢筋绑扎。楼板钢筋绑扎工艺流程：清理模板→模板上画线→绑板下受力筋→绑负弯矩钢筋。

(1)清理模板上面的杂物，用墨斗在模板上弹好主筋、分布筋间距线。

(2)按画好的间距，先摆放受力主筋，后放分布筋；如是双向板，先摆放短跨方向的受力筋，后放长跨方向的受力筋。预埋件、电线管、预留孔等及时配合安装。

(3)底层钢筋网除外围两根筋的相交点应全部绑扎外，其余各点可交错绑扎。

(4)底层钢筋伸入支座锚固长度：支座为混凝土构件时应 $\geqslant 5d$，并伸至支座中心线；支座为砌体墙时，应 $\geqslant 120$ 且 $\geqslant h$（板厚）和 $\geqslant 1/2$ 墙厚。

(5)上层负弯矩钢筋伸入边支座锚固长度：支座为混凝土构件时应伸至对边纵向钢筋内侧，下弯 $15d$，且钢筋伸入支座的平直长度应满足梁内 $0.6l_{ab}$、$0.35l_{ab}$（铰接），墙内 $0.4l_{ab}$，砌体墙内 l_{ab}。当中间支座两侧负弯矩钢筋配筋不同时，按边支座考虑。

(6)如板为双层双向钢筋，上层短跨方向的负弯矩筋在最上层，两层钢筋之间须加钢筋马凳；板厚较小时，可采用塑料支架支撑在上层钢筋交叉点上，以确保上部钢筋的位置。上层钢筋每个相交点全数绑扎。

(7)在钢筋的下面垫好砂浆垫块，间距为 1 m 左右。垫块的厚度等于保护层厚度，应满足设计要求，如设计无要求时，板的保护层厚度应为 15 mm。

(8)板式楼梯钢筋绑扎原则与楼板相同，不同的是钢筋为斜向。

(9)板钢筋绑扎注意事项：

1)板面温度筋与负弯矩钢筋的搭接长度为 l_1（非接触搭接）。

2)板钢筋的连接：板下部纵筋贯通中间支座时，可在板端 $l_{nl}/4$ 范围内连接。在此范围内，连接钢筋的面积百分率不应大于 50%，且相邻钢筋连接接头应在支座左、右交错并间隔设置，板上部通长设置的纵筋可在板跨[净跨－（左端非连接区长度＋右端非连接区长度）]范围内连接，在此范围内相邻纵筋连接接头应相互错开，位于同一连接区段纵向钢筋接头面积百分率不应大于 50%。当[净跨－（左端非连接区长度＋右端非连接区长度）]≤0 时，此跨通长纵筋不设置接头并贯通本跨在其他跨连接。若某跨虽跨度较小，但在图示限定的连接范围内能满足一批连接的要求时，既可采用通长钢筋不设接头贯通本跨在其他跨连接的方式，也可采用通长钢筋分两批以上连接，其接头一批设在本跨，其他批设在其他跨，并且采用彼此交错、间隔布置的排布方式；悬臂板悬挑方向纵向钢筋不得设置连接接头。

3)当钢筋足够长，在满足板钢筋连接和钢筋贯通要求的前提下，板下部或上部通长筋，均可预先对照施工图，进行连跨合并计算，整根下料。现场将其按两批以上连接规定，交错并间隔排布，且分别通长跃跨延伸至钢筋端头所在跨位，施行板上部或下部通长筋的连接或下部通长筋的锚固。

4)当梁上部钢筋从另一方向梁上部钢筋下穿过时，该梁混凝土保护层较大，应在此梁两侧设置马凳或塑料支架，否则会造成该部位板混凝土保护层过大。

(三)钢筋网的施工操作程序

钢筋网一般分为焊接网和绑扎网。焊接网多用点焊或弧焊，点焊多在车间进行，弧焊可在车间或现场加工场地进行；绑扎网大多数在加工现场进行成网，然后进行安装。

绑扎网一般多为形状规则、同规格、数量多的基础、板、墙等构件的钢筋网。其操作程序与现场绑扎基本相同，为提高功效、保证质量，应注意以下几点：

(1)先做模具，可根据现场情况选料制作，一般多用木方，按设计要求的纵、横钢筋间距在木方上开槽。

(2)摆放钢筋。受力钢筋放在下面时，有弯钩的朝上；受力钢筋放在上面时，有弯钩的朝下。

(3)绑扎。钢筋网每个交点均应绑扎。用一面顺扣绑扎时，要交错方向绑扎。为防止松扣，可适当加一些十字花扣或缠扣。

(4)为保证绑好的钢筋网在堆放、搬运、起吊和安装过程中不发生歪斜、扭曲，除增加绑扣外，可用钢筋斜向拉结临时固定，安装后拆除拉结筋。

(四)预制绑扎骨架

形状比较规则，同类型号数量较多的梁、柱、桩、杆件等预制构件及现浇构件，为加快施工进度，减少高空和现场绑扎作业，在起重运输条件允许的情况下，经常采用在加工场地预制钢筋骨架，然后安装。钢筋骨架的制作，应根据设计对钢筋骨架的具体要求合理划分骨架的预制和绑扎部位，考虑节点的预制程度，以便使骨架安装时合理穿插、拼接。

预制绑扎钢筋骨架的优点是绑扎操作条件理想、工效高、占主体施工期少。

六、钢筋工程的安全技术

(一)安全法规常识

(1)工人上岗前必须签订劳动合同。

(2)工人上岗前的三级安全教育。新进场的劳动者必须进行上岗前的三级安全教育，即公司教育、项目教育、班组教育。

(3)重新上岗、转岗后重新上岗人员，必须重新经过三级教育后才可上岗工作。

(4)必须佩戴上岗证。进入施工现场的人员，胸前都必须佩戴安全上岗证，证明已经过安全生产教育且考试合格。

(5)特种工作人员必须经过专门的安全作业培训并取得特种作业资格。

(6)发生事故要立即报告。发生事故要立即向上级报告，不得隐瞒不报。

(二)劳动保护

(1)正确佩戴安全帽。

(2)其他防护用品的使用。凡直接从事带电作业的劳动者，必须穿绝缘鞋，戴绝缘手套，防止发生触电事故。

(三)操作钢筋机械注意事项

(1)在上岗操作前必须检查施工环境是否符合要求、道路是否畅通、机具是否牢固、机具防护罩是否齐全、安全措施是否配套、防护用品是否安全。经检查符合要求后，才能上岗操作。

(2)操作的台、架经安全检查部门验收合格后才准使用。经检查验收合格的台、架未经批准不得随意改动。

(3)大、中、小型机电设备要有持证上岗人员专职操作、管理和维修。非操作人员一律不准启动使用。

(4)室内外的井、洞、坑、池、楼梯应设有安全护栏或防护盖、罩等设施。

(5)不得将钢筋集中堆放在模板或脚手架的某一部分，以保证安全；特别是悬臂构件，更要检查支撑是否稳固；在脚手架上不要随意放置工具、箍筋或短钢筋，避免放置不稳滑下伤人。

(6)绑扎筒式结构(如烟囱、水塔等)，不准踩在钢筋骨架上操作或上下，绑扎骨架时，应绑扎牢固。

(7)操作架上抬钢筋时，两人应同肩，动作应协调，落肩应同时、慢放，防止钢筋弹起伤人。

(8)应尽量避免在高空休整、扳弯粗钢筋。必须操作时，要系好安全带，选好位置，人要站稳，防止脱板而摔倒。

(9)焊接机械应放置在防雨和通风良好的地方。焊接现场不准堆放易燃易爆物品。交流弧焊机变压器的一侧电源线长度应不大于 5 m，进线处必须设置防护罩。交流电焊机械应配装防二次侧触电保护器。

(10)使用焊接机械必须按规定穿戴防护用品，对发电机式直流弧焊机的换向器，应经常检查和维护。

(11)钢筋绑扎时的悬空作业，必须遵守下列规定：

1)绑扎钢筋和安装钢筋骨架时，必须搭设脚手架和马道。

2)绑扎圈梁、挑梁、挑檐、外墙和边柱等钢筋时，应搭设操作台架和张挂安全网；悬空大梁钢筋的绑扎，必须在满铺脚手板的支架或操作平台上操作。

3)绑扎立柱和墙体钢筋时，不得站在钢筋骨架上或攀登骨架上下。3 m 以内的柱钢筋，可在地面或墙面上绑扎，整体竖立。绑扎 3 m 以上的柱钢筋，必须搭设操作平台。

(12)进行预应力张拉的悬空作业时，必须遵守下列规定：

1)进行预应力钢筋张拉时，应搭设站立操作人员和设置张拉设备用的牢固可靠的脚手架和操作平台，雨天张拉时，还应架设防雨篷。

2)预应力张拉区域应标示明显的安全标志，禁止非操作人员进入。张拉钢筋的两端必须设置挡板。挡板应距所张拉钢筋的端部 1.5～2 m，且高出最上一组张拉钢筋 0.5 m，其宽度应距张拉钢筋两外侧各不小于 1 m。

3)孔道灌浆应按预应力张拉安全设施的有关规定进行。

(13)钢筋冷拉机冷拉场地在两端地锚外侧设置警戒区，装设防护栏杆及警告标志。严禁无关人员在此停留。操作人员在作业时必须离开钢筋至少 2 m。

(14)电弧焊焊接时，焊接和配合人员必须采取防止触电、高空坠落、瓦斯中毒和火灾等事故的安全措施。

(15)严禁在运行中的压力管道、装有易燃易爆物品的容器和受力构件上进行焊接和切割。

(16)焊接铜、铝、锌、铅等有色金属时，必须在通风良好的地方进行，焊接人员应戴防毒面具或呼吸滤清器。

(17)在容器内施焊时，必须采取下列措施：容器上必须有进、出风口，并设置通风设备；容器内的照明电压不得超过 12 V，焊接时必须有人在场监护，严禁在已喷涂过油漆或塑料的容器内焊接。

(18)高空焊接或切割时，必须挂好安全带，焊件周围和下方应设置防火设施并有专人监护。

(19)电焊线通过道路时，必须架高或穿入防护管内埋在地下，如通过轨道时，必须从轨道下面穿过。

(20)电弧焊接地线及手把线都不得搭在易燃易爆和带有热源的物品上，接地线不得接在管道、机床设备和建筑物金属构架或轨道上，接地电阻不得大于 4 Ω。

(21)电弧焊施焊现场的 10 m 范围内，不得堆放氧气瓶、乙炔发生器、木材等易燃物品。

(22)气焊严禁使用未安装减压器的氧气瓶进行作业。乙炔钢瓶使用时，应设置防止回火的安全装置。

(四)临时用电安全常识

(1)电气设备和线路必须良好绝缘。施工现场所有电气设备和线路必须绝缘良好,接头不准裸露。当发生有裸露或破皮漏电时,应及时报告,不得擅自处理,以免发生触电事故。

(2)用电设备要一机一闸,一漏一箱。施工现场的每台用电设备都应有自己专用的开关箱,箱内刀闸(开关)及漏电保护器只能控制一台设备,不能同时控制两台或两台以上的设备,否则容易发生操作事故。

(3)电动机械设备的检查。现场的电动机械设备包括电锯、电钻、卷扬机、搅拌机、钢筋切割机、钢筋拉伸机等。为确保运行安全,作业前必须按规定进行检查、试运行;作业完,拉闸断电,锁好电闸箱。防止发生意外安全事故。

(4)施工现场安全电压照明。施工现场室内的照明路线与灯具的安装高度低于 2.4 m 时,应采用 36 V 安全电压。施工现场使用的手持照明灯的电压应采用 36 V 安全电压,在 36 V 电线上严禁乱搭乱挂。

(五)高处作业注意事项

遇到大雾、大雨及六级以上大风时,禁止高处作业。高处作业及交叉作业时,脚手板的宽度不得小于 20 cm。

(六)交叉作业注意事项

在施工现场空间不同层次(高度)同时进行的高处作业,叫作交叉作业。交叉作业应注意以下事项:高处作业要经医生检查合格后才准上岗,作业人员在进行上、下立体交叉作业时,不得在上、下垂直面上作业;下层作业位置必须处于上层作业物体可能坠落的范围以外,当不能满足时,上、下层之间应设隔离防护层,下方人员必须戴安全帽。

七、钢筋工程常见的质量缺陷及防治方法

(一)钢筋原材品种、等级混杂不清

1. 原因:原材管理不善、制度不严,入库之前专职材料人员没有严格把关。

2. 防治:专职材料人员必须认真做好钢材验收工作,仓库内应按钢筋品种、规格大小划分不同的堆放区域,并做好明显标志。

(二)钢筋全长有一处或数处弯曲或曲折

1. 原因:条状钢筋运输时装车不注意,运输车辆较短,条状钢筋弯折过度。卸车时吊点不准,堆放压垛过重。

2. 防治:采用车身较长的运输车和拖挂车运输,尽量采用吊架装卸车。如用钢丝绳

捆绑，装卸时的位置要合适。堆放时不能过高，不准在其上放置其他重物。对已弯折的钢筋可用机械或手工调直，但对于 HPB335、HPB400 级钢筋的曲折及调整应特别注意。若出现调整不直或裂缝的钢筋，不得用做受力钢筋。

(三)成型钢筋变形

1. 原因：成型后堆放地面不平；堆放时过高压弯；搬运方法不当或搬运过于频繁。

2. 防治：成型后或搬运堆放要找平场地、轻拿轻放，搬运车辆应合适，垫块位置恰当，最好单层堆放，如重叠堆放以不压弯下面钢筋为准则，并按使用顺序先后堆放，避免翻堆。若变形偏差太大不符合要求，应校正或重新制作。

(四)钢筋代换后，数根钢筋不能均分

表现为在一结构中，同一编号钢筋分几处布置，因进行规格代换后根数变动，不能均分几处。

1. 原因：进行钢筋代换时，没有分析该号钢筋分几排布置，如图纸设计为 8 根直径为 20 的钢筋，根据等面积代换应用 9 根直径为 18 的钢筋，但施工图上分两排，每排 4 根，9 根就无法均分。

2. 防治：钢筋代换前要分析研究施工图、理解设计意图，如果分几处放置，就要将总根数改分根数，然后按分根数考虑代换方案。如果出现无法均分的现象，可以按新方案重新代换，或根据具体条件补充不足部分。

(五)同一截面钢筋接头过多

1. 表现：在已绑扎或安装的钢筋骨架中发现同一截面内受力钢筋接头太多，其截面面积占受力钢筋总截面面积的百分率超出规范规定数值。

2. 原因：(1)钢筋配料技术人员配料时，疏忽大意，没有认真考虑原材料长度；(2)不熟悉有关绑扎、焊接接头的规定；(3)没有分清钢筋位于受拉区还是受压区。

3. 防治：(1)配料时首要仔细了解钢材原材料长度，再根据设计要求，选择搭配方案；(2)要学习规范，明白同一截面的含义；(3)分清受拉区和受压区，若分辨不清，都按受拉区设置搭接接头；(4)轴心受拉和轴心受压构件中的钢筋接头，均采取焊接接头；(5)现场绑扎时，配料人员要作详细交底，以免放错位置。若发现接头数量不符合规范规定，但未进行绑扎，应再重新指定设置方案。已绑扎好的，一般情况下应拆除骨架，重新配置绑扎的措施，或抽出个别有问题的钢筋，返工重做。

(六)现浇肋形楼板、负弯矩钢筋歪斜，甚至倒垂在下部受力钢筋上

1. 表现：已绑扎好的肋形楼板四周和梁上部的负弯矩钢筋被踩斜。

2. 原因：(1)绑扎不牢；(2)只有几根分布筋连接，整体性差，施工中不注意人为碰撞。

3. 防治：负弯矩钢筋按设计图纸定位，绑扎牢固，适当放置钢筋支撑，将其与下部钢筋连接，形成整体。刚浇筑混凝土时，采取保护措施，避免人员踩压。对已被压倒的负

弯矩钢筋，浇筑混凝土前应及时调整复位加固，不能修整的钢筋应重新制作。

(七)结构预留钢筋锈蚀

1. 表现：现场柱、梁预留钢筋出现黄色或暗红色锈斑。
2. 原因：梁、柱预留钢筋长期暴露在外，受雨雪侵蚀所致。
3. 防治：对于工程上梁、柱预留钢筋因长期不能进行下道工序施工时，应采取水泥浆涂抹表面或浇筑低强度等级混凝土，量大时，可搭设防护篷或用塑料布包裹。如出现锈迹，必须手工或机械除锈，严重锈蚀，视具体情况，经研究分析后采取稳妥方案处理。

(八)电弧焊接头尺寸不准

1. 表现：(1)帮条及搭接接头焊缝长度不足；(2)帮条沿接头中心成纵向偏移；(3)接头处钢筋轴线弯折偏移；(4)焊缝尺寸不足或过大。
2. 原因：主要是施焊前准备工作没有做好，操作比较马虎，预制构件钢筋位置偏移过大，钢筋下料不准。
3. 防治：预制构件制作时，应严格控制钢筋的相对位置；钢筋下料和校对应由专人负责，施焊前认真检查，确认无误后，先点焊控制位置，然后正式焊接。焊接人员需通过考试，持证上岗。

(九)弯起钢筋的放置方向错误

1. 表现：弯起钢筋方向不对，弯起的位置不对。
2. 原因：事先没有对操作人员认真交底，造成操作错误，或在钢筋骨架入模时，疏忽大意。
3. 防治：对类似发生操作错误的问题，对操作人员应事先作详细的交底，并加强检查与监督，或在钢筋骨架上挂提示牌，提醒安装人员注意。

(十)箍筋间距不足

1. 表现：箍筋的间距过大或过小，影响施工或工程质量。
2. 原因：图纸上所注的间距为近似值，若按此近似值绑扎，则箍筋的间距和根数有出入。此外，操作人员绑扎前不放线，按大概尺寸绑扎。
3. 防治：绑前应根据配筋图预先算好箍筋的实际间距，并画线作为绑扎的依据，已绑好的钢筋骨架的间距不一致时，可作局部调整，或增加1～2个箍筋。

(十一)钢筋搭接长度不够

1. 表现：钢筋绑扎或搭接焊时，搭接长度不够，满足不了设计要求。
2. 原因：现场操作人员对钢筋搭接长度的要求不了解，特别是对新规范不熟悉。
3. 防治：提高操作人员对钢筋搭接长度必要性的认识和掌握搭接长度的标准，操作时对每一个接头应逐个测量，检查搭接长度是否符合要求。

(十二)钢筋保护层垫块设置不合格

1. 表现：(1)垫块厚度不足；(2)垫块厚度过厚；(3)垫块未放置好；(4)垫块强度不足，脆裂；(5)忘记放置垫块。

2. 措施：(1)为确保保护层的厚度，钢筋骨架要垫砂浆垫块或塑料定位卡，其厚度应根据设计要求的保护层厚度来确定；(2)骨架内钢筋与钢筋之间的间距为 25 mm时，宜用 25 mm 的钢筋控制，其长度同骨架宽；(3)所用垫块与 25 mm 的钢筋头之间的距离宜为 1 m，不超过 2 m；(4)对于双向双层板钢筋，为确保钢筋位置准确，要垫以铁马凳，间距为 1 m。

第四节 混凝土工程施工

任务目标

1. 熟悉混凝土工程的施工准备内容与要求。
2. 掌握混凝土施工配料、运输、浇筑、捣实、养护方法及要求。
3. 掌握混凝土施工缝预留及处理方法。
4. 了解常见混凝土搅拌、运输、振捣机械。
5. 熟悉混凝土工程的质量检验标准和质量缺陷处理方法。

案例导入

××市中医院病房楼工程标准层混凝土浇筑前的准备工作已完成，总监已签发混凝土浇筑令，开始进行混凝土浇筑。

混凝土工程包括混凝土配料、搅拌、运输、浇筑、振捣和养护等施工过程，各个施工过程相互联系和影响，任一施工过程处理不当都会影响混凝土的最终质量。因此，在施工中必须注意各个环节并严格按照规范要求进行施工，以确保混凝土工程质量。

在混凝土工程新技术方面，国家大力发展预拌混凝土应用技术，加强搅拌站的改造，实现上料机械化、计量计算机控制和管理、混凝土搅拌自动化或半自动化，进一步扩大商品混凝土应用范围；应用当地材料，配制多种性能要求的高强度混凝土；开发超塑化剂、超细活性掺合料及高性能混凝土的应用；推广混凝土强制搅拌、高频振动、混凝土搅拌运输车和混凝土泵等新工艺。

一、混凝土的组成材料

混凝土是以水泥、水、砂石集料为原料，必要时掺入矿物混合材料和外加剂，按适当比例配合，经过均匀拌制，密实成型及养护硬化而成的人工石材。决定混凝土性能的因素很多，但主要因素是两个方面：一是材料；二是混凝土的操作工艺。

(一)水泥

水泥是一种水硬性胶凝材料，既能在空气中硬化，又能在水中硬化，同时能把散状的砂、石等材料牢固地胶结在一起，经过养护后产生强度。水泥进场时应对品种、级别、包装或散装仓号、出厂日期等进行检查(图 3-4-1)，并应对其强度、安定性及其他必要的性能指标进行复验，其质量必须符合国家现行标准。当使用中怀疑水泥质量或水泥出厂超过3 个月时，应进行复验，并依据复验结果使用。钢筋混凝土结构、预应力混凝土结构中，严禁使用含氯化物的水泥。

(二)砂子

在混凝土中，砂作为细集料，主要用来填充石子空隙，与石子共同起骨架作用。

砂子有天然砂(图 3-4-2)和人工砂两种。按颗粒大小分为粗砂、中砂和细砂。用于普通混凝土的砂，宜选用中、粗砂；但用于泵送的混凝土，宜用中砂，或掺少许细砂。

(三)石子

石子又称粗集料，在混凝土中主要起骨架作用。普通混凝土所用的石子可分为碎石(图 3-4-3)和卵石。石子颗粒之间应具有良好的级配，其空隙及总表面积尽量减少，以保持一定的和易性并减少水泥用量。在石子级配适合的条件下，选用颗粒尺寸较大的，可使其空隙率及总表面积减少，节省水泥。

图 3-4-1　水泥的验收　　　　图 3-4-2　天然砂　　　　图 3-4-3　天然碎石

(四)水

水在混凝土中与水泥起水化作用，使砂、石子湿润，增加粘结性、改善和易性。拌制混凝土宜采用饮用水；当采用其他水源时，水质应符合《混凝土用水标准》JGJ63 的规定。地表水和地下水首次使用前，应按有关标准进行检验后方可使用。

(五)矿物掺合料

在混凝土中掺加一些天然或人工的矿物混合材料，可改善和易性及提高混凝土的其他性能，减少混凝土的泌水和离析现象，起填充作用，从而提高混凝土的密实度、降低水泥等级，节约水泥。矿物质混合材料通常可分为水硬性混合材料(活性掺合料)和非水硬性混合材料(惰性掺合料)两大类。矿物掺合料的选用应根据设计、施工要求，以及工程所处环境条件确定，其掺量应通过试验确定。

(六)混凝土外加剂

1. 混凝土外加剂品种及特性。为了改善混凝土的性能或节约水泥、提高其经济效果，以适应新结构、新技术发展的需要，近年来国内外不断研制水泥新品种，在大力改进混凝土制备、养护的同时，还广泛地采用掺外加剂的办法。因此，外加剂已成为混凝土拌合物中除水泥、集料、水以外的成分。外加剂的种类很多，按其功能可划分为以下四大类：

(1)改善新拌混凝土流变性能的外加剂，如各种减水剂、引气剂、泵送剂等。

(2)调节混凝土凝结时间以及硬化功能的外加剂，如缓凝剂、早强剂、速凝剂等。

(3)改善混凝土耐久性的外加剂，如防水剂、引气剂、阻锈剂等。

(4)改善混凝土性能的外加剂，如引气剂、防水剂、抗冻剂、保水剂、膨胀剂等。

外加剂是一种用量小、作用大的化学制剂，掺用量要准确，否则将影响混凝土的性能。选用外加剂时应根据混凝土的性能要求、施工条件及气候条件，结合混凝土的原材料、配合比等因素综合考虑，并应通过试配，确定选用外加剂的品种及其掺量，经试验合格后方可使用。

混凝土中掺外加剂的质量应符合国家现行标准《混凝土外加剂》(GB 8076)、《混凝土外加剂应用技术规范》(GB 50119)和《混凝土结构工程施工质量验收规范》(GB 50204)以及与环境保护有关的标准、规范的规定。

混凝土外加剂、掺合料及粗细集料的检查数量按进场的批次和产品的抽样检验方案确定。检验方法是检查进场复检报告。

1)减水剂。减水剂是一种表面活性剂，加入混凝土中能对水泥颗粒起分散作用，把水泥凝聚体中所包含的游离水释放出来，使水泥达到充分水化，从而能保持混凝土的工作性能不变，而显著减少拌和用水量，降低水胶比，改善和易性、抗渗性，增加流动性，有利于混凝土强度的增长及增加其耐久性。

减水剂可用于现浇或预制的混凝土、钢筋混凝土及预应力混凝土。普通混凝土、大体积混凝土和高强度混凝土使用减水剂，可增大坍落度、降低水胶比。

2)引气剂。引气剂是一种外加剂，在混凝土搅拌过程中能产生大量均匀分布的微小气泡，以减少混凝土拌合物泌水离析，改善和易性，并能显著提高硬化混凝土的抗冻性、抗渗性、抗腐蚀性、耐久性。

引气剂可用于抗冻混凝土、防水混凝土、抗硫酸盐混凝土、泌水严重的混凝土、耐低温混凝土、轻集料混凝土以及对饰面有要求的混凝土。引气剂不宜用于蒸养混凝土及预应力混凝土。

3）缓凝剂。缓凝剂是一种能延缓混凝土凝结时间，并对混凝土后期强度发展无不利影响的外加剂。在混凝土中掺加缓凝剂，可推迟混凝土的凝结时间（如运输距离过长，搅拌设备不足等），使混凝土在长时间运输后，仍有一定的和易性。常用于高温季节混凝土的施工，可以调节混凝土凝结时间；在大体积混凝土中，用于延缓水化作用、减少发热量、控制温度收缩裂缝出现。

4）早强剂。早强剂是可以加速水泥水化速度，提高早期强度，对后期强度无不利影响的外加剂。早强剂主要能够用于冬期施工，提高早期强度、抗冻和节约冬期施工费用。应先与水泥集料干拌后再加水搅拌，搅拌时间不得少于 3 min。

5）防冻剂。防冻剂可以在一定的负温范围内，保持混凝土水分不受冻结，并促使其凝结、硬化。氧化钠、碳酸钾可降低冰点，氧化钙不仅能降低冰点，而且还可起促凝早强作用。掺有氧化钠的三乙醇胺，既是早强剂，也是一种较好的防冻剂。国内近来采用的三亚硝酸钠与硫酸钠的复合剂，在负温下有较好的促凝作用，对钢筋无锈蚀，是较为理想的抗冻剂。

二、混凝土的制备

混凝土的制备，是混凝土施工的第一道工序。这个工序是混凝土工业化发展最快的工序，目前已进入电脑计算、自动化生产的先进时代。混凝土制备的工序，在城市中大部分已由商品混凝土生产企业承担，但在小城镇和乡村仍由施工单位自备。

（一）混凝土的施工配合比

1. 设计配合比。从工地现场取砂、石和水泥样品送试验室，经试配、试验和调整得出的混凝土配合比为设计配合的。

2. 施工配料。施工配料必须加以严格控制，施工配料时影响混凝土质量的因素主要有两个方面：一是称量不准；二是未按砂、石集料实际含水率的变化进行施工配合比的换算。因此，为保证混凝土的质量，必须确保配料计量的准确性。

（1）冲量误差值应作补偿。冲量误差是指各种电动、气动或手动操纵的开关，在闭合后与闸门灵敏度不良或物料的原因所形成的仍有少数物料冲闸而出的误差。此种误差因物料品种不同、粒径不同，或因设备的老化而有所差异，不能以百分值从剂量指标中扣除。应在每个闸口、不同物料、不同气象的情况下，经常检测其误差值，将误差值引入作业指标中进行配合比的换算。

（2）混凝土施工配合比换算。施工配合比是对设计配合比进行生产适应性调整，结合施工现场砂石的含水量调整得出的配合比。施工配合比不是一成不变的，其受雨水的影响最大，应根据现场实际情况及时调整。

试验室提供的配合比，是根据完全干燥的砂、石集料计算的，而实际使用的砂、石集料一般都含有一些水分，而且含水量又会随气候条件发生变化。为保证按配合比正确供料，在搅拌工序准备期，应对砂、石子的含水率进行检测和测定。当砂的含水率少于 0.5%、石子的含水率少于 0.2% 时，可不必进行调整，直接按配合比的数值投料。如含水率超过上述值时，应将含水值从用水量中扣减。但如果自动化搅拌站已安装稠度控制仪，能控制搅拌中投水量时，可按设备性能自行考虑是否调整。含水率的调整方法，可按下列公式进行施工配合比换算：

设混凝土试验室配合比为：水泥∶砂子∶石子＝1∶x∶y，测得砂子的含水率为3%，石子的含水率为1%，则施工配合比应为1∶$(1+3\%)x$∶$(1+1\%)y$。

（3）配料。施工中往往以一袋或两袋水泥为下料单位，每搅拌一次叫作一盘。因此，求出每立方米混凝土材料用量后，还必须根据工地现有搅拌机出料容量确定每次需用几袋水泥，然后按水泥用量算出砂、石子的每盘用量。

混凝土原材料每盘称量的偏差应符合表 3-4-1 的规定。

表 3-4-1　混凝土原材料每盘称量的允许偏差　　　　　%

原材料品种	水泥	细集料	粗集料	水	矿物掺合料	外加剂
每盘计量允许偏差	±2	±3	±3	±1	±2	±1
累计计量允许偏差	±1	±2	±2	±1	±1	±1

注：1. 现场搅拌时原材料计量允许偏差应满足每盘计量允许偏差要求。
　　2. 累计计量允许偏差是指每一运输车中各盘混凝土的每种材料累计称量的偏差，该项指标仅适用于采用计算机控制计量的搅拌站。
　　3. 集料含水率应经常测定，雨、雪天施工应增加测定次数。

例：已知 C20 混凝土的试验室配合比为 1∶2.55∶5.12，水胶比为 0.65，经测定砂的含水率为3%，石子的含水率为1%，每立方米混凝土的水泥用量为 310 kg，则施工配合比为：1∶2.55(1+3%)∶5.12(1+1%)＝1∶2.63∶5.17。

每立方米混凝土材料用量为：

水泥：310 kg；

砂子：310×2.63＝815.3 kg；

石子：310×5.17＝1 602.7 kg；

水：310×0.65－2.55×3%－310×5.12×1%＝161.9 kg。

如采用 JZ250 型搅拌机，出料容量为 0.25 m³，则每搅拌一次的装料数量为：

水泥：310×0.25＝77.5 kg(取一袋半水泥)；

砂子：815.3×(75/310)＝197.25 kg；

石子：1 602.7×(75/310)＝387.75 kg；

水：161.9×(75/310)＝39.2 kg。

(二)混凝土的拌制

混凝土的拌制是指将各种组成材料(水、水泥和粗细集料)搅拌成质地均匀、颜色一致、具备一定流动性的混凝土拌合物。由于混凝土配合比是按照细集料恰好填满粗集料的间隙，而水泥浆又均匀分布在粗细集料表面的原理设计的。如果混凝土制备得不均匀就不能获得密实的混凝土，影响混凝土的质量，所以，拌制是混凝土施工工艺过程中很重要的一道工序。现在施工技术的发展已使混凝土拌制实现了机械化、自动化，操作人员除须熟识电脑操作或机械操作外，还应熟悉材料性能和混凝土的基本知识，掌握机械设备的操作技能。

1. 混凝土搅拌机。混凝土的制备，除工程量很小且分散采用人工拌制外，其余均采用机械拌制。按其工作方法，搅拌机分自落式和强制式两类。

（1）自落式搅拌机。自落式搅拌机主要是以重力机理设计的，搅拌机的搅拌筒内壁焊有弧形叶片，当搅拌筒绕水平轴旋转时，弧形叶片不断将物料提高，然后自由落下而互相混合。由于下落时间、落点和滚动距离不同，使物料颗粒相互穿插、翻拌、混合而达到均匀。根据鼓筒的形状与卸料方式的不同，自落式搅拌机分为鼓筒式（已淘汰）、锥形反转出料式（JZ）（图3-4-4）、锥形倾翻出料式（图3-4-5）三种类型。

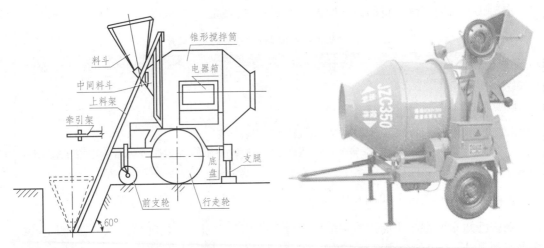

图 3-4-4　锥形反转出料式搅拌机　　　　图 3-4-5　锥形倾翻出料式搅拌机

自落式搅拌机构造简单、功率较小，能搅拌粒径较大的粗集料。筒体和叶片磨损较小，易于清理。但自落式搅拌机的工作性能较差，搅拌作用较弱，宜于搅拌塑性混凝土和低流动性混凝土，搅拌筒利用系数低，搅拌周长较大，搅拌时间一般为 90～120 s/盘。锥形倾翻出料式搅拌机工作性能较好，搅拌较强烈，供料、出料均在同一方向，多台机组可共同使用同一套供料、出料系统，能多台机组同时生产。

（2）强制式搅拌机。强制式搅拌机是利用剪切搅拌机理进行设计的，一般筒身固定，叶片旋转，由旋转叶片将物料作剧烈翻动，对物料施加剪切、挤压、翻滚和抛出等的组合作用进行拌和。也有底盘同时作同向或反向旋转的，拌合物料交叉流动，混凝土搅拌得比较均匀。按其工作原理强制式搅拌机可分为立轴式和卧轴式两类。立轴式强制搅拌机又有涡桨式、搅拌盘固定的行星式、搅拌盘反向或同向旋转的行星等。卧轴立强制搅拌机又有单轴和双轴式两种（3-4-6）。

图 3-4-6　双卧轴强制式搅拌机

卧轴式强制搅拌机虽然底盘固定，但克服了自落式和立轴式强制搅拌机只能搅拌流动性混凝土或干硬性混凝土的缺点，能适用于生产上述两种工作性的混凝土，也能生产轻集料混凝土或砂浆，有一机多用的效果，已被世界各国广泛使用。

强制式搅拌机行星式比涡桨式效果好，但构造较复杂、功率消耗较大。论产量则涡桨式的较高。

强制式搅拌机的搅拌作用比自落式搅拌机强烈，宜于搅拌干硬性混凝土和轻集料混凝土，也可搅拌低流动性混凝土。但强制式搅拌机的转速比自落式搅拌机高、动力消耗大，叶片、衬板等磨损也大，一般需用高强合金钢或其他耐磨材料作内衬，多用于集中搅拌站或预制厂。

选择搅拌机时，要根据工程量大小、混凝土的坍落度、集料尺寸等来确定。既要满足技术上的要求，又要考虑经济效益和节约能源。

2. 搅拌生产线。混凝土拌制机械生产设备的布置方式有以下两种：

(1)手工作业的简易搅拌站。对混凝土强度要求不高、工作量不大的短期小型工地，可以采用单机或双机的简易生产线，基本上采用手工操作，手动控制。

这种手动控制作业，要保证产品的强度和工作性符合配合比设计的要求，其操作要点如下：

1)供料符合配合比的要求。通常以每包水泥(50 kg)为基数，按配合比的比例计算水、砂、石子、外加剂或掺合料等的用量，作一次性投料。

2)经常检查计量磅秤的准确性，砂、石容器或小车的基本自重(俗称毛重)应统一为一个恒值(即固定值)，便于计量。

3)卸料应卸净，粘积在容器内的砂、石应清除；盛水容器宜用透明容器，绘出容量线，便于操作人员掌握。

4)搅拌时间应符合表3-4-2的规定。

表3-4-2　混凝土搅拌的最短时间　　　　　　　　　　　　s

混凝土的坍落度/mm	搅拌机机型	搅拌机出料量/L		
		<250	250~500	>500
≤40	强制式	60	90	120
>40，且<100	强制式	60	60	90
≥100	强制式	60		

注：1. 混凝土搅拌时间是指从全部材料装入搅拌筒中起，到开始卸料时止的时间段。
　　2. 当掺有外加剂与矿物掺合料时，搅拌时间应适当延长。
　　3. 采用自落式搅拌机时，搅拌时间宜延长30 s。
　　4. 当采用其他形式的搅拌设备时，搅拌的最短时间也可按设备说明书的规定或经试验确定。

(2)混凝土搅拌站。混凝土搅拌站是将混凝土拌合物在一个集中点统一拌制成预拌(商品)混凝土，用混凝土运输车分别输送到一个或若干个施工现场进行浇筑使用。

3. 混凝土的搅拌制度。为了获得质量优良的混凝土拌合物，除正确选择搅拌机外，还必须正确制定搅拌制度，即搅拌时间、投料顺序和进料容量等。

（1）混凝土搅拌时间。搅拌时间是指从原材料全部投入搅拌筒时起，到开始卸料时为止所经历的时间。它与搅拌质量密切有关，并随搅拌机类型和混凝土的和易性的不同而变化。在一定范围内随搅拌时间的延长，混凝土强度有所提高，但过长时间的搅拌既不经济也不合理。混凝土搅拌的最短时间见表3-4-2。

（2）投料顺序。投料顺序应从提高搅拌质量、减少叶片和衬板的磨损、减少拌合物与搅拌筒的粘结、减少水泥飞扬和改善工作环境等方面综合考虑确定。按原材料投料不同，混凝土的投料方法可分为一次投料法、两次投料法和水泥裹砂法等。

一次投料法是将原材料（砂、水泥、石子）同时投入搅拌机内进行搅拌。为了减少水泥飞扬和粘壁现象，对自落式搅拌机要先在搅拌筒内加部分水，投料时砂压住水泥，水泥不致飞扬，且水泥和砂先进入搅拌筒形成水泥砂浆，可缩短包裹石子的时间。对立轴强制式搅拌机，因出料口在下部，不能先加水，应在投入原料的同时，缓慢均匀分散地加水。

两次投料法分两次加水，两次搅拌。这种方法是先将全部水泥进行造壳搅拌30 s左右，然后加入30%的拌合水再进行糊化搅拌60 s左右即可完成。与普通搅拌工艺相比，用裹砂石法搅拌工艺可使混凝土强度提高10%～20%，节约水泥5%～10%。若在我国推广这种新工艺，有着巨大的经济效益。另外，我国还对净浆法、净裹石法、裹砂法、先拌砂浆法等各种两次投料法进行了试验和研究。

水泥裹砂法，又称SEC法混凝土，或称造壳混凝土。水泥裹砂法的拌制是先加一定量的水，将砂表面含水量调节到某一规定数值，将石子倒入，与湿砂拌匀，然后倒入全部水泥与湿润的砂、石拌和，则水泥在砂、石表面形成低水胶比的水泥浆壳，最后将剩余的水分和外加剂倒入，拌制成混凝土。

（3）进料容量。进料容量是将搅拌前各种材料的体积累积起来的容量，又称干料容量。进料容量V_j与搅拌机搅拌筒的几何容量V_g有一定的比例关系，一般情况下$V_j/V_g = 0.22～0.40$。如任意超载，就会使材料在搅拌筒内无充分的空间进行拌和，影响混凝土拌合物的均匀性；反之，如装料过少，则又不能充分发挥搅拌机的效能。

4. 搅拌新工艺。目前常用的单机搅拌工艺有许多不足之处。如一般小工地使用较多的搅拌方式，其操作方法是先将3种（连同掺合料则为4种）干料投进料斗，一次将其全部投入搅拌机内，边加水、边搅拌。这种一次投料、一次搅拌的方法，所产出的混凝土经微观检验，水泥未能充分包裹砂和石子，将影响混凝土的强度和耐久性。

从20世纪80年代开始日本出现一种称为"造壳混凝土"的搅拌方法，也称为二次投料、二次搅拌的新工艺。

根据有关部门资料，造壳混凝土与非造壳混凝土相比，当配合比与材料品质均相同时，造壳混凝土可提高30%的强度，混凝土性能得到明显提高。

造壳混凝土的优点除可提高混凝土性能外，由于采用双机制生产，缩短了生产周期、提高了产量。目前已被我国各商品混凝土厂家所采用。

现场搅拌也可选用既能搅拌砂浆，又能搅拌混凝土的卧轴强制式搅拌机，也能实行单机二次投料、二次搅拌的新工艺。

5. 混凝土搅拌的质量要求。对拌制好的混凝土，应经常检查其均匀性与和易性，如有异常情况，应检查其配合比和搅拌情况，并及时加以纠正。

(1)检验混凝土拌合物均匀性。应在一盘混凝土卸料过程的 1/4～3/4 之间采取试样进行检测，其检测结果应符合下列规定：

1)混凝土中砂浆密度两次测值的相对误差不应大于 0.8%。

2)单位体积混凝土中粗集料含量两次测值的相对误差不应大于 5%。

(2)混凝土搅拌完毕后，应按下列要求检测混凝土拌合物的各项性能：

1)混凝土拌合物的稠度应在搅拌地点和浇筑地点分别取样检测，每一工作班不应少于一次。评定时应以浇筑地点为准。

2)在预制混凝土构件厂，如混凝土拌合物从搅拌机出料起至浇筑入模的时间不超过 15 min 时，其稠度可改在搅拌地点取样检测。

3)混凝土浇筑时的坍落度。混凝土坍落度允许偏差见表 3-4-3。

表 3-4-3　混凝土坍落度允许偏差　　　　　　　　　　　　　　　　　　mm

坍落度			
设计值	≤40	50～90	≥100
允许偏差	±10	±20	±30

三、混凝土的运输

(一)混凝土运输的基本要求

为保证混凝土的质量，混凝土自搅拌机中卸出后，应及时运至浇筑地点。对混凝土运输方案的选择，应根据建筑结构特点、混凝土工程量、运输距离、地形、道路和气候条件，以及现有设备情况等进行考虑，无论采用何种运输方案，均应满足以下要求：

(1)保证混凝土的浇筑量，尤其是在滑模施工和不允许留施工缝的情况下，混凝土运输必须保证其浇筑工作能够连续进行。

(2)混凝土在运输中，应保持其均匀性，保证不分层、不离析、不滑浆；运至浇筑地点时，应具有规定的坍落度。当有离析现象时，应进行二次搅拌方可入模。

(3)混凝土运输工具要求不吸水、不漏浆、内壁平整光洁，且在运输中的全部时间不应超过混凝土的初凝时间。如需进行长距离运输可选用混凝土搅拌运输车。

(4)尽可能使运输线路短直、道路平坦、车辆行驶平稳，防止造成混凝土分层离析。同时还应考虑布置环形回路，以免车辆阻塞。

(5)采用泵送混凝土应保证混凝土泵连续工作，输送管线宜直，转弯宜缓，接头应严密，泵送前应先用适量的与混凝土成分相同的水泥浆或水泥砂浆润滑输送管内壁。当间歇延续时间超过 45 min 或当混凝土出现离析现象时，应立即用压力水或其他方法冲洗管内残留的混凝土。

1. 运输工具的选择。混凝土运输分地面水平运输、垂直运输和楼面水平运输三种。

(1)地面运输时，短距离多用双轮手推车、机动翻斗车；长距离宜用自卸汽车、混凝土搅拌运输车。

（2）垂直运输采用各种井架、龙门架和塔式起重机作为垂直运输工具。对于浇筑量大、浇筑速度比较稳定的大型设备基础和高层建筑，宜采用混凝土泵，也可采用自升式塔式起重机或爬式塔式起重机运输。

（3）楼面水平运输，多用双轮手推车和混凝土泵管。

2. 混凝土水平运输工具。

（1）手推车。手推车是施工工地上普遍使用的水平运输工具，其种类有独轮、双轮和三轮手推车等多种，如图 3-4-7、图 3-4-8 所示。手推车具有小巧、轻便等特点，不但适用于一般的地面水平运输，还能在脚手架、施工栈道上使用；也可与塔式起重机、井架等配合使用，解决垂直运输混凝土、砂浆等材料的需要。

（2）机动翻斗车。机动翻斗车是用柴油机装配而成的翻斗车，功率为 7 355 W，最大行驶速度达 35 km/h。车前装有容量为 400 L、载重 1 000 kg 的翻斗。机动翻斗车具有轻便灵活、结构简单、操纵简便、转弯半径小、速度快、能自动卸料等特点，适用于短距离水平运输，如图 3-4-9 所示。

图 3-4-7　单轮翻斗车　　　　图 3-4-8　双轮翻斗车　　　　图 3-4-9　机动翻斗车

（3）混凝土搅拌运输车。混凝土搅拌运输车是将锥形倾翻出料式搅拌机装在载重汽车的底盘上，作为运送混凝土的专用设备。其特点是在运量大、运距远的情况下，依旧能保证混凝土的质量均匀，一般适于混凝土制备点与浇筑点距离较远时采用。运送方式有两种：一是在 10 km 范围内作短距离运送时，只作运输工具使用。即将拌和好的混凝土接送至浇筑点，在运输途中为防止混凝土分离，搅拌桶只作低速搅动，避免混凝土拌合物分离或凝固；二是在运距较长时，搅拌运输两者兼用。即混凝土拌合站先将干料按配合比装入搅拌鼓筒内，并将水注入配水箱，开始只作干料运送，然后在到达距使用点 10～15 min 路程时，启动搅拌筒回转，并向搅拌筒注入定量的水，这样在运输途中边运输、边搅拌成混凝土拌合物，能减少由于长途运输而引起的混凝土坍落度损失，最后送至浇筑点后卸出。

混凝土搅拌运输车搅拌筒的容量可达 10 m³ 以上，搅拌筒的结构形状和其轴线与水平的夹角、螺旋叶片的形状和它与铅垂线的夹角，都直接影响混凝土搅拌运输质量和卸料速度。搅拌筒可用单独发动机驱动，也可用汽车的发动机驱动，以液压传动者为佳，如图 3-4-10 所示。

3. 混凝土垂直运输工具。混凝土垂直运输工具有塔式起重机、混凝土快速提升机、井架、桅杆式起重机等。

（1）塔式起重机。塔式起重机主要用于大型建筑和高层建筑的垂直运输。塔式起重机可通过料罐（又称料斗）将混凝土直接送到浇筑地点（图 3-4-11）。料罐上部开口，下部有门；装料时平卧地上由搅拌机或汽车将混凝土自上口装入，吊起后料罐直立，在浇筑地点通过下口浇入模板内。目前，塔式起重机通常有行走式、附着式和内爬式三种。

图 3-4-10 混凝土搅拌运输车　　　　　图 3-4-11 塔式起重机

对于高层建筑，由于其高度很大，普通塔式起重机已不能满足要求，需要采用爬升式或内爬式塔式起重机。

(2)混凝土快速提升机。混凝土快速提升机是供快速输送大量混凝土的垂直提升设备。它是由钢井架、混凝土提升斗、高速卷扬机等组成，其提升速度可达 50～100 m/min。当混凝土提升到施工楼层后，卸入楼面受料斗，再采用其他楼面水平运输工具(如手推车等)运送到施工部位浇筑。一般每台容量为 0.5 m^3×2 的双斗提升机，当其提升速度为 75 m/min，最高高度达 120 m，混凝土输送能力可达 20 m^3/h。因此，对于混凝土浇筑量较大的工程，特别是高层建筑，在缺乏其他高效能机具的情况下，是较为经济适用的混凝土垂直运输机具，如图 3-4-12 所示。

(3)井式升降机。井式升降机(图 3-4-13)一般由井架、台灵拔杆、卷扬机、吊盘、自动倾卸吊斗及钢丝缆风绳等组成，具有一机多用、构造简单、装拆方便等优点。使用井式升降机时一般有以下两种方式：

1)混凝土用小车推到井式升降机的升降平台，提升到楼层后再运到浇筑地点。

2)将搅拌机直接安装在井式升降机旁，混凝土卸入升降机的料斗内，提升到楼层后再卸入小车内运到浇筑地点。用小车运送混凝土时，楼层上要加设行车跳板，以免压坏已扎好的钢筋。

图 3-4-12 混凝土快速提升机　　　　　图 3-4-13 井式升降机

(4)混凝土输送泵。混凝土输送泵(图 3-4-14)是将混凝土拌合物从搅拌机出口通过管道连续不断地泵送到浇筑仓面的一种混凝土输送机械。它以泵为动力,沿管道输送混凝土,可一次完成水平及垂直运输,将混凝土直接输送到浇筑点,是发展较快的一种混凝土的运输方法。泵送混凝土具有输送能力大、速度快、效率高、节省人力、能连续输送等特点。适用于大型设备基础、坝体、现浇高层建筑、水下与隧道等工程的垂直于水平运输。

混凝土输送泵可分为拖式混凝土输送泵(也称固定泵,图 3-4-15)和车载式混凝土输送泵(图 3-4-16)两大类。

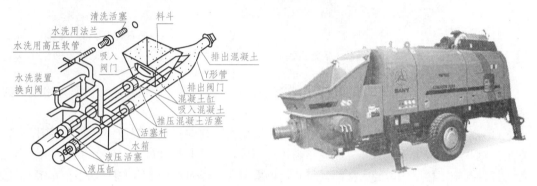

图 3-4-14　混凝土输送泵　　　　　　　图 3-4-15　固定泵

混凝土拖式输送泵也称固定泵,最大水平输送距离为 1 500 m,垂直高度为 400 m,混凝土输送能力为 75(高压)～120(低压)m³/h,适合于高层建(构)筑物的混凝土水平及垂直输送。

车载式混凝土输送泵,转场方便快捷;占地面积小;可有效减轻施工人员的劳动强度,提高生产效率。尤其适合设备租赁企业使用。

混凝土输送管用钢管制成,直径一般为 110 mm、125 mm、150 mm,标准管长为 3 m,也有 2 m、1 m 的配管,弯头有 90°、45°、30°、15°等不同角度的弯管。管径的选择根据混凝土集料的最大粒径、输送距离、输送高度及其他施工条件决定。

(5)混凝土泵车。混凝土泵车(图 3-4-17)均装有 3～5 节折叠式全回转布料臂、液压操作。最大理论输送能力为 150 m³/h,最大布料高度为 51 m,布料半径为 46 m,布料深度为 35.8 m。可在布料杆的回转范围内直接进行浇筑。

图 3-4-16　车载式混凝土输送泵　　　　　图 3-4-17　混凝土泵车

（6）混凝土布料杆。可根据现场混凝土浇筑的需要将布料杆设置在合适位置，布料杆有固定式、内爬式、移动式、船用式等。HGT41 型内爬式布料机的布料半径为 41 m，塔身高度为 24 m，爬升速度为 0.5 m/min，臂架为四节卷折全液压形式，回转角度为 365°，末端软管长度为 3 m，如图 3-4-18 所示。

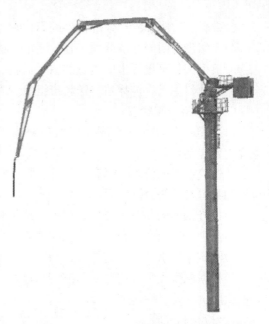

图 3-4-18　HGT41 型内爬式布料机

（二）混凝土运输的注意事项

（1）尽可能使运输线路短直、道路平坦、车辆行驶平稳，减少运输时的振荡；避免运输的时间和距离过长、转运次数过多。

（2）混凝土容器应平整光洁、不吸水、不漏浆，装料前用水湿润，炎热气候或风雨天气宜加盖，防止水分蒸发或进水，冬季考虑保温措施。

（3）运至浇筑地点的混凝土发现有离析和初凝现象须二次搅拌均匀后方可入模，已凝结的混凝土应报废，不得用于工程中。

（4）溜槽运输的坡度不宜大于 30°，混凝土的移动速度不宜大于 1 m/s。如溜槽的坡度太小、混凝土移动太慢，可在溜槽底部加装小型振动器；当溜槽坡度太大或用皮带运输机运输，混凝土移动速度太快时，可在末端设置串筒或挡板，以保证垂直下落和落差高度。

选择混凝土运输方案时，技术上可行的方案可能不止一个，要进行综合的经济比较以选择最优方案。

四、混凝土的浇筑和捣实

（一）混凝土浇筑前的准备工作

1. 技术交底。施工方案的技术交底由施工项目技术主管负责，主要内容有以下几项：

（1）现场布置。

1）施工组织设计或施工计划对混凝土浇筑工序的安排，工作量和时间的分配。

2）现场道路桥架的搭设，水、电、泵送管道的布置。

3）安全装备，如高空工作的支撑方案、夜间施工的照明装置、劳动保护用品的发放和措施。

（2）技术措施。

1）工序互检工作，模板、钢筋骨架、保护层厚度等是否经技术主管验收合格签证。

2）工作量、浇筑工序、操作人员、使用机具、工作面分配、进度计划等的安排。

3)来料(新拌混凝土)强度试件的留样和工作性检测的安排。

4)介绍设计图纸及各分项工程的要求,提出操作要点和质量要求。

5)根据天气预报提出应注意的临时措施。

6)与项目主管、搅拌站、送料班组负责人以及机修人员之间联系的方法。

2. 工序检查和验收。

(1)混凝土浇筑前。混凝土浇筑前对模板、钢筋、支架和预埋件等进行检查和验收。主要内容包括:

1)检查模板的位置、标高、尺寸、强度和刚度是否符合要求,接缝是否严密,预埋件位置和数量是否符合图纸要求。

2)检查钢筋的规格、数量、位置、接头和保护层厚度是否正确。

3)清理模板上的垃圾和钢筋上的油污,浇水湿润木模板,填写隐蔽工程验收记录。

4)浇筑用脚手架、走道的搭设和安全检查。

5)根据混凝土配合比通知单准备和检查材料,浇筑过程中,要充分保证水、电及原材料的供应。

(2)检查和验收。

1)模板及隐蔽项目等已经技术主管验收,在浇筑前也应对其做较具体的复检,在浇筑过程中注意保证其准确性。

a. 预埋件和预留孔洞的允许偏差;

b. 现浇结构模板安装的允许偏差及检验方法;

c. 纵向受力钢筋混凝土保护层的最小厚度。

2)新拌混凝土工作性的检验。新拌混凝土工作性是否符合施工要求,关系到工期计划、施工措施、施工工具、施工效果和混凝土的质量问题。无论是工地自拌混凝土还是商品混凝土,均应按照订货计划在进场时进行检验,双方共同签证。如与订货合同相差较大,应请示技术主管决定是否验收。

①坍落度的检测。流动性(塑性)混凝土工作性的检验,通常用坍落度法检测,如图 3-4-19 所示,此法适用于粗集料粒径不大于 40 mm 的混凝土。坍落度筒为薄金属板制成,上口直径＝100 mm,下口直径＝200 mm,高度 h＝300 mm。底板为放于水平工作台上的不吸水的金属平板。检验方法如下:a. 所用工具用水润湿;b. 新搅拌混凝土分三层均匀装入筒内。每层用捣棒按螺旋形由外向中心均匀插捣,每层 25 次,上一层应插透本层至下一层表面。第三层表面插捣后将表面抹平;c. 双手平稳地垂直提起外筒;d. 上述全部过程应在 2.5 min 内完成;e. 如图 3-4-19 所示,测量其与金属筒的高差,即为坍落度值。

②坍落扩展度的检测。利用坍落度试验后拌合物向周围流动,待其稳定后,测量其扩散后的直径,取纵、横两个方向的平均值即为坍扩度。坍落扩展度越大,则流动性越

图 3-4-19　坍落度法检测

好。一般大流动性混凝土要求其扩展度大于 500 mm。

采用此法时，注意平板面应处于水平状态且平板板面应光滑。

③流出时间的检测。此法也是采用坍落度筒为主要工具，另准备 1 个悬挂支架、1 台以秒为计量单位的计时器，坍落度筒的小端加装活门。

按坍落度检测方法装好料，将坍落度筒小口在下，挂在支架上；下口距离平板宜大于 200 mm。测试时，在打开下口活门的同时开动计时器，拌合物从坍落度筒流净后关闭计时器。所需时间越小，则流动性越高，通常要求小于 30 s。

3. 混凝土浇筑前的准备工作完成后，应填报浇筑申请单，并经监理单位签认。

(二)混凝土浇筑的一般要求

1. 混凝土应分层、分段进行浇筑，浇筑层的厚度应符合表 3-4-4 的规定。

表 3-4-4　混凝土浇筑层的厚度　　　　　　　　　　　　　　　　mm

序号	捣实混凝土的方法		浇筑层厚度
1	插入式振捣		振捣器作用部分长度的 1.25 倍
2	表面振捣		200
3	人工振捣	在基础、无筋混凝土或配筋稀疏的结构中	250
		在梁、墙板、柱结构中	200
		在配筋密列的结构中	150
4	轻集料混凝土	插入式振捣	300
		表面振捣	200

2. 混凝土应连续浇筑，以保证结构的整体性。如必须间歇，则以间歇时间不超过下层混凝土初凝时间为原则。

3. 混凝土施工阶段应注意天气的变化情况，以保证混凝土连续浇筑的顺利进行。雷、雨、雪时，不宜露天浇筑混凝土，必须浇筑时，应采取有效措施，确保混凝土质量。

4. 混凝土浇筑要保证混凝土的均匀性和密实性，要保证结构的整体性、尺寸准确、钢筋、预埋件的位置正确，拆模后混凝土表面要平整、光洁。

5. 由于混凝土工程属于隐蔽工程，因而对混凝土量大的工程、重要工程或重点部位浇筑，以及其他施工中的重大问题，均应随时填写施工记录。

(三)混凝土浇筑应注意的问题

1. 浇筑混凝土时，应注意防止混凝土的分层离析。混凝土拌合物由料斗、漏斗、混凝土输送管、运输车内卸出时，如自由倾落高度过大，由于粗集料在重力作用下，克服粘着力后的下落动能大，下落速度较砂浆快，因而可能形成混凝土离析。《混凝土结构工程施工规范》(GB 50666)中规定：混凝土浇筑自高处倾落的高度为 3 m(粗集料粒径大于 25 mm)、6 m(粗集料粒径小于等于 25 mm)，当不能满足要求时，应加设串筒、溜管、溜槽等装置。当有可靠措施能保证混凝土不产生离析时，混凝土倾落高度可不受上述规定的限制。一般情况下，当混凝土浇筑倾落高度超过限值时，处理比较麻烦，柱中的复合箍筋网孔比较小，如采用柱、梁和板整体浇筑的方案时，梁柱节点的钢筋密密麻麻，加设串筒、溜管、溜槽等装置的措施根本无法实现。如在柱侧面开门子洞，当采用梁板模板作为浇筑平台时，无法从门子洞下料。所以，当浇筑高度超过 3 m 时，可选用粗集料粒径小于等于 25 mm 的混凝土；当浇筑高度超过 6 m 时，保证混凝土不产生离析比较困难，但可以通过加厚柱底的铺底砂浆和加强振捣，仍能保证混凝土浇筑质量。工程中有混凝土浇筑倾落高度达 10 m，未加设串筒、溜管、

图 3-4-20　10 m 高现浇排架柱

溜槽等装置而浇筑成功的先例，如图 3-4-20 所示。需要说明的是，当混凝土浇筑自高处倾落的高度突破限值时，一定要与混凝土供应单位共同研究，改善混凝土的和易性，先做试验，得到成功的经验和浇筑参数后，再全面浇筑。

2. 浇筑竖向结构混凝土前，底部应先填 50～100 mm 厚与混凝土内砂浆成分相同的水泥砂浆。

3. 浇筑混凝土时，应经常观察模板、支架、钢筋、预埋件和预留孔洞的情况，当发现有变形、移位时，应立即停止浇筑，并应在已浇筑的混凝土初凝前修整完毕。

4. 混凝土在浇筑及静置的过程中，应采取措施防止其产生裂缝。由于混凝土的沉降及干缩产生的非结构性的表面裂缝，应在混凝土终凝前予以修整。在浇筑与柱和墙连成整体的梁和板时，应在柱和墙浇筑完毕后停歇 1～1.5 h，使混凝土获得初步沉实后再继续浇筑，以防止接缝处出现裂缝。

5. 梁和板应同时浇筑。较大尺寸的梁应分层浇筑。拱和类似的结构，可单独浇筑。

(四)混凝土浇筑的基本工艺

混凝土浇筑工艺，就是将新拌的松散拌合物浇灌到模板内并进行振捣，再经养护硬化后成为混凝土结构物。"浇"就是布料，"筑"就是捣实，是混凝土施工中最关键的工序。这两个工序是紧密相连的。

混凝土的成型过程因施工项目、施工机具、施工季节等不同而有所区别，但其原理是相同的。本节所介绍的是通用的基本工艺和基本技巧。

1. 布料的基本准则。布料的基本准则是浇筑工艺中必须遵守的规则。

(1)凝结期。新拌混凝土中水泥与水拌和后，开始水化反应。其有四个阶段，即初始反应期、休止期、凝结期和硬化期。各期所需时间的长短，因水泥的品种而异。初始反应期约 30 min，休止期约 120 min，此段时间内混凝土具有弹性、塑性和黏性的流变性。随后，水泥粒子继续水化，在水与水泥拌和后 6～10 h，为凝结期；之后为硬化期。

我国现行标准《通用硅酸盐水泥》(GB 175)规定，一般水泥初凝期不得早于 45 min；终凝期：除 P.I 型硅酸水泥不得迟于 6.5 h 外，一般水泥不得迟于 10 h。在浇筑混凝土时应控制混凝土从出搅拌机到浇筑完毕的时间。

(2)分层厚度。为保证混凝土的整体性，原则上要求浇筑工作一次完成，但对较大体

积的结构、较长的柱、较深的梁，或因钢筋或预埋件的影响、振捣工具的性能、混凝土内部温度的原因等，必须分层浇筑时。

浇筑次层混凝土时，应在前层混凝土出机未超过规定的时间内进行(初凝前)；振捣时应伸入前层 20～50 mm。如已超过时限，则应按施工缝处理。

2. 布料的操作工艺。混凝土拌合料未入模型前是松散体，粗集料质量较大，在布料运动时容易向前抛离，引起离析。将使混凝土外表面出现蜂窝、露筋等缺陷；在内部则出现内、外分层现象，使混凝土强度不一致，成为隐患。为此，在操作上应避免斜向抛送，勿高距离散落。在布料这个工序上，约有 5 种类型，操作工艺分述如下：

(1)手工布料。手工布料是混凝土工艺的最基本的技巧。因拌合物是由粗细不一，软硬不同的几种材料组合而成，应正铲取料后反铲扣料。如贪图方便，在正铲取料后也用正铲投料，则因石子质量大而先行抛出，而且抛的距离较远；而砂浆则滞后，且有部分粘附在工具上，将造成人为的离析。

(2)斜槽或皮带机布料。斜槽或皮带机布料是工地常用的布料方法。由于拌合物是从上而下或由皮带机以相当快的速度送来，其惯性比手工操作更大，其离析性也较大。所以应在终端设置遮挡。

(3)泵送布料。泵送混凝土的运送，也有很大的惯性，如用水平管布料也容易出现离析，而且喷射面较大，很难集中在浇筑点。通常在水平管口安装弯管或帆布套，或波纹软胶管套，这样既能避免离析，又可准确浇入施工点。但应注意出料口与受料面的距离，应始终大于 600 mm。

(4)串筒布料。对大体积深基础混凝土施工，一般使用溜槽或泵送布料。但小体积深基础施工，则采用串筒或软管布料，其优点是可以随意移动，设备较易安排。使用时避免离析的方法是掌握好最后 3 个料筒或采用 600 mm 长度的软管，且保持垂直。

(5)摊铺混凝土。施工中，经常出现由运料车或吊斗将混凝土临时堆放在模板或平台上备用。使用时，须将之摊平。如将振动棒插在堆顶振动，其结果是堆顶上形成砂浆堆，石子则沉入底部，振动棒从底部插入。插入宜慢，其插入速度不应大于混凝土摊平流动的速度。插入的次序：1)向四周轮插；2)由下向上螺旋式提升，直至混凝土摊平至所需要的厚度。

如用人工摊平，当堆底无钢筋网时，可用铲子从底部水平插入，将混凝土向外分摊。如已有钢筋网，只能使用齿耙将混凝土扒平。

3. 混凝土的振捣。混凝土拌合物浇筑之后，通常不能全部流平，内部为中空状态。需经密实成型才能赋予混凝土制品或结构一定的外形和内部结构。混凝土的强度、抗冻性、抗渗性、耐久性等皆与密实成型的好坏有关。振捣工艺，是在混凝土初凝阶段，使用各种方法和工具进行振捣，并在其初凝前捣实完毕，使之内部密实；外部按模板形状充满模板，即饱满密实的要求。

当前，混凝土拌合物密实成型的途径有三种：一是借助于机械外力(如机械振动)来克服拌合物的剪应力而使之液化；二是在拌合物中适当多加水以提高其流动性，便于成型，成型后用离心法、真空作业法等将多余的水分和空气排出；三是在拌合物中掺入高效能减水剂，使其坍落度大大增加，可自流浇筑成型。

振捣方法和设备也随着科学技术的发展而逐步改进，由重体力劳动向机械化、自动化方向发展。这里将按不同的设备分别介绍其振捣操作的工艺。

在振捣操作进行时，拌合物必然随振捣密实而缩小体积，应及时补料。

（1）人工振捣。混凝土的人工振捣，目前已极少采用，但对某些形状复杂的艺术品、较薄的构件、机械化未普及的乡镇和没有电源的野外作业，仍需使用人工振捣。

人工振捣的工具和方法，视操作的项目而定。对于基础、柱、墙、梁等构件，多采用竹竿、钢管或钢筋（可将钢筋端部锻打成扁平形以易于插捣）；对楼板构件，多采用平底锤、平底木桩或用铲背拍打。

人工振捣应与浇灌同时进行，边布料、边捣插。但捣插工作不宜用力过猛，防止将钢筋、钢箍、预埋件及保护层垫块等冲击移位，将模块拼缝扩大，引致漏浆。

对柱、墙、梁捣插时，宜轻插、密插，捣插点应螺旋式均匀分布，由外围向中心靠拢。边角部位宜多插，上、下抽动幅度为 100～200 mm。应与布料深度同步。截面较大的构件，应 2 人或 3 人同时捣插，也可同时在模板外面轻轻敲打，以免出现蜂窝等缺陷。

（2）插入式振动器。

1）构造和作用。插入式振动器（图 3-4-21）是插入混凝土内部起振动作用的工具，又称内部振动器，是工地使用最多的一种。该种振动器只用一人操作，具有振动密实、效率高、结构简单、使用维修方便等优点，但劳动强度大。主要用于梁、柱、墙、厚板和大体积混凝土等结构和构件的振捣。当钢筋十分稠密或结构厚度很薄时，其使用会受到一定的限制。其工作部分是一个棒状的空心圆柱体，内部装有偏心振子，在电动机带动下高速转动而产生高频微幅的振动。软轴式振动器的振动棒外径最

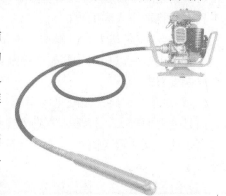

图 3-4-21　插入式振动器

小为 18 mm，最大为 130 mm。振动频率一般为 900～1 800 r/min。小的振动棒其频率较高，大的振动棒其频率较低。其振幅通常为 0.5～2.0 mm，小的振棒则振幅小，大的振棒则振幅也大。

2）插入式振动器的选择。振动器的选用，可从以下三个方面考虑：

①按构件的项目和工作部位而定。如用于素混凝土和钢筋稀疏的基础，宜选用直径较大的振动棒，直至直联式振动器；如工作部位是柱、梁交接点或构件截面不大而钢筋密集时，宜选用小直径振动棒的振动器。

②可按混凝土所用粗集料的粒径大小而选用。粗粒径的宜选频率较低、振幅较大的振动器。通常的标准是：当石子粒径为 10 mm 时，适宜的频率为 6 000 r/min；石子粒径为 20 mm 时，适宜的频率为 3 000 r/min；石子粒径为 40 mm 时，适宜的频率为 2 000 r/min。

③可按混凝土的工作性高低而定。如是干硬性混凝土或坍落度较小时，宜选用频率较高和振幅较大的振动器；如坍落度较大时，宜选用频率较低和振幅较小的振动器。在操作时，如发现水泥浆和小集料溅射时，说明振动器的振幅过大，应更换振幅较小的振动器。

3）使用前的检查。使用前应对振动器进行试运转检查。检查的内容：①绝缘是否良好；②有无安装漏电开关；③振动棒与轴管的连接是否良好；④振动棒外壳磨损程度，如磨损过大，应要求更换。

4）操作方法。

①正确使用软轴式振动器的方式如图 3-4-22 所示：右手紧握软轴，距振动棒点的距离不宜大于 500 mm，用以控制振点，左手距离右手约 400 mm，扶顺软轴。软轴的弯曲半径应不大于 500 mm，也不应有两个弯。

图 3-4-22　振动器的使用

②软轴式振动器在操作时宜先行启动。但直联式振动器则应先插入、后启动。

③操作直联式振动器时，因重量较大，宜双手同时掌握手把，同时就近操纵电源开关。

④插入时应对准工作点，勿在混凝土表面停留。振动棒推进的速度按其自然沉入，不宜用力往内推。最后的插入深度应与浇筑层厚度相匹配。也不宜将振动棒全长插入，以免振动棒与软轴连接处被粗集料卡伤。操作时，要"快插慢拔"。"快插"是为了防止先将混凝土表面振实，与下面混凝土产生分层离析现象；"慢拔"是为了使混凝土填满振动棒抽动时形成的空洞。

⑤混凝土分层浇筑，由于振动棒下部的振幅比上部大得多，因此，在每一插点振捣时应将振动棒上、下抽动 50～100 mm，使振捣均匀。在振动上层新浇筑混凝土时，可将振动棒伸入未初凝的下层混凝土中 20～50 mm，使上、下结合密实。

⑥振捣器应避免碰撞钢筋、模板、芯管、吊环、预埋件或空心胶囊等，严禁触动预应力筋。

⑦模板上方有横向拉杆或其他情况必须斜插振动时，可以斜插振动，但其水平角不能小于 45°。

⑧插入式振动器插入的方向有两种：一种是垂直插入，另一种是斜向插入。各有其特点，可根据具体情况采用，使用垂直振捣较多。振动器的作用轴线，先后应相互平行；如不平行，可能出现漏振。

⑨插点的分布有行列式和交错式两种，对普通混凝土，插点的排列如图 3-4-23 所示。各插点的间距要均匀。图 3-4-23(a)为行列式排列，插点间距不大于 $1.5R$；对轻集料混凝土，则不大于 $1.0R$。图 3-4-23(b)为交错式排列，插点的距离不能大于 $1.75R$。R 为作用半径，其取决于振动棒的性能和混凝土的坍落度，可在现场试验确定，或参考表 3-4-5 采用。

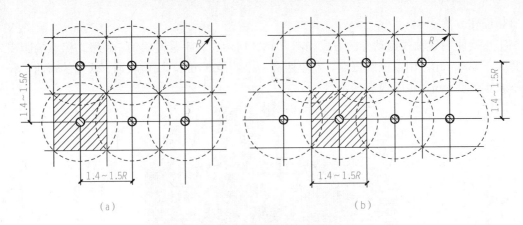

图 3-4-23 插点的分布

(a)插点行列式布置；(b)插点错列式布置

表 3-4-5 插入式振动器作用半径   mm

振动棒参数			混凝土坍落度		
直径	频率	振幅	150	100	50
38	8 000	2～3	150	120	100
60	8 000	1.8～2.0	250	200	170
60	12 000	0.2～1.5	500	350	220

⑩混凝土振捣时间要掌握好，如振捣时间过短，混凝土不能够充分捣实，时间过长，又可能使振动棒附近的混凝土发生离析。一般每一插点振动时间为 20～30 s，从现象上来判断，以混凝土不再显著下沉、基本上不再出现气泡、混凝土表面呈水平并出现水泥浆为合适。

⑪拔出振动棒的过程宜缓慢，以保证插点外围混凝土能及时填充插点留下的空隙。

（3）外部振动器。

1）外部振动器的构造和作用。外部振动器有两种形式，图 3-4-24（a）附着在模板上，又称附着式振动器，它通过螺栓或夹钳等固定在模板外部，利用偏心块旋转时产生的振动力，通过模板将振动传给混凝土拌合物，因而模板应有足够的刚度。其振动效果与模板的重量、刚度、面积以及混凝土结构构件的厚度有关，若配置得当，则振实效果好。外部振动器体积小、结构简单、操作方便、劳动强度低，但安装固定较为烦琐。适用于钢筋较密、厚度较小、不宜使用插入式振动器的结构构件。

图 3-4-24（b）所示为表面振动器，与附着式振动器构造原理相近。其主机为电动机，其转子主轴两端带有偏心块。当通电主轴旋转时，即带动电动机产生振动，也就带动安装在电动机底下的底板振动。振动力通过平板传给混凝土，由于其振动作用较小，仅适用于面积大且平整、厚度小的结构或构件，如楼板、地面、屋面等薄型构件，不适于钢筋稠密、厚度较大的结构件。

表面振动器也可用小功率电动机自制便携式平板振动器，用于浇筑薄壁构件，会取得很好的效果。

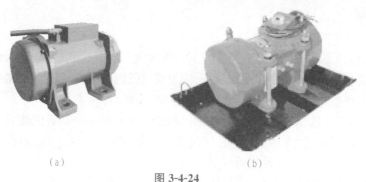

图 3-4-24
(a)附着式振动器；(b)表面振动器

2)平板振动器的选择。

①可按混凝土板的厚度选择所需平板振动器的频率。混凝土板较厚的所需的激振力较大；较薄的所需激振力较小。

②平板规格可按施工面积和操作人的体力选择。

③使用时应先进行试运转，试运转可在砂地或泥地试行，并检查是否绝缘良好。

3)外部振动器的操作方法。

①附着式外部振动器。附着式外部振动器的振动作用深度约为 250 mm。如构件尺寸较厚时，需在构件两侧安设振动器，同时进行振捣。当振捣竖向浇筑的构件，应分层浇筑混凝土，每层高度不宜超过 1 m。每浇筑一层混凝土需振捣一次，振捣时间应不少于 90 s，也不宜过长。待混凝土入模后方可开动振动器，混凝土浇筑高度要高于振动器安装部位。当钢筋较密或构件断面较深较窄时，也可采取边浇筑、边振动的方法。

振动时间和有效作用半径，由结构形状、模板坚固程度、混凝土坍落度及振动器功率大小等各项因素而定。一般每隔 1~1.5 m 的距离设置一个振动器。当混凝土呈一水平面且不再出现气泡时，可停止振动，必要时应通过试验确定。

②表面振动器。a. 由两人面对面拉扶表面振动器，顺着振动器运转的方向拖动。如逆向拖动，则费力且功效低。在每一个位置上应连续振动一定时间，正常情况下为 25~40 s，以混凝土表面均匀初选浮浆为准；b. 移动平板振动器时，按工程平面形状均匀应成排依次平行移动，振捣前进。前后相邻两行应相互搭接 20~50 mm，防止漏振。振动倾斜混凝土表面时，应由低处逐渐向高处移动，以保证混凝土振实；c. 表面振动器的有效作用深度，在无筋及单筋平板中约为 200 mm，达到后方可移动。大面积混凝土地面，可采用两台振动器，以同一方向安装在两条木杠上，通过木杠的振动使混凝土密实；d. 操作时，平板振动器不得碰撞模板，故边角捣实较困难，应用小口径插入式振动器补振，或用人工顺着模板边插捣，务求边角饱满密实，棱角顺直。

4. 混凝土捣实的观察。用肉眼观察振捣过的混凝土，具有下列情况者，便可认为已达到饱满密实的要求：(1)模板内混凝土不再下沉；(2)表面基本形成水平面；(3)边角无空隙；(4)表面泛浆；(5)不再冒出气泡；(6)模板的拼缝处，在外部有可见水迹。

(五)浇筑方法

1. 浇筑工艺的基本注意事项。现浇钢筋混凝土框架结构要合理划分施工段，一般以结构平面的变形缝分段。

2. 关于浇筑工艺的三个规律。

(1)"整体结构"的规律。混凝土现浇施工与钢或木结构有区别，它不是装配联结而成，而是通过浇筑成为一个整体结构，即混凝土施工层、段内的整体性。如框架结构，即每层的柱、梁、墙、楼盖、楼梯、阳台等共同组成一个整体。

(2)"先外后内"的规律。为了使角柱和角墙的模板正确定位，确保建筑物的外形。对柱、墙、梁的浇筑应遵循"先外后内"的浇筑顺序。如先浇筑内柱、梁和板，模板吸水膨胀，使模板支架变形，外柱、外墙内外倾斜。

(3)"先远后近"的规律。按照混凝土来料的方向，先供远，后供近。这样一是便于及时拆除浇筑脚手板；二是便于振捣；三是供料过多时，也便于回运。

3. 浇筑过程中的管理工作。混凝土施工的管理，关系到施工的安全、质量和进度的各个目标的实现。

(1)行走时不准踩踏钢筋，不得用竖向模板或模型支架支撑脚手板，脚手板应有独立的马凳或支座作支撑，更不得将钢筋骨架作为脚手板支撑。

(2)混凝土的钢筋骨架受混凝土浇筑的冲击，有移位的可能。要保证其位置的准确性，需要固定骨架的工具；钢筋的保护层垫块如有位移、松动或丢失，应及时恢复原状和补充。

(3)模板内的垃圾、废纸、竹木片等应清理干净，模板拼缝应密合。如有缝隙应在浇筑前妥善封堵。

(4)浇筑过程中应有专人巡视检查模板支撑系统是否稳定，有无变动或下沉等。若有问题应及时加固。

(5)浇筑进行中，应随时抽查新进场混凝土的工作性及强度的试件留样。如工作性有变异，应及时提出，由技术主管通知供应部门纠正。

(6)在现场设立挂牌制度。公布各工序的进度、质量、安全、应注意的问题，包括工程进度计划、模板、钢筋、预埋件等验收质量表。混凝土浇筑后，应在醒目位置标示初凝期、终凝期、养护期等具体日期，避免人为的质量事故。

4. 混凝土浇筑。

(1)柱、墙混凝土浇筑。柱(图3-4-25)、墙(图3-4-26)混凝土浇筑特点是截面面积小、工作面窄、构件高，浇筑时混凝土的倾落高度大、模板密封、观察困难、混凝土容易离析、振捣后的密实情况难以掌握。因此，应采取措施，确保混凝土振捣密实。

图 3-4-25 框架柱的浇筑

图 3-4-26 墙体的浇筑

1)浇筑宜在梁板模板安装完毕、钢筋未绑扎前进行，一遍利用梁板模板稳定柱、墙模，并作为柱、墙混凝土浇筑的操作平台。柱子开始浇筑时，底部先浇筑一层厚50～100 mm与所浇筑混凝土内砂浆成分相同的水泥砂浆。

2)用泵送或料斗投送或人工布料时，为避免混乱，每个操作点应专人专职布料。在上面振捣的同时，柱(或墙)下应安排人员用皮榔头敲击模板，判别柱(或墙)振捣是否密实、上下是否配合。有必要时，还可在柱模侧面设置附着式振动器配合振捣。

3)混凝土分层振捣的厚度，一般为振动棒作用长度的1.25倍，工程中常采用400 mm左右。

4)如泵送或吊斗布料的出口尺寸较大，而墙厚或柱的短边长度较小时，柱子断面在400 mm×400 mm以内。若有复合箍筋的柱子时，不可直接布料入模，避免拌合物散落在模外或冲击模具变形，应在柱或墙体的上口旁设置存料平台，先将混凝土卸在平台的拌板上，再用人工布料。

5)在浇筑时，模板外面应派专人看模，发现异常，应立即停止浇筑，经加固、校正模板后再继续浇筑。

6)混凝土浇筑成型后，粗集料下沉，在柱、墙上顶表面将出现浮浆层，则应加适量的干石子振捣密实。

7)当采用柱、墙、梁和板整体浇筑方案时，墙柱浇筑后应间隔1～1.5 h，使柱、墙混凝土得到初步沉实后，再浇筑梁、板混凝土。

(2)梁、板混凝土浇筑。梁和楼板是水平受弯构件。各种荷载由楼板传递至梁和框架梁，再传递至框架柱，是由上而下传递的。而混凝土浇筑程序则由下而上。先浇筑梁和梁柱节点，然后浇筑板(图3-4-27)。

图3-4-27　梁、板混凝土的浇筑

1)准备工作。

a. 先做好浇筑面标高的标志。有侧模板的梁或板可在侧板上用红色油漆做标记。在楼板中部可用移动式木橛头或角钢制作标高尺。

b. 浇筑工作不应在柱、墙浇筑后立即进行，应有一个间隙时间，待柱、墙混凝土沉实后，方可继续浇筑梁和楼板混凝土，或将其茬口作施工缝处理。

c. 根据现场实际情况，按"先远后近，先边后内"的规律安排交通运输或泵送方案，做到往返不同路、机具不碰撞的要求。

d. 在适中地点设置机具停放台、电源开关和工作台，便于指挥和监督。

e. 将模板及钢筋上的垃圾、油污清理干净，将模板洒湿；检查模板支架是否安全，模板如有缝隙，应及时做好填缝工作。

f. 按照混凝土浇筑方案，铺设浇筑脚手板。

h. 当采用泵送混凝土时，应铺设混凝土输送管，为了防止输送管的振动对结构钢筋骨架和钢筋网的影响，需在管下设置柔性支垫，一般可采用废车胎，5 m左右一根。

2)混凝土浇筑。

a. 梁和板一般同时浇筑，浇筑时从一端开始向前推进。先将梁的高度分层浇筑成阶梯形向前推进，当达到板底位置时即与板底的混凝土一起浇捣，随着阶梯形的不断延长，则可继续向前推进；当梁高大于 1 m 时，可先浇筑梁至板底位置，间隔一段时间，待混凝土沉实后，继续浇筑梁顶和板。

b. 无梁楼盖的浇筑：在离柱帽下 50 mm 处暂停，然后分层浇筑柱帽，下料时必须对准柱帽中心，待混凝土接近楼板底面时即可连同楼板一起浇筑。大面积楼板浇筑可采取划分条段，由一端向另一端进行。

c. 浇筑时应保证钢筋网和钢筋骨架保护层垫块的数量和完好性。不允许采用先布料后提筋网的办法代替留置保护层的做法。钢筋工应设专人看筋，发现钢筋移位、垫块坐落等情况及时处理。

d. 人工布料和振捣时，可先用赶浆振捣法浇筑梁，再用带浆振捣法浇筑楼板。并应分层浇筑，第一层浇至一定距离后再回头浇筑第二层，呈阶梯状前进。

e. 用小车或料斗布料时，混凝土宜卸在主梁或少筋的楼板上，不应卸在边角或有负筋的楼板上。避免因卸料或摊平堆而致使钢筋位移。

f. 用小车或料斗布料时，因在运输途中振动，拌合物中可能集料下沉、砂浆上浮；或搅拌运输车卸料不均，均可能使拌合物造成"这车浆多、那车浆少"的现象。此时，操作员应注意调节，卸料时不应叠高，而是用一车压半车，或一斗压半斗，做到卸料均匀。

g. 堆放的拌合物，可先用插入式振动器摊平，再用平板振动器或人工进行振捣。用平板振动器振动平板，要注意电动机功率不宜过大；平板尺寸应稍大；要有专人检查模板支撑系统的安全性。用平板振动器振动楼板，适宜于来料较频、楼板面积较大、模板支撑系统较牢固等条件下使用。

h. 梁柱交接部位及主次梁交接处或梁的端部是钢筋密集区。由于钢筋密集，为防止粗集料不沉下去，必要时该处采用部分同等强度的细石混凝土，与此同时，采用叉式振动器或辅以人工振捣。

梁底与梁侧面注意振实，振动器不要直接触及钢筋和预埋件。楼板的混凝土虚铺厚度应略大于板厚，用表面振动器或内部振动器振实，用铁插尺检查混凝土厚度，振捣完后用长的木抹子抹平。

i. 反梁的浇筑：反梁的模板通常采用吊模支撑，用钢筋将反梁的侧模板支设在楼板面上。同时浇筑反梁与楼板的混凝土时，因反梁的混凝土仍处在塑性状态，将向下流淌并形成断脖子现象。为此先浇筑反梁下楼板的混凝土，其表面保持凹凸不平。待楼板混凝土至初凝前，在出搅拌机后 40～60 min，再继续按分层布料、浇筑反梁混凝土，振捣时插入式振动棒应伸入楼板混凝土 30～50 mm，使前后混凝土紧密凝结成为一体。

j. 斜梁、斜向构件和斜向层面的浇筑应控制混凝土的坍落度，一般小构件或板厚不超过 100 mm 的，可采用人工布料和振捣时，混凝土的坍落度不宜大于 50 mm，可以不必覆盖上部模板，但必须注意保湿养护。较大斜向梁或板，应设置上部模板，并留置浇筑口。

（3）其他构造的浇筑。

1）楼梯。楼梯是由上、下两个楼层的梯梁支撑的斜向构件。其特征是外形复杂、模板多样、预埋件多、操作位置狭窄，且只能手工操作，是一项耗工量多而工程量小的结构项目。浇筑时应注意以下几点：

a. 浇筑工作是在上层的梁和板完成后开始，其所需的拌合物由上层传来，但浇筑方向是由下向上。

b. 送料方法一般是由吊机料斗或小车送来，再转入小铁桶下送。

c. 多用手工捣插。如用小型插入式振捣器，只能斜插短振，避免流淌。此时应注意踢板与踢板之间的阴阳角必须饱满，如有某处缺损，将来补贴很难。踏板面标高要求准确，表面要平。

d. 预埋件通常有栏杆预埋螺栓、防滑条螺栓，要求较高的有地毡环、照明盒和装饰线板等。这些预埋件位置要求准确，宜与钢筋焊接定位，振捣时应注意定位。

e. 楼梯梯段施工缝宜设置在梯段板跨度端部 1/3 的范围内。

f. 注意保湿养护，养护期间加铺木板或麻袋片以保护踏板的完好性。养护期间，不宜用来作搬运材料的通道。竖向踢板的模板可推迟至做抹面工作时再拆模。混凝土强度达到设计强度的 70％以上方可拆模。拆模后仍保留用麻袋片覆盖，避免损伤踏板。

2)悬臂构件。悬臂构件有阳台、雨篷、屋檐、天沟等。有板式和梁式两种，简称悬臂板或悬臂梁，悬臂构件的受力钢筋都配置在上部，因此，在施工时绝不能将上部的主受力筋踩低或损坏。否则，悬臂构件将因承载力不足而致破坏。悬臂构件的浇筑工艺如下：

a. 模板的支撑必须牢固。为防止浇筑时踩乱钢筋，不允许站在模板上操作。如有必要，可在模板上加设马凳，再铺上板子后操作。

b. 浇筑顺序：先平衡构件，再支点、后悬臂，即先内后外。应充分振捣密实。

c. 浇筑完毕后，应加强覆盖养护，同时用围栏隔离与外界的交通往来，不允许作为运输材料的通道。

d. 注意悬臂构件应向外排水，排水坡应在浇筑时已形成雏形，拆模后再做好抹面层。

e. 拆模时间：悬臂构件混凝土强度达到设计强度的 100％时才允许拆模。拆模以后，悬臂构件不得放置材料或机具。

(六)施工缝的设置与处理

混凝土结构多要求整体浇筑，如因技术或组织上的原因不能连续浇筑时，且停顿时间有可能超过规定的间歇时间时，混凝土初凝，则应事先确定在适当位置留置施工缝。它不同于伸缩缝和沉降缝，伸缩缝和沉降缝是结构设计确定的缝，是开口的、分离的缝。施工缝是施工过程中因作业需要或由于工序搭接不得已而临时留置的、是新旧混凝土之间互相连接的闭合缝。施工缝处的混凝土浇筑时间有前后，凝结期不同，施工关键是使新旧混凝土的连接良好，以保证结构的整体性。

1. 施工缝的设置。混凝土施工缝不应随意留置，其位置应事先在施工技术方案中确定。确定施工缝的原则是：尽可能留置在结构剪力较小且便于施工的部位。不同构件施工缝的留设应符合下列规定：

(1)水平施工缝留设位置。

1)柱、墙施工缝可留设在基础、楼层结构顶面，柱施工缝与结构上表面的距离宜为 0～100 mm，墙施工缝与结构上表面的距离宜为 0～300 mm；柱、墙施工缝也可留设在楼层结构底面，施工缝与结构下表面的距离宜为 0～50 mm；当板下有梁托时，可留设在梁托下 0～20 mm；高度较大的柱、墙、梁以及厚度较大的基础，可根据施工需要在其中部留设水平施工缝；当因施工缝留设改变受力状态而需要调整构件配筋时，应经设计单位确认。

2)特殊结构部位留设水平施工缝应经设计单位确认。

(2)竖向施工缝留设位置。

1)有主次梁的楼板施工缝应留设在次梁跨度中间 1/3 范围内；

2)单向板施工缝可留设在与跨度方向平行的任何位置；

3)楼梯梯段施工缝宜设置在梯段板跨度端部 1/3 范围内；

4)墙的施工缝宜设置在门洞口过梁跨中 1/3 范围内，也可留设在纵、横墙交接处；

5)后浇带留设位置应符合设计要求；

6)特殊结构部位留设竖向施工缝应经设计单位确认。

(3)施工缝留设界面，应垂直于结构构件和纵向受力钢筋。结构构件厚度或高度较大时，施工缝界面宜采用专用材料封挡。

(4)混凝土浇筑过程中，如因特殊原因需临时设置施工缝时，施工缝留设应规整，并宜垂直于构件表面，必要时可采取增加插筋、事后修凿等技术措施。

2. 施工缝的处理。在施工缝处继续浇筑混凝土时，应符合下列规定：

(1)在施工缝处继续浇筑混凝土时，应除掉水泥浆膜和松动石子，如用模板成型的槎口，或接槎面较为平整时，应将表面凿毛，凹凸差应大于 6 mm，并用清水冲洗干净。先铺抹一层水泥砂浆或与混凝土砂浆成分相同的砂浆，待已浇筑的混凝土的抗压强度不低于 1.2 MPa 时才允许继续浇筑，接槎的新混凝土，其强度及配合比成分必须与已浇混凝土完全相同。

(2)注意施工缝附近钢筋，应做到钢筋周围的混凝土不受松动和损坏。钢筋上的油污、水泥砂浆及浮锈等杂物也应清除。

(3)浇筑前，水平施工缝宜先铺 10～15 mm 厚的一层水泥砂浆，其配合比与混凝土内的砂浆成分相同。

(4)从施工缝处开始继续浇筑新混凝土时，不宜先在接槎面下料，可由远及近地向施工缝处逐渐推进接近接槎面。浇灌饱满后才开始振捣，继续原程序操作，使新旧混凝土成为整体结构。

(5)新浇混凝土终凝后，按规定要求进行保湿养护。

(七)预埋件和预留孔洞

混凝土中预埋件和预留孔洞的种类和数量繁多、有钢制品、木制品和混凝土预制品；从项目看，有门窗框、上下水管及其他管道、强弱电管线、各种设备的预埋件或连接件及消防、暖、通、空调等预留孔洞。要求埋置位置准确、有方向性、密封性、绝缘性和牢固性等，在施工时切不可因其小而轻率操作。

预埋件通常由模板工、钢筋工、相关专业工种安装，或是在浇筑工程中由混凝土工安放，并及时用混凝土埋置。不论使用哪种方法，在安装时必须达到设计的各种要求。其操作要点如下：

1. 预埋件的制作和检查。

(1)在混凝土表面平埋的钢板，其短边的长度大于 200 mm 时，应在中部加开排气孔。

(2)当预埋件为木制品时，应选用干透木材，如属重要件，应先做防腐处理；当为木砖时，其外形应为楔形，或在木砖的两侧加钉锚固用的铁钉，以免松动。

(3)带有螺丝牙的预埋件，其外露螺牙部分应先用黄油涂满，再用韧性纸或薄膜包裹保护，用时方可剥除，以免被砂浆涂粘。

2. 预埋件浇筑方法。

(1)埋置平面钢板件：钢板的锚固，其锚固筋应与混凝土内的钢筋焊接牢固。如某些构件面上无钢筋时，可先将预埋件固定在板条上，再将板条钉牢在侧模板上，方可进行浇筑。

混凝土浇筑至距预埋钢板约为 30 mm 时，可用坍落度较小的混凝土将钢板底部填满，插捣密实，方可继续浇筑外围混凝土。边布料、边振捣，直至敲击钢板无空鼓声，说明钢板底已饱满。再将外围混凝土按设计标高抹平。

(2)埋置立面钢板：是预埋在柱上的竖向钢板。其锚固筋应与柱的主筋焊接。并加装撑筋，使钢板面与模板紧贴，以免内缩而影响安装质量。

(3)埋置垂直管道的设计有两种：一是直接埋置永久性管道；二是先埋置外套管，以后再安装永久性管道。两者的混凝土浇筑操作方法是相同的。

首先，浇筑振捣工作应从管道外围楼板面开始，逐步向管道靠拢。接近管道时在其外围加筑一道高宽约为 30 mm 的与楼板成一体的挡水埂，可防止地面水从管处渗漏。

(4)埋置水平或有小坡度的管道时，应先浇筑管道底部的混凝土，浇至底部标高后再安装管道，如有流水降坡，应按比例作临时固定。进行浇筑时，可先在管道面上布料压定管道，提高其稳定性，然后再在两侧布料振捣，振捣时应注意管道的定位，防止浮起或移位。

(5)门框的预埋位置，通常已由模板工安装及固定好。浇筑时应注意其前后左右四向的垂直度，其浇筑的技巧是两侧的布料和振捣力度必须对称，避免门框上浮，避免门框弯曲变形，重点避免下部变窄。

(6)窗框和其他在墙中预留的孔洞模板，最常见的安装方法是在混凝土浇筑至窗台标高或孔洞模板底板标高时再进行安装，以保证预埋件的标高准确。

五、混凝土的养护与拆模

(一)混凝土养护的基本要求

混凝土浇捣后逐渐凝结硬化，是水泥水化作用的结果，水化作用需要适当的温度和湿度条件。因此，为了保证混凝土有适宜的硬化条件，使其强度不断增长，必须对混凝土进行养护。混凝土养护的目的：一是创造各种条件使水泥充分水化，加速混凝土硬化；二是防止混凝土成型后因暴晒、风吹、干燥、寒冷等环境因素影响而出现不正常的收缩、裂缝及破损等现象。养护条件对于混凝土强度的增长有重要影响。在施工过程中，应根据施工的具体情况，制定合理的施工技术方案，采取有效的养护措施，保证混凝土强度的正常增长。混凝土的养护方法分为自然养护和加热养护两种。主体结构混凝土养护均为自然养护。

(二)混凝土养护

混凝土浇筑后应及时进行保湿养护，保湿养护可采用洒水、覆盖、喷涂养护剂等方式。养护方式应根据现场条件、环境温湿度、构件特点、技术要求、施工操作等因素确定。

1. 混凝土的养护时间。

(1)采用硅酸盐水泥、普通硅酸盐水泥或矿渣硅酸盐水泥配制的混凝土，不应少于7 d；采用其他品种水泥时，养护时间应根据水泥的性能确定；

(2)采用缓凝型外加剂、大掺量矿物掺合料配制的混凝土，不应少于14 d；

(3)抗渗混凝土、强度等级在 C60 及以上的混凝土，不应少于14 d；

(4)后浇带混凝土的养护时间不应少于14 d；

(5)地下室底层墙、柱和上部结构首层墙、柱，宜适当增加养护时间；

(6)大体积混凝土的养护时间应根据施工方案确定。

2. 洒水养护。

(1)洒水养护宜在混凝土的裸露表面覆盖麻袋或草帘后进行，也可采用直接洒水、蓄水等养护方式；洒水养护应保证混凝土表面处于湿润状态；浇水工具可随混凝土龄期而变动，对覆盖物的淋水可用淋花壶，保证混凝土表面的完整；翌日，即可改用胶管浇水。浇水次数应以保证混凝土表面保持湿润为度。

(2)当日最低温度低于 5 ℃时，不应采用洒水养护。

3. 覆盖养护。

(1)覆盖养护宜在混凝土裸露表面覆盖塑料薄膜(图 3-4-28)、塑料薄膜加麻袋、塑料薄膜加草帘进行；

(2)塑料薄膜应紧贴混凝土裸露表面，塑料薄膜内应保持有凝结水；

(3)覆盖物应严密，覆盖物的层数应按施工方案确定。

图 3-4-28 塑料薄膜覆盖养护

4. 喷涂养护剂养护。

喷涂养护时有一种先进的养护方法，是在混凝土表面喷一层养护薄膜，使混凝土内部的蒸发水不能外逸，可用于任何形状的构件，也适合于竖向结构、外形复杂的构件。喷膜时尽可能一次完成。

(1)应在混凝土裸露表面喷涂覆盖致密的养护剂进行养护(图 3-4-29)；

(2)养护剂应均匀喷涂在结构构件表面，不得漏喷；养护剂应具有可靠的保湿效果，保湿效果可通过试验检验；

(3)喷涂养护的有关要求。

a. 选用成膜养护剂时应考虑下列因素：①低温环境下不能用水玻璃类养护剂；②在强烈阳光地区不宜选用透明性高的养护剂；③对竖向构件、外型复杂或深梁构件的侧面，不宜选用流淌性大的养护剂。

图 3-4-29　喷膜养护

b. 一般喷涂两遍。第一遍喷涂应在混凝土初凝以后。表面如有泌水应将其吸干，用手指轻压无指印时，便可喷涂。第二遍喷涂是在第一次成膜后 20～60 min 时间内，用手指轻压第一次喷涂的膜，如不粘手时，便可第二遍喷涂。第二遍喷涂的路线，应与第一遍的路线相垂直。

c. 喷涂时，喷嘴距离混凝土面 300～600 mm，其要求应视养护剂的浓度以及喷射力而定，以能成为雾状为佳。

d. 喷膜后，应挂牌说明，并拉绳栏保护，任何人不准在混凝土面上行走、作业或堆放任何料具。

5. 基础大体积混凝土裸露表面应采用覆盖养护方式；当混凝土浇筑体表面以内 40～100 mm 位置的温度与环境温度的差值小于 25 ℃时，可结束覆盖养护。覆盖养护结束但尚未达到养护时间要求时，可采用洒水养护的方式直至养护结束。

6. 柱、墙混凝土养护方法应符合下列规定：

(1)地下室底层和上部结构首层柱、墙混凝土带模养护时间，不应少于 3 d；带模养护结束后，可采用洒水养护的方式继续养护，也可采用覆盖养护或喷涂养护剂养护方式继续养护；

(2)其他部位柱、墙混凝土可采用洒水养护，也可采用覆盖养护或喷涂养护剂养护。

7. 混凝土强度达到 1.2 MPa 前，不得在其上踩踏、堆放物料、安装模板及支架。

8. 同条件养护试件的养护条件应与实体结构部位养护条件相同，并应妥善保管。

9. 施工现场应具备混凝土标准试件制作条件，并应设置标准试件养护室或养护箱。标准试件养护应符合国家现行有关标准的规定。

六、混凝土的质量检查

混凝土结构施工质量检查可分为过程控制检查和拆模后的实体质量检查。过程控制检查应在混凝土施工全过程中，按施工段划分和工序安排及时进行；拆模后的实体质量检查应在混凝土表面未作处理和装饰前进行。

(一)混凝土施工质量检查

1. 混凝土浇筑前检查内容。混凝土浇筑前应检查混凝土送料单，核对混凝土配合比，确认混凝土强度等级，检查混凝土运输时间，测定混凝土坍落度，必要时还应测定混凝土扩展度。

2. 混凝土结构施工过程中的检查项目。

(1)模板：

1)模板及支架的位置、尺寸；

2)模板的变形和密封性；

3)模板涂刷脱模剂及必要的表面湿润；

4)模板内杂物清理。

(2)钢筋及预埋件：

1)钢筋的规格、数量；

2)钢筋的位置；

3)钢筋的混凝土保护层厚度；

4)预埋件规格、数量、位置及固定。

(3)混凝土拌合物：

1)坍落度、入模温度等；

2)大体积混凝土的温度测控。

(4)混凝土施工：

1)混凝土输送、浇筑、振捣等；

2)混凝土浇筑时模板的变形、漏浆等；

3)混凝土浇筑时钢筋和预埋件位置；

4)混凝土试件制作；

5)混凝土养护。

3. 混凝土结构拆除板后检查项目。

(1)构件的轴线位置、标高、截面尺寸、表面平整度、垂直度；

(2)预埋件的数量、位置；

(3)构件的外观缺陷；

(4)构件的连接及构造做法；

(5)结构的轴线位置、标高、全高垂直度。

4. 混凝土结构施工的质量检查要求。

(1)检查的频率、时间、方法和参加检查的人员，应根据质量控制的需要确定；

(2)施工单位应对完成施工的部位或成果的质量进行自检，自检应全数检查；

(3)混凝土结构施工质量检查应做出记录；返工和修补的构件，应有返工修补前后的记录，并应有图像资料；

(4)已经隐蔽的工程内容，可检查隐蔽工程验收记录；

(5)需要对混凝土结构的性能进行检验时，应委托有资质的检测机构检测，并应出具检测报告。

(二)混凝土强度的抽样检测

混凝土质量检查，主要指混凝土的立方体抗压强度检查。混凝土的抗压强度应以标准立方体试件，在标准条件下养护 28 d 后测得的具有 95% 保证率的抗压强度。

混凝土制备和浇筑过程中对原材料的质量、配合比、坍落度等的抽样检查，每一工作至少检查两次，如遇特殊情况还应及时进行抽查。混凝土的搅拌时间应随时检查。

1. 混凝土强度的抽样。结构混凝土的强度等级必须符合设计要求。用于检查结构混凝土强度的试件，应在浇筑地点随机抽取。

预拌混凝土出厂检验应在搅拌地点取样；混凝土交货检验应在交货地点取样，交货检验试样应随机从同一运输车卸料量的 1/4～3/4 之间抽取。

(1)每拌制 100 盘且不超过 100 m³ 的同配合比的混凝土，取样不少于 1 次；

(2)每工作班拌制的同配合比混凝土不足 100 盘时，取样不少于 1 次；

(3)当一次连续浇筑超过 1 000 m³ 时，同一配合比的混凝土每 200 m³ 取样不得少于一次；

(4)每一楼层中同一配合比的混凝土，取样不得少于 1 次；

(5)每次取样应不少于留置一组标准养护试件，同条件养护试件的留置组数应根据实际需要确定。

2. 混凝土强度代表值的确定。

(1)取 3 个试件试验结果的平均值作为该组试件强度代表值；

(2)当 3 个试件中的最大或最小的强度值与中间值相比超过 15% 时，以中间值代表该组试件强度；

(3)当 3 个试件中的最大和最小的强度值与中间值相比均超过 15% 时，该组试件不应作为强度评定的标准。

3. 混凝土强度检验评定。

(1)混凝土的强度应分批进行验收，一个验收批的混凝土应由相同的强度等级、相同的龄期及生产工艺和配合比基本相同的混凝土组成。同一验收批的混凝土强度，应以同批内标准试件全部强度的代表值来评定。

(2)当混凝土的生产条件在较长时间内能保持一致，且同一品种混凝土的强度变异性能保持稳定时，应由连续的三组试件代表一个验收批。

(3)当混凝土的生产条件不能满足上述规定，或在前一检验期内的同一品种混凝土没有足够的强度数据，按规范规定的公式计算确定。

如果对混凝土试件强度的代表性有怀疑，可采用非破损检验方法或从结构构件中钻取芯样的方法，按有关标准的规定，对结构构件中的混凝土强度进行推定，作为是否应进行处理的依据。混凝土现场检测抽样有回弹法、超声波回弹综合法及钻芯法等检测混凝土抗压强度。

七、混凝土工程施工常见的质量通病及处理

（一）外观缺陷的预防和处理（表3-4-6）

表 3-4-6　外观缺陷的预防和处理

名称	产生原因	预防措施	处理方法
麻面	模板表面粗糙或清理不干净，粘有干硬水泥砂浆等杂物，拆模时混凝土表面被粘损，出现麻面； 木模板在浇筑混凝土前没有浇水湿润或湿润不够，浇筑混凝土时，与模板接触部分的混凝土水分被模板吸去，致使混凝土表面失水过多，出现麻面； 钢模板脱剂不均匀或局部漏刷，拆模时混凝土表面粘结模板缝，引起麻面模板缝拼装不严密，浇筑混凝土时缝隙漏浆，使混凝土表面沿模板缝位置出现麻面； 混凝土振捣不密实，混凝土中的气泡并未排出，一部分气泡停留在模板表面，成麻点	模板清理干净，不得粘有干硬水泥等杂物； 木模板在使用前，应充分湿润，不留积水，保证模板拼缝严密； 钢模板要均匀涂刷隔离剂，不得漏刷； 混凝土必须均匀振捣密实，严防漏振；每层混凝土应振捣至气泡排出为止	结构表面作粉刷的，可不处理； 表面无粉刷的，应在麻面部分浇水充分湿润后，用水泥素浆或1∶2水泥砂浆抹平压光
露筋	浇筑混凝土时，钢筋保护层垫块发生位移，或垫块太少或漏放，致使钢筋紧贴模板； 钢筋混凝土构件截面小，钢筋过密，石子卡在钢筋上，使水泥砂浆不能充满钢筋周围，造成露筋； 混凝土配合比不当，产生离析，靠模板部位缺浆或模板露筋； 混凝土保护层太薄，或保护层处混凝土漏振或振捣不实，或振捣棒撞击钢筋或踩踏钢筋，使钢筋位移，造成露筋； 木模板未浇水湿润，吸水粘结或脱模过早，拆模时缺棱、掉角，导致露筋	浇筑混凝土前，应保证钢筋位置和保护层厚度正确，并加强检查和修正； 钢筋密集时，应选用适当粒径的石子，保证混凝土配合比准确和良好的和易性； 板应充分湿润并认真堵好缝隙，混凝土振捣时严禁撞击钢筋，以防钢筋移位，在钢筋密处，可采用刀片或振动棒进行振捣； 操作时，避免踩踏钢筋，如有踩弯或脱扣等及时调直修正； 保护层混凝土要振捣密实，正确掌握脱模时间，防止过早拆模，碰坏棱角	表面露筋：刷洗净后，在表面抹1∶2或1∶2.5水泥砂浆，将露筋部位抹平； 露筋较深：凿去薄弱混凝土和凸出颗粒，洗刷干净后，用比原来高一级的细石混凝土填塞压实并认真养护

续表

名称	产生原因	预防措施	处理方法
蜂窝	混凝土配合比不当或砂、石子、水泥材料、加水量计量不准，造成砂浆少，石子多； 混凝土搅拌时间不够，未搅拌均匀，和易性差，振捣不密实； 未按操作规程浇筑混凝土，下料不当或下料过高，混凝土未分层下料，振捣不实或漏振，或振捣时间不够； 模板缝隙未堵严，水泥浆流失； 钢筋较密，使用的石子粒径过大或坍落度过小； 基础、柱、墙根部未稍加间歇就继续浇上层混凝土等	严格控制混凝土的配合比，经常检查，做到计量准确； 混凝土拌和均匀，坍落度合适； 模板缝隙应堵塞严密，浇筑中应随时检查模板支撑情况，防止滑浆，基础、柱、墙根部应在下部浇完间歇1～1.5 h，沉实后浇上部混凝土，避免出现"烂脖子"	小蜂窝：洗刷干净后，用1∶2或1∶2.5水泥砂浆抹平压实； 较大蜂窝：将松动石子和凸出颗粒剔除，刷洗干净，用高一级的细石混凝土封闭后，再进行水泥压浆处理
孔洞	由于混凝土捣空，砂浆严重分离，石子成堆，砂子和水泥的分离而产生孔洞，另外，混凝土受冻，泥块、杂物掺入等，都会形成孔洞	在钢筋密集处及复杂部位，采用细石子混凝土浇筑，使混凝土充满模板，并认真分层振捣密实； 预留孔洞应在两侧同时下料，侧面加开浇筑口； 采用正确的振捣方法，防止漏振。若砂、石中混有黏土块、模板工具等杂物掉入混凝土内，应及时清除干净	对混凝土孔洞的处理，通常要经有关单位共同研究，制定补强方案，经批准后方可处理； 一般是将孔洞周围的松散混凝土和软弱浆膜凿除，用压力水冲洗，支设带托盒的模板，洒水充分湿润后，用同强度等级的细石混凝土仔细浇筑捣实； 对浇筑混凝土梁柱的孔洞，可在梁底用支撑支牢，将孔洞处不密实的混凝土和凸出的石子颗粒剔凿掉，然后用比原混凝土高一级的细石混凝土浇筑
缝隙夹层	在浇筑混凝土前没有认真处理施工缝表面或浇筑时振捣不够； 施工缝处锯屑、泥土、砖块等杂物未清除或未清除干净	认真按施工验收规范要求处理施工缝及变形缝表面，接缝处锯屑、泥土、砖块等杂物应清理并洗净； 浇筑前，施工缝应先浇5～10 mm原配合比无石子砂浆，利于其结合良好，并加强接缝处混凝土的振捣密实	缝隙夹层不深时，可将松散混凝土凿去，洗刷干净后，用1∶2或1∶2.5水泥砂浆强力填嵌密实； 缝隙夹层较深时，应清除松散部分和内部夹杂物，用压力水冲洗干净后支模，强力灌细石混凝土或将表面封闭后进行压浆处理
缺棱掉角	混凝土浇筑前模板未充分湿润，造成棱角处混凝土中水分被模板吸去，水化不充分，强度降低，拆模时棱角损坏； 常温施工时，拆模过早或拆模后保护不当造成棱角损坏	木模板在浇筑前应充分湿润，浇筑后应认真浇水养护； 拆模时混凝土应达到足够的强度，且用力不要过猛，避免破坏表面和棱角	缺棱、掉角较小时，可将该处用钢丝刷刷净，清水冲洗充分湿润后，用1∶2或1∶2.5的水泥砂浆抹补修正； 掉角较大时，将松动石子和凸出颗粒剔除，刷洗干净，然后支模用高一级的细石混凝土仔细填塞捣实，加强养护

(二)外形规格偏差的预防与处理(表 3-4-7)

表 3-4-7　外形规格偏差的预防与处理

名称	现象	原因	预防措施	处理方法
位移	基础中心线对定位轴线的位移，墙、梁、柱轴线的位移，以及预埋件等的位移超过允许偏差值	模板及预埋件的支设和固定不牢固，以至混凝土振捣时产生位移；放线误差过大，没有及时校正、核对或调整等；门窗洞口模板及预埋件固定不牢靠，混凝土浇筑、振捣方法不当，造成门洞口和预埋件产生较大的位移	模板固定要牢靠，以控制模板在混凝土浇筑时不致产生较大水平位移；位置线要弹准确，要及时调整误差，以消除误差累积，并及时检查、核对，保证施工误差不超过允许偏差值；门洞口模板及各种预埋件位置和标高应符合设计要求，检查合格后，方能浇筑混凝土；洞口两侧混凝应对称均匀浇筑和振捣；混凝土振捣时，不得振动钢筋、模板及预埋件，以免模板变形或预埋件位移和脱落	凡偏差值不影响结构施工质量要求的，可不进行处理；如只需进行少量局部剔凿和修补处理时，应适时整修。一般可用 1∶2 或 1∶2.5 水泥砂浆或比原混凝土高一级的细石混凝土进行修补；若偏差值影响结构施工质量要求的，应会同有关部门研究处理方案后，再进行处理
板面不平整	混凝土板的厚度不均匀，表面不平整	主要原因是振捣方式和表面处理不当，以及模板变形或模板支撑不牢引起的。另外，混凝土尚未达到规定强度就上人操作，使板面出现凹坑和印迹	浇筑混凝土板式振动器振捣，其有效振动深度为 20~30 cm。大面积混凝土应分段振捣，相邻两段之间应搭接振捣 3~5 cm；混凝土浇筑后 12 h 以内，应进行覆盖浇水养护。必须在混凝土强度达到 1.2 MPa 以后，方可在已浇筑的结构上走动；混凝土模板应有足够的强度、刚度和稳定性，支撑部分必须安装在坚实的地基上，并有足够的支撑面积，以保证结构不发生过量下沉；在浇筑混凝土过程中，如发现模板有变形应立即停止浇筑，并在混凝土凝结前修整加固	不影响施工质量的，一般可不处理

续表

名称	现象	原因	预防措施	处理方法
变形	柱、墙、梁等混凝土外形竖向变形和表面平整度超过允许偏差值	主要原因是模板的安装和支撑不好，或模板本身的强度和刚度不够。此外，混凝土浇筑时不按操作规程浇筑，也会造成跑模或较大变形	支架的支撑部分和大型竖向模板必须安装在坚实的地基上，并有足够的支撑面积，以保证结构不发生下沉； 柱模板外面应设置柱箍，底部的柱箍加密； 浇筑前应仔细检查模板尺寸和支撑是否牢固，螺栓是否锁紧，发现问题及时处理； 浇筑时，每排柱子应由外向内对称顺序进行，不得由一端向另一端推进，防止柱子模板倾斜； 板墙浇筑混凝土应按要求分层浇筑	竖向偏差、表面平整超过允许值较小，不影响结构工程施工质量时，一般可不处理； 竖向偏差值超过允许值较多，影响结构工程质量要求时，应在拆模检查后，根据具体情况把偏差值较大的混凝土剔除，返工重做

(三)内部缺陷的预防与处理(表3-4-8)

表 3-4-8　内部缺陷的预防与处理

名称	现象	产生原因	预防措施	处理方法
强度不够均值性差	指同批混凝土试块的抗压强度平均值低于设计要求强度等级； 一组试件中的最大或最小的强度值相比超过15%	混凝土原材料问题：水泥过期或受潮结块，活性降低；砂、石集料级配不好，空隙大，含泥量大，杂物多；外加剂使用不当，掺量不准确等原因造成混凝土强度不足； 配合比设计问题：不用试验室规定的申请配合比，随便套用混凝土配合比；计量工具陈旧或维修管理不好，精度不合格；砂、石、水泥不认真过磅，计量不准确等有可能导致混凝土强度不足； 搅拌操作问题：施工中随意加水，使水胶比增大；配合比以重量折合体积比，造成配合比称料不准；混凝土加料顺序颠倒，搅拌时间不够，拌和不匀，以上均能导致混凝土强度的降低； 现场浇捣问题：主要是施工中振捣不实及发现混凝土有离析现象时，未能及时采取有效措施来纠正； 养护问题：养护管理不善，或养护条件不符合要求，在同条件养护时，早期脱水或受外力破坏；冬期施工，拆模过早或早期受冻，以上均能造成混凝土强度低落	水泥应有出厂合格证，并对其品种、等级、包装、出厂日期等进行检查验收；过期水泥试验合格后才可用； 砂、石子粒径、级配、含泥量等应符合要求，严格控制混凝土配合比，保证计量准确； 混凝土应按顺序拌制，保证搅拌时间和拌匀； 防止混凝土早期受冻，冬期施工用硅酸盐水泥配制的混凝土，在遭受冻结前，应达到强度在30%以上；矿渣水泥配制的混凝土，应达到设计强度在40%以上； 按要求认真制作混凝土试块，并加强对试块的养护	混凝土强度偏低，可用非破损检验方法来测定混凝土的实际强度； 当混凝土强度偏低且不能满足要求时，可按实际强度校核结构的安全度，研究处理方案，采取相应的加固或补强措施

续表

名称	现象	产生原因	预防措施	处理方法
保护性能不良	当混凝土结构的保护层被破坏或混凝土保护性能不良时，钢筋会发生锈蚀。铁锈膨胀引起混凝土开裂	钢筋混凝土保护层严重不足，或在施工时形成的表面缺陷，如掉角、露筋、蜂窝、孔洞、裂缝等没有处理或处理不当，在外界条件下使钢筋锈蚀； 混凝土内掺入了过量的氯盐外加剂，造成钢筋锈蚀，致使混凝土沿钢筋位置产生裂缝，锈蚀的发展使混凝土剥落而露筋	混凝土表面缺陷应及时进行修补，并应保证修补质量； 冬期施工时，钢筋混凝土中氯盐掺量不得超过水泥重量1%，掺氯盐混凝土必须振捣密实，并且不宜采用蒸汽加热养护； 不得在钢筋混凝土结构中掺加氯盐	混凝土裂缝可用环氧树脂灌缝； 对锈蚀钢筋，应彻底清除锈蚀，凿除不良混凝土，用清水冲洗，再用比原混凝土高一级的细石混凝土浇捣并养护； 大面积的钢筋锈蚀所引起的裂缝，必须会同设计等单位研究处理方案，经批准后再进行处理

(四)裂缝的分类及产生的原因

混凝土结构、构件在施工过程中，由于各种原因，在结构、构件上产生纵向的、横向的、斜向的、竖向的、水平的、表面的、深进的或贯穿的各类裂缝。裂缝的深度、部位和走向随生产的原因而异，裂缝宽度、深度和长度不一，无一定规律，有的受温度变化的影响而发生闭合或扩大。

1. 各种类型的裂缝。

(1)干缩裂缝。干缩裂缝为表面性的，感度多为 0.05～0.2 mm。其走向纵、横交错，没有规律性。较薄的梁、板类构件，多沿短方向分布；整体性结构多发生在结构变截面处；这类裂缝一般在混凝土经一段时间的露天养护后，在表面或侧面出现，并随温度和湿度变化而逐渐发展。

干缩裂缝产生的原因主要是混凝土经风吹暴晒，养护不及时造成脱水、强度低、混凝土内外的不均匀收缩，引起混凝土表面开裂；或由于混凝土体积收缩受到地基或垫层的约束，而出现干缩裂缝；或由于用木模浇制的结构或构件，浇筑混凝土前模板未浇水湿透；或隔离层失效，模板与混凝土粘结，模板吸水膨胀，常沿通长方向将构件边角拉裂。除此之外，构件混凝土内外材质不均匀和采用含泥量大的粉细砂配制混凝土，都容易出现干缩裂缝。

(2)温度裂缝。温度裂缝多发生在施工期间。裂缝的宽度受温度影响较大，冬季较宽、夏季较窄。裂缝的走向无规律性；梁板式或长度尺寸较大的结构，裂缝多平行于短边；大面积结构裂缝常纵、横交错；深进和贯穿的温度裂缝对混凝土有很大的破坏。裂缝宽度大小不一，一般在 0.5 mm 以下，裂缝宽度沿全长没有太大变化。

温度裂缝是由于混凝土内部和表面温度相差较大而引起的。深进和贯穿的温度裂缝多由于结构降温过快、内外温差较大，受到外界的约束而出现裂缝。另外，采用蒸汽养护的预制构件，混凝土降温控制不严，导致降温过快，使混凝土表面剧烈降温，但受到肋部或胎模的约束导致构件表面或肋部出现裂缝。

（3）不均匀沉降裂缝。裂缝多属贯穿性的，其走向与沉降情况有关，有的在上部，有的在下部，一般与地面呈 $45° \sim 90°$ 方向发展，裂缝的宽度与荷载的大小有较大的关系，而且与不均匀沉降值成比例。

产生不均匀沉降裂缝的原因，是由于结构和构件下面的地基未经夯实和必要的加固处理，或地基受到破坏，使混凝土浇筑后，地基产生不均匀沉降；另外，由于模板、支撑没有固定牢固；或拆模时，受到剧烈振动或较大施工荷载的作用，或拆模过早，混凝土强度不够也常会引起不均匀沉降裂缝。

（4）其他施工裂缝。构件在制作、脱模（或滑模）、运输、堆放、吊装过程中，产生纵向的、横向的、斜向的、竖向的、水平的、表面的、深进的或贯穿的各种裂缝，特别是薄壁构件更容易出现。裂缝的深度、部位和走向都随产生的原因而异，裂缝宽度、深度和长短不一，无一定规律性。这些裂缝产生的原因是：

1）采用木模浇制的结构或构件，浇筑混凝土前模板未浇水湿透或隔离剂失效，导致模板与混凝土粘结。当模板大量吸水发生膨胀时，常沿通长将柱、梁角（有时在边部）拉裂。

2）构件反转脱模时，因受振动过大，或地面砂子摊铺不平，使混凝土开裂，构件在成型过程或拆模时受到剧烈振动，也会引起沿钢筋的纵向或横向裂缝。

3）后张法预应力构件或多孔板成孔时，如抽芯过早，混凝土塌陷而出现裂缝；抽芯过晚，芯管与混凝土粘结，混凝土容易被拉裂。

4）构件起吊时，由于模板剂失效，混凝土与模板粘连。如吊钩位置不当，起模时构件受力不均或受扭，从而出现纵向、横向或斜边裂缝。

5）构件运输、堆放时，支撑垫木不在一条直线上，或悬挑过长，运输时构件受到剧烈的颠簸、冲击；吊装时吊点位置不正确，或桁架等侧向刚度较差的构件，侧向未设置临时加固措施，都可能使构件发生裂缝。

2．预防措施。

（1）浇筑混凝土前应对木模板浇水湿透。

（2）模板应支设牢固，夯实地基，防止模板变形和地基局部下沉。

（3）结构构件成型或拆模，要防止受到剧烈冲击振动，拆模时混凝土应达到规范规定的强度。

（4）混凝土应加强养护，避免风吹暴晒失水，构件堆放应按受力状态设置垫木，避免倒放、反放。

（5）构件运输时，构件之间应设垫木，并互相绑牢防止晃动、碰撞；构件吊装，应按规定设置吊点。

（6）对屋架等侧向刚度差的构件扶直、吊装，要用杆件横向加固。

（7）施工中控制的结构构件的温度和湿度的过大变化，减小收缩、徐变的约束作用，避免引起过大的变形，导致裂缝出现。

（8）翻转模板生产构件时，应在平整、坚实的铺砂地面上进行，反转平稳，防止剧烈冲击和振动。

(9)预留构件孔洞的钢管要平直，预埋前应除锈刷油，混凝土浇筑后，要定时(15 min 左右)转动钢管。抽管时间以手指压混凝土表面不显印痕为宜，抽管时应平稳缓慢。

3. 处理方法。混凝土结构或构件出现裂缝，有的破坏结构整体性、降低构件刚度、影响结构承载力，有的虽对承载能力无多大影响，但会引起钢筋锈蚀、降低耐久性，或发生渗漏、影响使用。因此，应根据裂缝性质、大小、结构受力情况和使用要求，区分情况，及时进行治理。一般常用的治理方法有以下几种：

(1)表面修补法。适用于对承载能力无影响的表面及深进裂缝，以及大面积细裂缝防漏渗水的处理。

1)表面涂抹水泥砂浆。一般性表面细小裂缝，可将裂缝处清洗，晾干后用水泥浆抹补。裂缝开裂较大时，沿裂缝凿成深度为 15～20 mm、宽度为 100～200 mm 的凹槽，洗净并洒水湿润，先刷水泥浆一道，然后用 1：2 或 1：2.5 水泥砂浆分 2～3 层涂抹，总厚度控制在 10～20 mm，并压实抹光。

2)环氧树脂修补。

①环氧树脂灌浆修补：将环氧树脂、邻苯二甲酸二丁酯、二甲苯按比例称量，放置在一容器内，在 20 ℃～40 ℃的条件下混合均匀后加入乙二胺，再搅拌均匀即可使用，配置量以 1 h 内使用完毕为宜。

②表面涂抹环氧胶泥：涂抹环氧胶泥前，先将裂缝附近 80～100 mm 宽度范围内的灰尘、浮渣用压缩空气吹净，油污可用二甲苯或丙酮擦洗一遍。如表面潮湿，应用喷灯烘烤干燥、预热，以保证环氧胶泥与混凝土粘结良好；如基层难以干燥时，则用环氧煤焦油胶泥(涂料)涂抹。较宽的裂缝应先用刮刀填塞环氧胶泥。涂抹时，用毛刷或刮板均匀蘸取胶泥，并涂刮在裂缝表面。

③环氧树脂玻璃布修补：采用环氧树脂粘贴玻璃布的方法时，玻璃布使用前应在碱水中煮沸 30～60 min，再用清水漂净并晾干，以除去油蜡，保证粘结。一般贴 1～2 层玻璃布，第二层布的周边应比下面一层宽 10～12 mm，以便压边。

3)表面凿槽嵌补：沿混凝土裂缝凿一条深槽。其中，V 形槽用于一般裂缝的治理，U 形槽用于渗水裂缝的治理。槽内嵌水泥砂浆或环氧胶泥、聚氧乙烯胶泥、沥青油膏等，表面作砂浆保护层。

(2)注浆封闭法。一般对宽度大于 0.5 mm 的裂缝，可采用水泥注浆，即用压浆泵将水泥注入裂缝中，由于其凝结、硬化而起到补缝作用，以恢复结构的整体性。适用于对结构整体性有影响，或有防水、防渗要求的裂缝补修。

八、冬期、高温和雨期施工

(一)一般规定

1. 根据当地多年气象资料统计，当室外日平均气温连续 5 日稳定低于 5 ℃时，应采取冬期施工措施；当室外日平均气温连续 5 日稳定高于 5 ℃时，可解除冬期施工措施。当混凝土未达到受冻临界强度而气温骤降至 0 ℃以下时，应按冬期施工的要求采取应急防护措施。工程越冬期间，应采取维护保温措施。

2. 当日平均气温达到 30 ℃及以上时，应按高温施工要求采取措施。

3. 雨期和降雨期间，应按雨期施工要求采取措施。

(二)冬期施工

混凝土之所以能凝结、硬化并获得强度，是由于水泥和水进行水化作用的结果。水化作用的速度在一定湿度条件下主要取决于温度，温度越高，强度增长也越快，反之则慢。当温度降至 0 ℃以下时，水化作用基本停止，温度再继续降至 −2 ℃～−4 ℃时，混凝土内的水开始结冰，水结冰后体积膨胀 8%～9%，在混凝土内部产生冰晶应力，从而使混凝土强度降低。

1. 冬期施工混凝土材料和外加剂要求。

(1)冬期施工混凝土宜采用硅酸盐水泥或普通硅酸盐水泥；最少水泥用量不宜少于 300 kg/m³，水胶比不应大于 0.5，采用蒸汽养护时，宜采用矿渣硅酸盐水泥。

(2)用于冬期施工混凝土的粗、细集料中，不得含有冰、雪冻块及其他易冻裂物质。

(3)冬期施工混凝土用外加剂，应符合现行国家标准《混凝土外加剂应用技术规范》(GB 50119)的有关规定。采用非加热养护方法时，混凝土中宜掺入引气剂、引气型减水剂或含有引气组分的外加剂，混凝土含气量宜控制为 3.0%～5.0%。

(4)冬期施工混凝土配合比，应根据施工期间环境气温、原材料、养护方法、混凝土性能要求等经试验确定，并宜选择较小的水胶比和坍落度。

(5)冬期施工混凝土搅拌前，原材料应预热：

1)宜加热拌合水，当仅加热拌合水不能满足热工计算要求时，可加热集料；拌合水与集料的加热温度可通过热工计算确定，加热温度不应超过表 3-4-9 的规定；

2)水泥、外加剂、矿物掺合料不得直接加热，应置于暖棚内预热。

表 3-4-9 拌合水及集料最高加热温度 ℃

水泥强度等级	拌合水	集料
42.5 级以下	80	60
42.5 级、42.5 级及以上	60	40

2. 冬期施工混凝土搅拌和运输。

(1)混凝土搅拌和运输的有关规定。

1)液体防冻剂使用前应搅拌均匀，由防冻剂溶液带入的水分应从混凝土拌合水中扣除；

2)蒸汽法加热集料时，应加大对集料含水率的测试频率，并应将由集料带入的水分从混凝土拌合水中扣除；

3)混凝土搅拌前应对搅拌机械进行保温或采用蒸汽进行加温，搅拌时间应比常温搅拌时间延长 30～60 s；

4)混凝土搅拌时应先投入集料与拌合水，预拌后再投入胶凝材料与外加剂。胶凝材料、引气剂或含引气组分外加剂不得与 60 ℃以上的热水直接接触。

(2)混凝土拌合物的出机温度不宜低于 10 ℃，入模温度不应低于 5 ℃；预拌混凝土或需远距离运输的混凝土，混凝土拌合物的出机温度可根据距离经热工计算确定，但不宜低于 15 ℃。大体积混凝土的入模温度可根据实际情况适当降低。

(3)混凝土运输、输送机具及泵管应采取保温措施。当采用泵送工艺浇筑时，应采用水泥浆或水泥砂浆对泵和泵管进行润滑、预热。混凝土运输、输送与浇筑过程中应进行测温，其温度应满足热工计算的要求。

3. 冬期施工混凝土浇筑的要求。

(1)混凝土浇筑前，应清除地基、模板和钢筋上的冰雪和污垢，并应进行覆盖保温。

(2)混凝土分层浇筑时，分层厚度不应小于 400 mm。在被上一层混凝土覆盖前，已浇筑层的温度应满足热工计算要求，且不得低于 2 ℃。

(3)采用加热方法养护现浇混凝土时，应根据加热产生的温度应力对结构的影响采取措施，并应合理安排混凝土浇筑顺序与施工缝留置位置。

(4)冬期浇筑的混凝土，其受冻临界强度的规定：

1)当采用蓄热法、暖棚法、加热法施工时，采用硅酸盐水泥、普通硅酸盐水泥配制的混凝土，不应低于设计混凝土强度等级值的 30％；采用矿渣硅酸盐水泥、粉煤灰硅酸盐水泥、火山灰质硅酸盐水泥、复合硅酸盐水泥配制的混凝土时，不应低于设计混凝土强度等级值的 40％。

2)当室外最低气温不低于 -15 ℃时，采用综合蓄热法、负温养护法施工的混凝土受冻临界强度不应低于 4.0 MPa；当室外最低气温不低于 -30 ℃时，采用负温养护法施工的混凝土受冻临界强度不应低于 5.0 MPa。

3)强度等级等于或高于 C50 的混凝土，不宜低于设计混凝土强度等级值的 30％。

4)有抗渗要求的混凝土，不宜小于设计混凝土强度等级值的 50％。

5)有抗冻耐久性要求的混凝土，不宜低于设计混凝土强度等级值的 70％。

6)当采用暖棚法施工的混凝土中掺入早强剂时，可按综合蓄热法受冻临界强度取值。

7)当施工需要提高混凝土强度等级时，应按提高后的强度等级确定受冻临界强度。

4. 混凝土冬期施工养护。

(1)当室外最低气温不低于 -15 ℃时，对地面以下的工程或表面系数不大于 5 m^{-1}的结构，宜采用蓄热法养护，并应对结构易受冻部位加强保温措施；对表面系数为 5～15 m^{-1}的结构，宜采用综合蓄热法养护。采用综合蓄热法养护时，混凝土中应掺加具有减水、引气性能的早强剂或早强型外加剂。

蓄热法是将混凝土组成材料(水泥除外)进行适当加热、搅拌，使其浇筑后具有一定的温度，混凝土成型后在外围用保温材料严密覆盖，利用混凝土预加的热量及水泥的水热化热量进行保温，使混凝土缓慢冷却并在冷却过程中逐渐硬化。当混凝土冷却到 0 ℃时，即达到抗冻临界强度或预期强度。

蓄热法保温应选用导热系数小、可就地取材、价廉耐用的材料，如稻草板、草垫、草袋、稻壳、麦秸、稻草、锯末、炉渣、岩棉毡、聚苯乙烯板等，并要保持干燥。保温方式可成层或散装覆盖，或做成工具室保温模板，是再在表面覆盖一层塑料薄膜、油毡或水泥袋纸等不透风材料，可有效地提高保温效果，或保持一定的空气间层，形成以密闭的空气隔层，起保温作用。

蓄热法具有方法简单、不需混凝土加热设备、节省能源、混凝土耐久性高、质量好、费用较低等优点，但强度增长较慢。它一般适用于不太冷的地区(室外最低气温在−15 ℃以上)，厚大结构(表面系数不大于5)等。如选用适当的保温材料，掺加外加剂以及附加其他措施，表面系数大于5的结构，气温高于−20 ℃时也可使用，对于地下的混凝土结构和大型设备基础更为适宜。

(2)对不易保温养护且对强度增长无具体要求的一般混凝土结构，可采用掺防冻剂的负温养护法进行养护。

在混凝土中掺入一定外加剂(或负温硬化水溶液拌制混凝土)，混凝土浇筑与普通模板在养护过程中，不需采取外加热措施，仅做保护性遮盖，就能使混凝土在负温条件下继续硬化，达到要求的强度。

掺外加剂的作用，就是使之产生抗冻、早强、催化、减水等作用，降低混凝土的冰点，使之在负温下加速硬化以达到要求的强度，掺外加剂法具有施工简便、使用可靠、加热和保温方法较简单、费用较低等优点，但混凝土强度增长较慢。适用于截面较厚大的结构及一般低温(0 ℃～10 ℃)的冻结期较短的情况下使用。在严寒条件下，可与原材料加热、蓄热法以及其他方法结合使用。

外加剂种类的选择取决于施工要求和材料供应，掺量应由试验确定，但混凝土的凝结速度不得超过其运输和浇筑所规定的允许时间，而且混凝土的后期强度损失不得大于5%，其他物理力学性能不得低于普通混凝土。新型外加剂不断出现，其效果越来越好。

(3)当上述两条不能满足施工要求时，可采用暖棚法、蒸汽加热法、电加热法等方法进行养护，但应采取降低能耗的措施。

(4)混凝土浇筑后，对裸露表面应采取防风、保湿、保温措施，对边、棱角及易受冻部位应加强保温。在混凝土养护和越冬期间，不得直接对负温混凝土表面浇水养护。

(5)模板和保温层的拆除，除应符合规范及设计要求外，还应符合下列规定：

1)混凝土强度应达到受冻临界强度，而且混凝土表面温度不应高于5 ℃；

2)对墙、板等薄壁结构构件，宜推迟拆模。

(6)混凝土强度未达到受冻临界强度和设计要求时，应继续进行养护，当混凝土表面温度与环境温度之差大于20 ℃时，拆模后的混凝土表面应立即进行保温覆盖。

(7)混凝土工程冬期施工应加强集料含水率、防冻剂掺量检查，以及原材料、入模温度、实体温度和强度监测；应依据气温的变化，检查防冻剂掺量是否符合配合比与防冻剂说明书的规定，并应根据需要调整配合比。

(8)混凝土冬期施工期间，应按国家现行有关标准的规定对混凝土拌合水温度、外加剂溶液温度、集料温度、混凝土出机温度、浇筑温度、入模温度，以及养护期间混凝土内部温度和大气温度进行测量。

(9)冬期施工混凝土强度试件的留置，除应符合现行国家标准《混凝土结构工程施工质量验收规范》(GB 50204)的有关规定外，还应增加不少于2组的同条件养护试件。同条件养护试件应在解冻后进行试验。

(三)高温施工

1.高温施工时，露天堆放的粗、细集料应采取遮阳防晒等措施。必要时，可对粗集料进行喷雾降温。

2. 高温施工的混凝土配合比设计，除应符合普通混凝土配合比的规定外，还应符合下列规定：

(1)应分析原材料温度、环境温度、混凝土运输方式与时间对混凝土初凝时间、坍落度损失等性能指标的影响，根据环境温度、湿度、风力和采取温控措施的实际情况，对混凝土配合比进行调整；

(2)宜在近似现场运输条件、时间和预计混凝土浇筑作业最高气温的天气条件下，通过混凝土试拌、试运输的工况试验，确定适合高温天气条件下施工的混凝土配合比；

(3)宜降低水泥用量，并可采用矿物掺合料替代部分水泥；宜选用水化热较低的水泥；

(4)混凝土坍落度不宜小于 70 mm。

3. 高温施工的混凝土搅拌和运输。

(1)应对搅拌站料斗、储水器、皮带运输机、搅拌楼采取遮阳防晒措施。

(2)对原材料进行直接降温时，宜采用对水、粗集料进行降温的方法。对水直接降温时，可采用冷却装置冷却拌合用水，并应对水管及水箱加设遮阳和隔热设施，也可在水中加碎冰作为拌合用水的一部分。混凝土拌合时掺加的固体冰应确保在搅拌结束前融化，且在拌合用水中应扣除其质量。

(3)原材料最高入机温度不宜超过表 3-4-10 的规定。

表 3-4-10　原材料最高入机温度　　　　　　　　　　℃

原材料	最高入机温度
水泥	60
集料	30
水	25
粉煤灰等矿物掺合料	60

(4)混凝土拌合物出机温度不宜大于 30 ℃。

(5)当需要时，可采取掺加干冰等附加控温措施。

(6)混凝土宜采用白色涂装的混凝土搅拌运输车运输；混凝土输送管应进行遮阳覆盖，并应洒水降温。

4. 高温施工中混凝土的浇筑和养护。

(1)混凝土拌合物入模温度不宜高于 35 ℃。

(2)混凝土浇筑宜在早间或晚间进行，而且应连续浇筑。当混凝土水分蒸发较快时，应在施工作业面采取挡风、遮阳、喷雾等措施。

(3)混凝土浇筑前，施工作业面宜采取遮阳措施，并应对模板、钢筋和施工机具采用洒水等降温措施，但浇筑时模板内不得有积水。

(4)混凝土浇筑完成后，应及时进行保湿养护。侧模拆除前宜采用带模湿润养护。

(四)雨期施工

1. 水泥和矿物掺合料应采取防水和防潮措施，并应对粗集料、细集料的含水率进行监测，及时调整混凝土配合比。

2. 应选用具有防雨水冲刷性能的模板脱模剂。

3. 混凝土搅拌、运输设备和浇筑作业面应采取防雨措施，并应加强施工机械检查维修及接地接零检测工作。

4. 除应采用防护措施外，小雨、中雨天气不宜进行混凝土露天浇筑，且不应进行大面积作业的混凝土露天浇筑，大雨、暴雨天气不应进行混凝土露天浇筑。

5. 雨后应检查地基面的沉降，并应对模板及支架进行检查。

6. 应采取防止基槽或模板内积水的措施。基槽或模板内和混凝土浇筑分层面出现积水时，应在排水后再浇筑混凝土。

7. 混凝土浇筑过程中，因雨水冲刷致使水泥浆流失严重的部位，应采取补救措施后再继续施工。

8. 在雨天进行钢筋焊接时，应采取挡雨等安全措施。

9. 混凝土浇筑完毕后，应及时采取覆盖塑料薄膜等防雨措施。

10. 台风来临时，应对尚未浇筑混凝土的模板及支架采取临时加固措施；台风结束后，应检查模板及支架，已验收合格的模板及支架应重新办理验收手续。

九、混凝土工程专项施工技术

(一)泵送混凝土的施工

可通过泵压作用沿输送管道强制流动到目的地并进行浇筑的混凝土，称为泵送混凝土。在现代多、高层建筑和超高层建筑工程中，考虑到结构抗震和整体性的要求，常采用全现浇钢筋混凝土结构，对混凝土的需求量很大。采用现场小型混凝土搅拌站，塔式起重机垂直运输混凝土的施工模式，已无法满足工程施工和工程进度的要求，所以，泵送混凝土技术应运而生。混凝土通过泵送设备直接送达到浇筑楼层，缩短了浇筑时间，效率高、质量控制好、施工成本低，同时减轻工人的劳动强度，提高混凝土浇筑的连续性。因此，泵送混凝土的施工技术成为当今建设业大力推广和广泛运用的一项施工新技术。

泵送混凝土在运输过程中的质量不受外界气象的影响，能保持混凝土在出搅拌机时的性能。泵送混凝土施工技术先进、质量好、生产效率高且快速、方便；不受施工现场条件的限制；符合环保、绿色和文明施工的要求。

泵送混凝土适用于混凝土浇筑要求连续性强、混凝土浇筑量大、浇筑高度大的工程。一般用于高层建筑、大型贮罐、塔形建筑物；也应用于大体积混凝土，如筏形基础、大型设备基础、机场跑道和水工工程等整体性强的工程施工。

1. 泵送混凝土的操作工艺。

(1)泵送混凝土的管道安装。

1)布置管道。

①混凝土输送管应根据工程特点、施工场地条件、混凝土浇筑方案等进行合理选型和布置。输送管道的布置宜短直，尽量减少弯管数；转弯宜缓，其曲率半径应大于 0.5 m；

管段接头应具有足够强度并能快速装拆；其密封结构应严密、可靠，少用锥形管，以减少压力损失；管道应合理固定，不随意变更路线，不影响交通运输；不影响已安装绑扎好的钢筋或预埋件，泵送时不致引起模板的振动，应有自行固定的支撑系统。

②管道应一次安装好，不宜在泵送时再加装管线，浇筑点应先远后近，管道只拆不接；管线关键部位(开关、接头、弯曲等部位)应预留或选在较宽松的场地，便于维修、拆洗和清洗。向上配管时，地面水平管的长度不宜小于泵送垂直高度的1/5且不小于15 m；垂直泵送高度超过100 m时，混凝土泵机出料口处应设置截止阀。同一管路宜采用相同管径的输送管，除终端出口处外不得采用软管。

③布料设备的选型与布置应根据浇筑混凝土的平面尺寸、配管、布料半径等要求确定，并应与混凝土输送泵相匹配。布料设备的作业半径宜覆盖整个混凝土浇筑范围。

2)安装要点。

①水平管线避免下斜，以防泵空堵管。

②接头应严密，防止漏水、漏浆，应在泵送压力下做一次巡视验收。

③在距混凝土泵出料口3～6 m的水平管道处应设置截止阀；以防混凝土反流。

④倾斜或垂直向下泵送施工，且高差大于20 m时，应在倾斜或垂直管下端设蹬弯管或水平管，弯管和水平管折算长度不宜小于1.5倍高差。

⑤管道、弯头、开关等零配件应有储备，可随时更换。

⑥管道交工后，应有防晒、防寒措施。可用帆布、草席、麻袋等将管道覆盖，避免严寒酷暑气温影响管道内混凝土的质量。

(2)泵送混凝土的运输。

1)泵送混凝土的供应，应根据技术要求、施工进度、运输条件以及混凝土浇筑量等因素编制供应方案。混凝土的供应过程应加强通信联络、调度，确保连续均衡供料。混凝土的供料应保证混凝土泵能连续工作、不间断。

2)混凝土在运输、输送和浇筑过程中，不得加水。

3)混凝土搅拌运输车的施工现场行驶道路，宜设置为环形车道，并应满足重车行驶要求；车辆出入口处，宜设交通安全指挥人员；夜间施工时，现场交通出入口和运输道路上应有良好照明，危险区域应设安全标志。

4)混凝土搅拌运输车装料前，应排净拌筒内的积水。混凝土搅拌运输车向混凝土泵卸料时，为了使混凝土拌和均匀，卸料前应高速旋转拌筒，配合泵送过程均匀反向旋转拌筒向集料斗内卸料，集料斗内的混凝土应满足最小集料量的要求，搅拌运输车中断卸料阶段，应保持拌筒低速转动。

5)泵送混凝土卸料作业应由具备相应能力的专职人员操作。

(3)混凝土的泵送。

1)准备工作。

①混凝土泵送施工现场，应配备通信联络设备，并应设专门的指挥和组织施工的调度人员。当多台混凝土泵同时泵送或与其他输送方法组合输送混凝土时，应分工明确、互相配合、统一指挥。

②炎热季节或冬期施工时，应采取专门技术的措施。应注意输送钢管的温度。在夏季，如钢管外部未经覆盖，其温度炙手可热时，应先行淋水降温；在冬季，应在混凝土温

度符合设计要求后，方可泵送。

③泵送混凝土时，混凝土泵的支腿应伸出调平并插好安全销，支腿支撑应牢固。

④混凝土泵与输送管连通后，应对其进行全面检查。混凝土泵送前应进行空载试运转。

⑤混凝土泵送施工前应检查混凝土送料单，核对配合比，检查坍落度，必要时还应测定混凝土扩展度，在确认无误后方可进行混凝土泵送。

⑥泵送混凝土的入泵坍落度不宜小于 100 mm；对强度等级超过 C60 的泵送混凝土，其入泵坍落度不宜小于 180 mm。

⑦操作人员应持证上岗，并能及时处理泵送过程出现的故障。

2）泵送混凝土工艺。

①混凝土泵启动后，应先泵送适量清水以湿润混凝土泵的料斗、活塞及输送管的内壁等直接与混凝土接触的部位。泵送完毕后，应清除泵内积水。

②经泵送清水检查，确认混凝土泵和输送管中无异物后，应选用水泥净浆或 1∶2 水泥砂浆，或与混凝土内除粗集料以外的其他成分相同配合比的水泥砂浆润滑混凝土泵和输送管内壁润滑，用浆料泵出后应妥善回收，不得作为结构混凝土使用。

③开始泵送时，混凝土泵应处于匀速缓慢运行并随时可反泵的状态。泵送速度应先慢后快，逐步加速。同时，应观察混凝土泵的压力和各系统的工作情况，待各系统运转正常后，方可以正常速度进行泵送。泵送混凝土时，应保证水箱或活塞清洗室中水量充足，泵送过程中，应经常留心料斗混凝土的存量，防止泵空而吸入空气形成阻塞。在泵送过程中应有专人巡视管线，发现漏浆、漏水应及时修理。如需加接输送管，应预先对新接管道内壁进行湿润。

混凝土泵的操作应严格按照使用说明书和操作规程进行。混凝土泵送宜连续进行，混凝土运输、输送、浇筑及间歇的全部时间不应超过国家现行标准的有关规定；超过规定时间时应临时设置施工缝，继续浇筑混凝土并应按施工缝要求处理。

中断时间应不得大于浇筑混凝土的初凝时间。若停歇时间超过 45 min，应立即用压力或其他方法冲洗管内残留的混凝土。

向下泵送混凝土时，应采取措施排除管内空气：先将输送管道的气阀打开，待下段管有了混凝土并有一定压力时，方可关闭气阀。

④当混凝土泵出现压力升高且不稳定、油温升高，或输送管出现明显振动等现象而泵送困难时，不得强行泵送并应立即查明原因，采取措施排除故障。当输送管堵塞时，应及时拆除管道，排除堵塞物。拆除的管道重新安装前应湿润。如非管道堵塞，可采取慢速输送、间歇输送、或间歇做反泵和正泵等措施，促使混凝土在管道中运动。

⑤混凝土泵宜与混凝土搅拌运输车配套使用，宜应使混凝土搅拌站的供应能力和混凝土搅拌运输车的运输能力大于混凝土泵的泵送能力，以保证混凝土泵能连续工作且不堵塞。当混凝土供应不及时时，宜采取间歇泵送方式，放慢泵送速度。间歇泵送可采用每隔 4～5 min 进行两个行程反泵，再进行两个行程正泵的泵送方式。

⑥用混凝土泵浇筑的结构物，要加强养护，防止因水泥用量较大而引起龟裂。如混凝土浇筑速度快，对模板的侧压力大，模板和支撑应有足够的强度。

⑦泵送完毕时，应及时将混凝土泵和输送管清洗干净。

2. 泵送混凝土的浇筑。泵送混凝土的浇筑应有效控制混凝土的均匀性和密实性，混凝土应连续浇筑使其成为连续的整体，应预先采取措施避免造成模板内钢筋、预埋件及其定位件的移动。

混凝土的浇筑顺序：当采用输送管输送混凝土时，宜由远而近浇筑；同一区域的混凝土，应按先竖向结构，后水平结构的顺序分层连续浇筑。

混凝土的布料方法：混凝土输送管末端出料口宜接近浇筑位置，浇筑竖向结构混凝土时，布料设备的出口离模板内侧面不应小于 50 mm，应采取减缓混凝土下料冲击的措施，保证混凝土不发生离析；浇筑水平结构混凝土，不应在同一处连续布料，应水平移动，分散布料。

3. 安全施工与环境保护。

(1)安全施工。

1)用于泵送混凝土的模板及其支撑件的设计，应考虑混凝土泵送浇筑施工所产生的附加作用力，并按实际工况对模板及其支撑件进行强度、刚度、稳定性验算。浇筑过程中应对模板和支架进行观察与维护，发现异常情况应及时处理。

2)对安装在垂直管下端的钢支撑、布料设备及接力泵的结构部位应进行承载力验算，必要时应采取加固措施。布料设备还应验算其使用状态的抗倾覆稳定性。

3)在有人员通过之处的高压管段、距混凝土泵出口较近的弯管，宜设置安全防护设施。

4)当输送管发生堵塞而需拆卸管夹时，应先对堵塞部位的混凝土进行卸压。混凝土彻底卸压后方可进行拆卸。为防止混凝土突然喷射伤人，拆卸人员不应直接面对输送管管夹进行拆卸。

5)排除堵塞后重新泵送或清洗混凝土泵时，末端输送管的出口应固定，并应朝向安全方向。

6)应定期检查输送管道和布料管道的磨损情况，弯头部位应重点检查。对磨损较大、不符合使用要求的管道应及时更换。

7)在布料设备的作业范围内，不得有高压线或影响作业的障碍物，布料设备与塔式起重机和升降机械设备不得在同一范围内作业，施工过程中应进行监护。

8)应控制布料设备出料口的位置，避免超出施工区域，必要时应采取安全防护设施，防止出料口混凝土坠落。

9)布料设备在出现雷雨、风力大于 6 级等恶劣天气时不得作业。

(2)环境保护。

1)施工现场的混凝土运输通道，或现场拌制混凝土区域，宜采取有效的扬尘控制措施。

2)设备油液不能直接泄漏在地面上，应使用容器收集并妥善处理。

3)废旧油品、更换的油液过滤器滤芯等废物应集中清理，不得随地丢弃。

4)设备废弃的电池、塑料制品、轮胎等对环境有害的零部件，应分类回收，依据相关规定处理。

5)设备在居民区施工作业时，应采取降噪措施。搅拌、泵送、振捣等作业的允许噪声，昼间为 70 dB(A声级)，夜间为 55 dB(A声级)。

6)输送管的清洗，应采用有利于节水节能、减少排污量的清洗方法。

7)泵送和清洗过程中产生的废弃混凝土或清洗残余物，应按预先确定的处理方法和场所，及时进行妥善处理，并不得将其用于未浇筑的结构部位中。

3.特殊混凝土的泵送。

(1)泵送距离超长或超高时，应采用多台泵接力完成。

(2)对有特殊需要的富混凝土(水泥用量超过 500 kg/m³)，宜增加泵送压力。

(3)水泥用量少于 200 kg/m³ 的贫混凝土极易堵塞，应掺用掺合料，同时改用较大管径的管泵送。

(4)对轻集料混凝土，应在搅拌前使集料充分预湿，同时用低压泵送。

(5)对重混凝土，因其排出压力不均匀，应连续泵送，来料不应中断；停泵后应及时冲洗。

(二)大体积混凝土施工技术

1.大体积混凝土的概念。大体积混凝土：混凝土结构物实体最小几何尺寸不小于 1 m，或预计会因混凝土中胶凝材料水化引起的温度变化和收缩而导致有害裂缝产生的混凝土。规范提出了两个要点：一是实体尺寸；二是出现温度裂缝。判别是否属于大体积混凝土的关键为，是否出现混凝土内外温差过大而产生有害裂缝。

建筑工程中的大体积混凝土，常见的部位有三个：一是高层建筑中的厚大的桩基承台或基础底板；二是工业建筑中大型设备基础；三是高层建筑转换层的梁或板。

大体积钢筋混凝土具有结构厚、体型大、施工条件复杂和技术要求高等特点。除要满足刚度、强度和耐久性的要求外，最突出的问题就是如何控制由于温度的变化而引起的混凝土开裂。

裂缝的出现不是因为强度不够，而是因为体积大，其实是在水化过程中水化热产生的温度应力与大体积混凝土收缩而产生的收缩应力共同作用下产生的。

作为施工的工程技术人员，要了解大体积混凝土中由于温度的变化而引起裂缝出现的原因。在施工中对温度应进行监测，采取措施降低混凝土内部的最高温度和减小内外温差。

2.大体积混凝土的裂缝起因及防治。钢筋混凝土结构出现裂缝，原因不外乎有两类：第一，由于荷载的作用，结构的强度、刚度或稳定性不够时而出现裂缝；第二，由于温度、收缩、不均匀沉降等而引起裂缝。大体积混凝土产生裂缝，属于第二类原因。

(1)由于混凝土的收缩而产生的裂缝。混凝土的收缩原因是：

1)碳化过程中的收缩。浇捣后的混凝土，因空气中的 CO_2 与混凝土水泥中的 $Ca(OH)_2$ 起化学反应，生成碳酸钙，放出结合水而使混凝土产生收缩；

2)当混凝土在凝固过程中，内部的水被蒸发而产生的干燥收缩。这种收缩是表里不一致的。由于干湿不均匀，其收缩变形也不均匀。这样，使混凝土内部产生相当大的应力，而使混凝土开裂。

(2)由于水化热所产生的裂缝。浇筑混凝土时，混凝土自身就有浇筑温度，加上混凝土中的水泥与水进行水化作用产生的水化热，这两种温度为混凝土内部的最高温度，与外界环境存在着温差，在降温过程中产生拉应力而引起混凝土开裂。

（3）外约束与内约束。混凝土内部各质点都会互相影响、相互制约，这种现象叫作"约束"。由于混凝土内部的温度和温度分布不均匀而引起各质点的变形，叫作"内约束"；由于内外温度的不均匀收缩，叫作"外约束"。外约束占主要地位，要控制混凝土裂缝，就得重点研究外约束。

大体积混凝土结构上都承受有巨大荷载，整体性要求较高，往往不允许留施工缝，要求一次连续浇筑完毕。另外，大体积混凝土结构浇筑后的水化热量大，由于混凝土体积大，热传导性差，水化热聚积在内部不易散发，混凝土内部温度显著升高（水化热可使中心处的温度达到 60 ℃～70 ℃），而表面散热较快，这样形成较大的内外温差，内部产生压应力，而表面产生拉应力，当内外温差大于 25 ℃时，则在混凝土表面产生裂纹；在混凝土内部逐渐散热冷却产生收缩时，由于受到基底或已浇筑的混凝土约束，接触处将产生很大的拉应力。当拉应力超过混凝土的极限抗拉强度时，与约束接触处会产生裂缝，甚至会贯穿整个混凝土块体，这些都成为混凝土严重的质量隐患。

因此，在浇筑大体积混凝土时，除达到饱满、密实、强度合格和尺寸符合要求之外，还应防止裂缝的出现。尽量减少混凝土实体内外温差，使混凝土内部和外部的温差不超过 25 ℃，且混凝土浇筑体的降温速率不宜大于 2.0 ℃/d、混凝土浇筑体表面与大气温差不宜大于 20 ℃。

大体积混凝土施工的时间应尽可能安排在外界气温为 20 ℃～30 ℃的季节中进行，使内外温差比较接近，以减少技术措施的费用，也能避免温差裂缝的出现。

3. 大体积混凝土裂缝控制的方法。

（1）控制好配合比的设计。配合比设计是从材料选择着手来减少温差变形。

1）减少水泥的水化热。

①宜选用低热硅酸盐水泥或低热矿渣硅酸盐水泥，大体积混凝土施工所用水泥，其 3 d 的水化热不宜大于 240 kJ/kg，7 d 的水化热不宜大于 270 kJ/kg。当混凝土有抗渗指标要求时，所用水泥的铝酸三钙含量不宜大于 8%。水泥的水化热大小与它所含硅酸三钙和铝酸三钙的含量有关，含量越高，发热越大，水化速度也越快。

②掺用缓凝剂或减水剂以减缓水泥的水化速度，也就是推迟水化热的释放时间，即推迟初凝时间，便于散热。

③掺用粉煤灰，可减少水泥的用量，就是减少水泥的水化热和延缓水化时间。

④对粗集料选用的原则是就地取材，以降低费用。但在有条件时，应选用线膨胀系数较小的岩石，以减少混凝土的膨胀值。

2）优化配合比设计。优化配合比的设计是减少集料的孔隙率，以减少混凝土的收缩值。

①选择中砂，其细度模数宜大于 2.3，含泥量不大于 3%。

②选择良好级配的粗集料，宜选用粒径为 5～31.5 mm 并连续级配，含泥量不大于 1%。

③用水量宜少，可同时减少混凝土凝结、收缩、泌水等现象。

（2）掺加大石块。厚大、少筋的混凝土，在征得设计部门同意后，一般可掺用小于混凝土体积 20%的大石块。此法效果较好。其优点是，大石块可以吸收水泥的水化热，减少混凝土用量。操作时应严格检查大石块的质量并遵守有关规定：

1）大石块应为坚实、无裂纹、经过洗刷、无泥质和未经过锻烧的块体；其强度应为所浇筑混凝土强度等级的 1.5 倍以上。

2)大石块的规格,其长边的尺寸不得大于浇筑部分最小边长 1/3,且不得大于 300 mm;条形、片状的石块不得使用。

3)投放大石块时,应将棱角插入混凝土中,上、下层形成交错状,并使上、下层之间的距离大于 100 mm;大石块与大石块之间的距离、大石块与模板、预留孔洞、预埋件、锚固筋之间的距离,均不得小于 100 mm;投放时不要触动钢筋,更不能砸乱钢筋。

4)如有水平施工缝,石块露出部分约为该石块体积的一半。

(3)降低拌合物入模温度。规范规定,大体积混凝土拌合物入模时的温度不宜大于 28 ℃;一般情况下,在夏季进行大体积混凝土施工时,应对混凝土的材料温度作一定的控制,使拌合物能符合上述要求。

一般的措施是将砂、石存放在荫棚内,避免太阳直射;如水的温度过高,可采用井水或加溶解的冰水。通过计算后才投放搅拌。

(4)调控温度,外蓄内降。

1)外部蓄热,避免热量散失。

①当基础上表面为平面、斜面或阶梯形时,均可采用筑埂蓄水保温。蓄水的作用不仅是冷却,而是将混凝土散发的热量保留在水内,同时也可以将外界的高温或人工加温吸收到水内成为保温层。蓄水高度一般为 100～200 mm。蓄水方法:可砌两皮至四皮砖的矮墙围成小水池,或用挖出来的泥土筑成小埂围成小水池。

②混凝土的侧面可用挂帘保温。帘的材料可因地制宜,草帘、竹帘、帆布、胶布或麻袋片均可。

③如在冬期,可采用红外线灯或电热毯等措施蓄热保温。

④重要的是,必须有专人值班,查看内外温度差(内部温度计在浇筑时预埋在混凝土中),负责补充热源及加水、帘被吹走后的补挂等工作。保温覆盖层的拆除应分层逐步进行。当混凝土的表面温度与环境最大温差小于 20 ℃时,可全部拆除。

2)内部降温,减少内外温差。内部降温工作,在配合比设计时已采取了相应的措施。浇筑后的内部降温通常是通水冷却,方法如下:

①传统的做法是用金属管通水冷却,可以按需布置,但难以回收。一般可作为构造筋,但需事先征得设计部门同意。目前已有采用软胶管代替金属管的方法,其优点是可以回收,但只能采用直排式。

②线路按水流方式布置,有自流式和电动循环式。自流式要有 2‰ 的降坡;电动循环式较为灵活,按构件的种类和形状布置。

③管的距离视管的材料、内径、管壁厚度、水的流速等而不同。通常采用直径为 25 mm 的钢管,水流速度为 14～20 L/min 时,管的距离可取 1.5～3 m。

④上述只表示一层水管的布置路线,各个工程应配置多少层,可按其冷却半径排布。

⑤管的安装质量要求不漏水,安装后要进行试压检查。

4. 基础底板和设备基础的大体积混凝土浇筑。

(1)浇筑方法。基础底板是高层建筑的沉重基础,亦称为满堂基础。其特点是整体性要求高,必须密实、均匀和符合抗渗要求,施工工艺上应做到分层浇筑、分层捣实,但又必须保证上、下层混凝土在初凝之前结合好,不致形成施工缝。设备基础也有同样的要求，但外形较为复杂，预埋件及地脚螺栓留孔较多。

如要保证混凝土的整体性，则要保证使每一浇筑层在初凝前就被上一层混凝土覆盖并捣实成为整体。

（2）施工方案。大体积混凝土基础底板工程，其施工方案一般分为全面分层、分段分层和斜面分层三种，根据结构物的具体尺寸、捣实方法和混凝土供应能力，通过计算选择浇筑方案。

1）全面分层浇筑，即平面不分段、厚度需分层的浇筑方法。适用于平面尺寸不大的设备基础或房屋的基础底板。如图 3-4-30 所示。

2）分段分层浇筑，即是将平面分成若干段，厚度分为若干层浇筑的方法。适用于面积较大、工作面较长或分组两端对称同时作业的基础底板。如图 3-4-31 所示。

3）斜面分层浇筑，如图 3-4-32 所示。现代大型工程施工，多采用泵送混凝土，也多采用斜面分层。由于来料快、坍落度大，当浇筑厚度较大时，斜面不易控制，造成斜面过陡，粗集料易于下坠，拌合物离析，混凝土底板容易出现烂根现象。可利用混凝土自然流淌形成的斜坡，采用薄层浇筑。据各方面的经验和资料，所形成斜坡宜为 1∶6～1∶8，其水平角为 7°～9°；分层厚度应薄，以来料的快慢考虑，控制在 300 mm 以内。注意振捣，但不应过分振捣，防止出现离析现象。

图 3-4-30　全面分层法

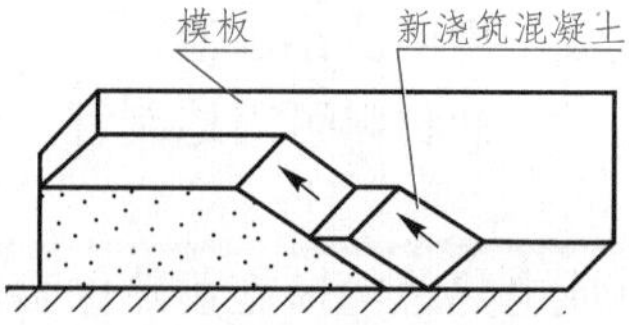

图 3-4-31　分段分层法

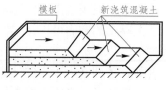
图 3-4-32　斜面分层法

（3）浇筑工艺。

1）混凝土供应量可按布料、振捣能力安排；或按供应量安排布料和振捣人员的数量。不应超速供应，打乱计划，影响质量。

2）浇筑前应先对冷却水管进行试水压及流量检测。确保不渗漏，流量达到设计要求。

3）无论采用何种方案浇筑，布料时必须采用移动布料，可避免离析、拌合物成堆，致使转运耗工、费时。

4）布料厚度，根据振动器性能考虑，浇筑厚度 300～500 mm 为宜，并保证振动棒能插入下层混凝土中 50 mm 振捣。也可以按拌合物的粗集料粒径、坍落度大小及每层厚度，选用振动器。如工程较大，可选用直联式或组合式振动器。

5）布料层距（台阶式水平距离）应少于 1 m。

6）采用吊罐、串筒或溜槽布料时，上一层应在下一层初凝前浇筑。

7）采用泵送布料时应先远后近，其厚度应符合施工方案的要求。布料时布料口应垂直向下，防止混凝土突然冲出，将钢筋向前推移并保证保护层厚度。

8）操作振动器时，注意勿触动钢筋骨架及预埋的冷却水管等预埋件。插入式振动器可以在钢筋网的空位中插入。

9）大体积混凝土，尤其是泵送混凝土，必然有泌水现象。做基础垫层时，应将垫层面做成带有1‰～2‰的坡度斜向后浇带或两侧，同时在侧模板开若干孔引水，以便将泌水引至后浇带及两侧排水沟，再引出场外。

10)大体积混凝土上表面如有小洼聚集泌水，可用吸水筒将水吸去。

11)上表面在浇筑完成后应进行二次抹压处理，可消除表面微细裂缝。

5.转换层的大体积混凝土浇筑。高层建筑的使用，一般是低层作商场，中层作办公楼，高层作旅店或公寓、住宅。功能不同，设施和布局不同，要求结构的开间和柱网不同，转换层也就应运而生。

转换层的结构功能是荷载系统的调整。通常采取两种结构形式：一是转换梁结构，该层通常是空置的；二是转换板结构，该层可按使用层布置。转换梁或转换板的体积较大，一般按大体积混凝土的要求进行施工。

(1)模板及支撑。由于转换梁或转换板在建筑物中所处的标高多在15～30 m，是一种既重又高的构造，模板的设计是重点。转换层模板及支撑系统所承担的荷载一般都很大，大多采用钢结构作支撑，其荷载的传递，要通过已浇筑好的混凝土楼层逐层传递至基础底板。

有些工程为避免对传递层造成不良的影响，对有关部位的楼板暂不浇筑，留出空位，使施工荷载直接传递至基础。已浇筑楼板的工程，在支撑传递的部位，楼板的底和面均应铺垫钢板缓冲，以分散其影响。

有些转换梁采用叠合梁的设计，分两次浇筑，将第一次浇筑的下部分梁养护至要求的强度时，利用其承担第二次浇筑的荷载，再浇筑上部叠合梁。这样，可减轻模板及支撑的费用。

转换层的施工目前仍未有专项规程，浇筑工作可参照大体积混凝土浇筑的相关规定进行。转换梁的操作要点是两次浇筑，转换板的操作要点是优化配合比、调控保养温度等，都有可以借鉴的经验。

(2)转换梁浇筑实例。某高层建筑转换大梁由3跨组成，梁截面宽为1 m，高为4.2 m，混凝土等级为C50，后张预应力。施工过程中的模板、支撑、钢筋、预应力张拉等从略，仅介绍混凝土浇筑部分，介绍如下：

1)考虑到梁的自重及其他荷载，垂直支撑从地下室至施工层表面，高达28.62 m，采用609 mm×12 mm钢管柱，按4 m×4 m柱网布置，与其他钢梁支撑组成支撑系统。在钢管支架关键点下设置振弦式压力盒进行检测，防止意外。

2)采用叠合梁两次浇筑成形，第一次浇筑高度为1.6 m，待其强度达30 MPa，梁的内部温度处于下降阶段时，再进行第二次浇筑，其高度为2.6 m。

3)为保证梁内预应力筋管道曲线位置准确，不受混凝土振捣的影响，应事先对操作人员反复演示。施工时派专人监管，并派专人负责抽动钢绞线。

4)混凝土采用商品混凝土，浇筑时采用斜面分层、薄层浇筑、自然流淌的施工法。在浇筑至距张拉端5～8 m时，反向下料推进。此时，拌合物在交汇处形成泌水集水坑，用转轴式泵将水抽出。

5)为控制温度裂缝，在混凝土中掺加适量的粉煤灰和高效减水剂，控制坍落度为120～140 mm；将已安在梁内的预埋电线管改装为临时通水管，作循环冷水管，起降温作用。

6)第一次浇筑混凝土到达梁的叠合面时，进行人工粗糙面处理，每隔300 mm用1根宽 40 mm、高 100 mm、长 970 mm 的上宽下窄的方木楔压入混凝土表面内；在初凝前 1 h 用刮尺按标高刮平。用木楔压磨密实后，再将木方起出，将混凝土表面凿毛，形成凹槽，提高二次浇筑时的结合力。

7）在第二次混凝土浇筑 12 h 后，开始保温养护，以多层塑料薄膜和草袋覆盖保养。以后再按测温的结构，及时调整保温材料的厚度。

十、混凝土结构工程施工安全技术要点

1. 在进行混凝土施工前，应仔细检查脚手架、工作台和马道是否绑扎牢固，如有空头板应及时搭好，脚手架应设保护栏杆。运输马道宽度：单行道应比手推车的宽度大 400 mm 以上；双行道应比两车宽度大 700 mm 以上。

2. 搅拌机、卷扬机、皮带运输机和振动器等的接电要安全、可靠，绝缘接地装置良好并应进行试运转，搅拌台上的操作人员应戴口罩；搬运水泥的工人应戴口罩和手套；有风时戴好防风眼镜。

3. 搅拌机应由专人操作，中途发生故障时应立即切断电源进行修理；混凝土搅拌机在运行中，任何人不得将工具伸入筒内清料，其机械传动外露装置应加保护罩。进料斗升起，严禁任何人在料斗下通过或停留。混凝土搅拌机停用时，升起的料斗应插上安全插销或挂上保险链。

4. 用小车向内卸料时，小车不得撒把，在边槽应加横木板，防止小车滑落砸人。

5. 用料斗吊运混凝土时，要与信号工密切配合好，在料斗接近下料位置时，下降速度要慢，须稳住料斗，防止料斗碰人、挤人。

6. 采用井字架运输时，应设专人指挥；井字架上的卸料人员不能将头或脚伸入井字架内；斗车把不得伸出吊篮外，车要放稳，运送到楼层后要待吊篮停稳，方可进入吊篮内推车。

7. 用手推车运输混凝土时，要随时注意防止撞人、挤人，平地运输时，车距不小于 2 m，在斜坡上不小于 10 m。向基坑或料斗倒混凝土，应有挡车措施，不得用力过猛和撒把。

8. 振动器操作人员振捣混凝土时，必须穿胶鞋和戴绝缘手套，湿手不得接触开关，电源线不得有破皮、漏电，电线要架空，开关要有人监护，振动器必须设专门防护性接地导线，避免火线漏电发生危险，如发生故障应立即切断电源修理。

9. 在高空作业，尤其是在外墙边缘操作时，应预先检查防护栏杆是否安全、可靠，发现问题应及时处理，然后再进行操作。必要时系安全带作业。

10. 浇筑混凝土使用的溜槽及串筒节间必须连接牢固。操作部位应有护身栏杆，不准直接站在溜槽边上操作；浇筑框架柱混凝土应设操作平台，不得直接站在支撑上操作；浇捣拱形结构，应自两边拱脚对称同时进行浇筑。雨篷、阳台应采取防护措施；浇捣料仓，下口应先封闭并铺设临时脚手架，以防人员坠落。

11. 夜间施工时应设足够的照明；深坑和潮湿地点施工时，应使用 36 V 以下低压安全照明。

十一、环境保护

1. 施工项目部应制定施工环境保护计划，落实责任人员并应组织实施。混凝土结构施工过程的环境保护效果，宜进行自评估。

2. 施工过程中，应采取建筑垃圾减量化措施。施工过程中产生的建筑垃圾，应进行分类、统计和处理。

3. 施工过程中，应采取防尘、降尘措施。施工现场的主要道路，宜进行硬化处理或采取其他扬尘控制措施。可能造成扬尘的露天堆储材料，宜采取扬尘控制措施。

4. 施工过程中，应对材料搬运、施工设备和机具作业等采取可靠的降低噪声措施。施工作业在施工场界的噪声级，应符合现行国家标准《建筑施工场界环境噪声排放标准》(GB 12523)的有关规定。

5. 施工过程中，应采取光污染控制措施。可能产生强光的施工作业，应采取防护和遮挡措施。夜间施工时，应采用低角度灯光照明。

6. 应采取沉淀、隔油等措施处理施工过程中产生的污水，不得直接排放。

7. 宜选用环保型脱模剂。涂刷模板脱模剂时，应防止洒漏。含有污染环境成分的脱模剂，使用后剩余的脱模剂及其包装等不得与普通垃圾混放，并应由厂家或有资质的单位回收处理。

8. 施工过程中，对施工设备和机具维修、运行、存储时的漏油，应采取有效的隔离措施，不得直接污染土壤。漏油应统一收集并进行无害化处理。

9. 混凝土外加剂、养护剂的使用，应满足环境保护和人身健康的要求。

10. 施工中可能接触有害物质的操作人员应采取有效的防护措施。

11. 不可循环使用的建筑垃圾，应集中收集，并应及时清运至有关部门指定的地点。可循环使用的建筑垃圾应加强回收利用，并应做好记录。

第五节　后浇带施工

新课导入

××市中医院病房楼工程，在6～7轴线间设置一道温度后浇带、1/A0～2/A0轴线间设置一道沉降后浇带、在4～5轴和8～9轴线之间各设置一道膨胀加强带。膨胀加强带做法参见《补偿收缩混凝土应用技术规程》(JGJ/T 178—2009)。

一、后浇带的概念

(一)后浇带定义

后浇带也称施工后浇带，是为适应环境温度变化、混凝土收缩、结构不均匀沉降等因素影响，在梁、板(包括基础底板)、墙等结构中预留的具有一定宽度且经过一定时间后再浇筑的混凝土带。

(二)后浇带的类型

1. 沉降后浇带：为解决高层建筑主楼与裙房的沉降差而设置的后浇施工带。
2. 温度后浇带：为防止混凝土因温度变化拉裂而设置的后浇施工带。
3. 伸缩后浇带：为防止因建筑面积过大，结构因温度变化，混凝土收缩开裂而设置的后浇施工带。

(三)后浇带的构造

1. 当建筑结构的平面尺寸超过规范规定的伸缩缝最大间距时，可考虑每隔 30～40 m 设置贯通顶板、底部及墙板的施工后浇带。后浇带的位置宜选在结构受力较小的部位，一般可设置在柱距三等分的中间范围内以及剪力墙附近，其方向宜与梁正交，沿竖向应在结构同跨内，后浇带应通过建筑物的整个横截面，断开全部墙、梁和楼板，使两边都可以自由伸缩或沉降，不得采用藕断丝连、要断不断的形式，否则会因应力集中而使后浇带破坏。一般情况下，沉降后浇带应从基础底板(地下室底板)到屋顶全部断开，温度后浇带地面以下部分可不断开。对其缝宽，应根据后浇带的作用，所处部位及施工难易等实际情况灵活掌握，一般为 700～1 000 mm[《地下工程防水技术规范》(GB 50108—2008)中 5.2.4 条规定为 700～1 000 mm，《高层建筑混凝土结构技术规程》(JGJ 3—2010)中 3.4.13—3 条规定为 800～1 000 mm，其他相关规范条文中对后浇带宽度也有规定]。

2. 后浇带也可以选择在结构受力影响较小的部位曲折通过，一般不要在一个平面内，以免全部钢筋都在同一部位搭接，而且一般后浇带不要通过上部结构墙体。后浇带断面形式应考虑浇筑混凝土后连接牢固，一般宜避免留直缝。对于楼板类，可留斜缝；对于梁及基础，可留企口缝，而企口缝又有多种形式，可根据结构断面情况确定。××市中医院病房楼工程梁、板、墙和地下室底板后浇带断面形式如图 3-5-1 所示。

3. 后浇带的封闭时间根据其类型的不同而不同，应正确选择。当后浇带是为减小混凝土施工过程中的温度应力时，其保留时间不宜少于两个月；当后浇带是为调整结构主体部分与裙房部分不均匀沉降而设置时，后浇带应在两侧结构单元沉降基本稳定后封闭。一般来说，应至主体结构封顶后再封闭后浇带。如有特殊要求时，也可参考沉降观测的数据，合理选择封闭时间，此时可采用超前止水后浇带。

4. 后浇带处应通长配筋，包括混凝土底板、顶板及地下室侧壁等，楼板中通过后浇带的钢筋应双层布置。后浇带内的钢筋处理，钢筋断开或贯通与否，取决于后浇带的类

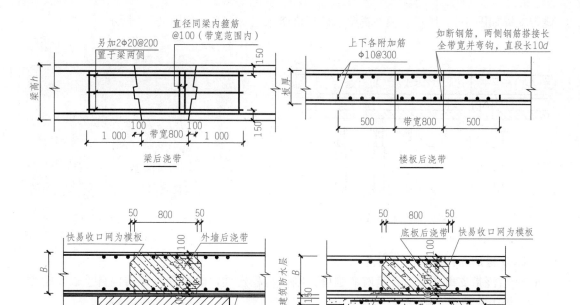

图 3-5-1　板、梁、墙和地下室底板后浇带断面

型。对于沉降后浇带，钢筋应贯通；对伸缩后浇带，钢筋应断开；对梁板结构，板筋断开、梁筋应贯通，如果钢筋不断开，钢筋附近的混凝土收缩将受到约束，产生拉应力出现开裂，从而降低了结构抵抗温度变化的能力。

5. 一般地下室底板、顶板及地下室外墙均采用微膨胀混凝土，内掺适量外加剂。而对后浇带外加剂掺量应适当提高，具体掺量由外加剂品种确定，收缩后浇带和温度后浇带可采用加强带的方法设置。膨胀加强带构造如图 3-5-2 所示。

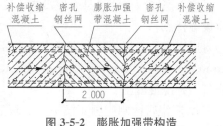

图 3-5-2　膨胀加强带构造

二、后浇带施工

(一)后浇带的模板支撑系统施工

后浇带跨内的梁板在后浇带混凝土浇筑前，两侧结构长期处于悬臂受力状态。在施工期间，本跨内的模板和支撑不能拆除，必须待后浇混凝土强度达到设计强度值的 100% 后，方可按由上而下顺序拆除。因此，后浇带模板支撑系统应满足以下要求：

1. 后浇带的模板支撑系统需单独设置，不干扰平台模板的支设与拆除。楼面梁板后浇带支撑如图 3-5-3 所示。模板拆除后的后浇带独立支撑系统如图 3-5-4 所示。

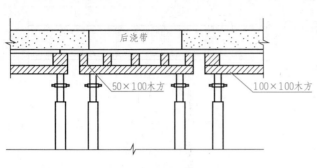

图 3-5-3 后浇带支撑示意图

图 3-5-4 后浇带支撑系统现场图

2. 支撑的立杆应上、下对齐。

3. 后浇带支撑必须具有足够的强度、刚度与稳定性，能承受悬臂结构自重以及上部结构、施工荷载。

4. 支撑应具有良好的耐久性，确保在使用期间不变形、不松动。宜采用工具式支撑，可重复使用，同时需考虑支撑应不易被扰动或拆除。

5. 后浇带留置时间较长，在满足稳定性等要求的情况下，需考虑支撑的经济性与合理性。

(二)地下室底板后浇带的留置

地下室底板后浇带具有厚度大、施工期间易受水浸泡、钢筋暴露时间长和易聚积建筑垃圾等特点。

后浇带的底板处理：为考虑后浇带后期施工时的清理和积水的排除，在底板垫层上每 20 m 设一个 500 mm×500 mm×500 mm 的集水井，在底板施工时保留，最后施工时和后浇带一并浇混凝土。

1. 后浇带两侧的侧面模板。底板后浇带支模，首先要拉线固定好钢板止水带，再支设止水带模板，底板、底筋要垫好保护层，支模后用 1∶3 水泥砂浆封堵密实，后浇带模板第一次支模，钢板止水带要求支一半露一半，而且要求在底板的中间。

地下室底板后浇带侧面模板，采用木模板作后浇带侧面模板时，因拆除模板困难，已很少采用，工程上一般采用永久性模板。

(1)钢丝网作后浇带侧面模板。钢丝网作后浇带侧面模板时，应在板底钢筋绑扎完毕后，根据放线位置焊接钢筋架(钢筋直径按底板厚度及配筋量确定)，随后绑扎双层 5 mm×5 mm 钢丝网，扎点间距为 200 mm，上、中、下全部满扎，保证钢丝网与支架连接牢固，如图 3-5-5所示。对于基础梁处的后浇带，可在梁中放置预制的带钢丝网的钢筋网片。

(2)快易收口网作后浇带侧面模板。快易收口网的网格和骨架均为机制成型，先切割钢板并冲出网格，然后压出骨架，同时将中间部分材料拉伸形成一种斜向的金属网。施工时，快易收口网侧面模板，既能形成空隙以减少混凝土压力，又能防止混凝土流出过多，同时还能形成混凝土粘结良好的结合面。骨架主要起支撑金属网、增加其刚度的作用。快易收口网侧面模板施工方便，易保证施工质量。如图 3-5-6 所示。

图 3-5-5　钢丝网侧模施工图　　　　　图 3-5-6　快易收口网侧模施工图

2. 后浇带的清理和防护。

(1)后浇带两侧混凝土浇捣及垂直施工缝的处理。在混凝土浇筑和振捣过程中，应特别注意分层浇筑厚度和振捣器距侧面模板的距离。为防止混凝土振捣中水泥浆流失严重，应限制振捣器与钢板网模板的距离(采用 φ50 振捣器时不小于 40 cm；采用 φ70 振捣器时不小于 50 cm)，以免因浇筑厚度较大，侧面模板的侧压力增大而向外凸出，造成尺寸偏差。为保证混凝土密实，垂直施工缝处应采用钢钎捣实。

混凝土浇筑过程中允许有少量水泥浆外漏。所以，后浇带两侧的混凝土浇筑后，应对后浇带垂直施工缝进行清理。采用快易收口网垂直施工缝时，可在混凝土初凝后，用压力水(应呈雾状)将模板表面冲洗干净，不必拆除模板；采用钢丝网模板的垂直施工缝时，当混凝土达到初凝后，用压力水冲洗，清除浮浆、碎片并使冲洗部位露出集料，同时将钢丝网片冲洗干净，混凝土终凝后将钢丝网拆除，立即用高压水再次冲洗施工缝表面，若钢丝网埋入混凝土中，也可不拆除；采用木模板的垂直施工缝时，可以根据现场情况和规范要求，尽早拆模并及时用人工凿毛或用高压水冲毛。经处理的加强带或后浇带，表面粗糙干净、凹凸不平，新旧混凝土粘结力很强，有效地保证了混凝土的整体性。

(2)后浇带钢筋的保护措施。后浇带钢筋的保护方法：先缠绕一层纸，再缠绕一层防水纸胶带，或将后浇带内裸露的钢筋表面刷上掺有 801 胶素水泥浆包裹并加以保护，防止钢筋锈蚀。

(3)后浇带的防护。在后浇带混凝土未浇筑之前，后浇带的两侧应采用砖砌挡墙以及上口采用木盖板(图 3-5-7)进行全封闭保护，防止混凝土、砂浆结块污染及建筑杂物大量堆积，防止损坏外贴式止水带，防止施工、混凝土养护和雨水进入后浇带，防止工程施工中钢筋污染，保证钢筋不被踩踏。

(三)地下室后浇带超前止水

地下室后浇带留置时间长，长时间无法闭合，造成外墙后浇带的长期暴露，将直接影响到外侧防水和回填土的施工，影响工期。后浇带封闭前，不可避免地会落进杂物，清理困难，雨水与施工用水容易进入地下室内，有可能导致地下结构内灌满泥水，影响正常施

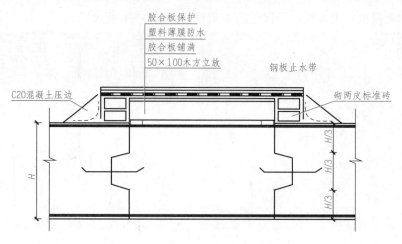

图 3-5-7　地下室底板后浇带防护

工。而且，地下降水设备不能拆除，增加施工费用。采用地下室后浇带超前止水技术，以达到提前封闭的目的。

1. 地下室底板后浇带超前止水施工简便，在地面上操作，无须支模。超前止水构造如图 3-5-8 所示，超前止水施工现场图如图 3-5-9 所示。

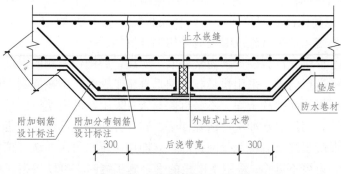

图 3-5-8　后浇带超前止水构造

图 3-5-9　后浇带超前止水施工现场图

2. 地下室外墙后浇带超前止水。地下室外墙后浇带超前止水构造与底板超前止水类似。
(1)后浇带处采用混凝土导墙超前止水，导墙外侧与地下室外墙模板一体施工，构造明确、施工简便，导墙内侧模板采用快易收口网，施工缝处理一次成形，保证后浇混凝土的施工质量。

（2）导墙中部采用留设聚苯泡沫填充伸缩缝及外贴式橡胶止水带，在达到导墙超前止水效果的同时，也保证了后浇带处一定的收缩变形能力。

（3）地下室外墙混凝土浇筑前于导墙内预埋螺栓以作单侧模板拉结用，保证后浇混凝土室内部分与先浇墙面平整一致。

（4）地下室外墙防水层、保护层及室外回填可一体化施工，避免受到外墙后浇带干扰，保证防水工程整体施工质量，同时地下室内砌筑装饰工程可同步进行，加快了工程施工进度。

(四)墙、梁和板后浇带两侧缝模板设置

1. 墙后浇带侧面模板。墙后浇带两侧一般采用焊接钢筋架绑扎双层 5 mm×5 mm 钢丝网作模板(图 3-5-10)，或采用快易收口网作后浇带侧面模板，将钢丝网模板或快易收口网模板从墙顶放进钢筋骨架内，绑扎在墙竖向钢筋上，两边钢筋与墙模板之间的缝隙用木板封堵并固定在墙模板上。

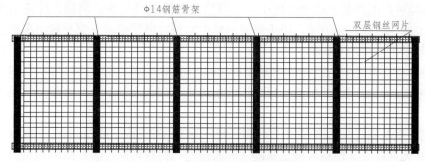

图 3-5-10　墙后浇带钢丝网侧面模板

2. 梁后浇带侧面模板。梁后浇带两侧常采用焊接钢筋架绑扎双层 5 mm×5 mm 钢丝网作模板(图 3-5-11)，也可采用快易收口网作后浇带侧面模板，将钢丝网模板放进后浇带钢筋骨架内，绑扎在梁钢筋骨架上，四周缝隙用木框封堵并固定在梁模板上。

3. 板后浇带侧面模板。楼板混凝土厚度一般较小，后浇带侧面模板采用双层 5 mm×5 mm 钢丝网直接绑扎在板上、下层钢筋上作模板，在下层钢筋底钉一根木条、顶部支设一根方木封堵混凝土，也可在板后浇带两侧采用梳子模板封堵，如图 3-5-12 所示。

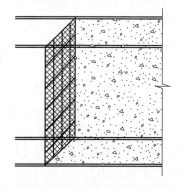

图 3-5-11　梁后浇带钢丝网侧面模板

图 3-5-12　楼面后浇带梳子板模板施工图

4. 墙、梁和板后浇带两侧的混凝土浇筑以后。应及时将两侧的垂直施工缝进行处理，其处理可参照地下室底板后浇带垂直施工缝处理的方法进行，楼面后浇带应有防护措施，常采用 18 mm 厚的胶合板覆盖，防止踩踏钢筋。为了防止施工和养护用水进入后浇带，可在后浇带的两边铺设 20 mm 厚的砂浆止水，然后覆盖胶合板。

(五)后浇带混凝土施工

后浇带混凝土应根据设计或相关规范标准的要求和后浇带作用确定浇筑时间，还需考虑后浇带的部位、作用、是否有防渗和防水要求等因素，确定与之相适应的混凝土浇筑方案。

1. 后浇带混凝土浇筑前的准备工作。

(1)钢筋除锈：由于后浇带留置时间较长，部分钢筋已经出现锈蚀，对于锈蚀的钢筋在支模前必须进行除锈处理，除锈时使用钢丝刷、砂纸将铁锈打磨掉(如属轻微锈蚀，可使用钢丝刷防锈或不防锈)。同时，对钢筋进行调整，重新补齐保护层垫块，保证钢筋的间距及位置正确。

(2)将模板内的浮浆、铁锈清理干净，特别是施工缝处要认真清理，防止出现夹渣现象。在施工缝一侧塞好海绵条，防止漏浆。对于原有后浇带模板支撑要视情况进行加固处理，确保混凝土接楼的平整度。

(3)浇灌后浇带混凝土前，应将其表面浮浆、水泥薄膜、表面松动的砂石和杂物清理干净并凿毛，弹线后用切割机沿线将施工缝切进 1 cm 深，提前 24 h 将原结构混凝土面浇水湿润。

(4)地下室基础底板后浇带由于钢筋较密，除锈、清理后将垃圾用高压水枪在后浇带内往集污井方向冲洗，使得混凝土浆随水一起流进集污井，用污水泵抽出。

(5)后浇带的混凝土因一次浇筑量小，所以，通常采用现场搅拌混凝土的方法，混凝土水胶比和坍落度小，而且后浇带应用强度等级提高一级、早强、补偿收缩的混凝土浇筑，所以，应单独设计混凝土配合比。施工中应提前做好水泥、砂、石和外加剂及掺合料的进场检验和试验，及时进行混凝土配合比试配和试验工作。

(6)混凝土选用商品混凝土时，应提前与商品混凝土公司联系，将后浇带混凝土的要求提供给商品混凝土公司技术部门，及时进行混凝土试配和试验工作。特别注意配合比的混凝土强度等级和微膨胀剂的掺入。

(7)模板支设：地下室底板后浇带清理完成后可直接浇筑混凝土，不需装模；梁板及外墙等部位的后浇带需先装模板才能浇捣。模板的支设同原设计梁(墙)板尺寸，下部支撑必须顶紧，地下室外墙加固用对拉止水螺杆。楼层后浇带的模板从下到上分层进行，中间不能间断。

2. 后浇带混凝土浇筑。后浇带混凝土浇筑由下层至上层按顺序进行，浇筑方法与主体混凝土基本相同，由于混凝土浇筑量小、后浇带宽度小和施工缝的接缝等特点，混凝土浇筑应注意以下几点：

(1)后浇带施工缝的接浆处理，在混凝土下料前应在后浇带两侧施工缝上刷两遍素水泥浆，确保新浇筑的混凝土与后浇带两侧的混凝土有良好的粘结力。

(2)地下室底板后浇带混凝土浇筑前，为了使新浇筑的混凝土与垫层良好粘结，应铺

30～50 mm 厚的与所浇混凝土成分相同的水泥砂浆。

（3）后浇带混凝土浇筑时，应避免直接靠近缝边下料。机械振捣宜自中央向后浇带接缝处逐渐推进，并在距缝边 80～100 mm 处停止振捣，避免使原混凝土振裂，然后人工捣实，使其紧密结合，厚度较大的后浇带混凝土（如地下室底板），有必要在振动界限以前给予二次振捣。经振捣后的混凝土表面，在用大杠刮平时让施工缝处新浇混凝土面高于已浇混凝土 2～3 mm，以便在搓毛后能保证两侧混凝土面没有高差。施工缝处应加强搓毛，保证两者结合良好。

（4）墙后浇带施工缝的位置。各层的墙后浇带应随楼面后浇带一起浇筑，施工缝位置留设在楼面；地下室底板后浇带浇筑后，在初凝前浇筑地下室墙后浇带，施工缝的位置仍留在墙止水钢板的中部。

3．后浇带混凝土养护和保护。

（1）后浇带混凝土养护：后浇带混凝土浇筑完成后 12 h 内，即混凝土终凝前对混凝土表面进行潮湿养护，养护期不得少于 14 d，对于地下室底板和墙养护期不得少于 28 d。对楼面梁板后浇带，常温施工时可采取覆盖塑料薄膜并定时洒水、铺湿麻袋等方式。地下室底板宜采取直接蓄水养护方式。墙体浇筑完成后，可在顶端设多孔淋水管，达到脱模强度后，可松动对拉螺栓，使墙体外侧与模板之间有 2～3 mm 的缝隙，确保上部淋水进入模板与墙壁间，也可采取其他保湿养护措施。

（2）后浇带混凝土的保护。

1）后浇带混凝土浇筑后应设置明显的标识和护栏，对整个现场后浇带位置予以标识，通过各种标识提醒施工人员注意保护后浇带。

2）在后浇带混凝土强度达到 1.2 MPa 前，不得在混凝土上面踩踏或安装模板及支架存放重物及其他易造成的冲击荷载等。

3）在后浇带适当的部位设置架空板，便于施工人员的通行和材料运输。

4．后浇带模板的拆除。后浇带模板的拆除应按施工技术方案执行。

（1）梁和墙侧模拆除：在混凝土强度能保证其表面不因拆除模而受损后，方可拆除。

（2）梁和板底模的拆除：在混凝土的强度达到施工技术方案中规定的强度后，从底层开始自下而上依次拆除。拆除模板的工艺和方法与主体结构相同。

（六）后浇带施工注意事项

1．了解后浇带的适用规范，合理编制后浇带施工技术方案。

后浇带施工前应认真研读施工图，特别是结构设计总说明，弄清后浇带的类型，了解其作用并熟悉其相关规范要求。后浇带设计涉及的规范比较多，如《高层建筑混凝土结构技术规程》《混凝土结构设计规范》《建筑地基基础设计规范》《地下工程防水技术规范》《高层建筑筏形与箱形基础技术规范》《补偿收缩混凝土应用技术规程》等规范标准，规范更新的时间不同，对于后浇带设计的规定也不统一，所以，要综合考虑相关规范的要求，编制与工程实际相符的后浇带施工技术方案。

2．熟悉后浇带混凝土强度和掺加膨胀剂的比例，设计混凝土配合比。

关于后浇带混凝土强度和膨胀剂掺量的要求，相关规范表述的含义基本一致，后浇带混凝土的强度应比原结构混凝土强度等级增大一级，在《地下工程防水技术规范》中规定后浇带混凝土的抗渗和抗压强度等级不应低于两侧混凝土，可以理解为后浇带混凝土强度等级与原结构相同或高于原结构一级；掺加膨胀剂的比例，相关规范提出限制膨胀率的要求，有的则直接要求采用微膨胀混凝土。所以，施工前应根据设计要求，设计混凝土配合比，确定膨胀剂掺加比例并进行试配和试验，得出混凝土施工配合比。

3. 后浇带混凝土浇筑时间的确定。关于后浇带混凝土浇筑的时间问题，应根据设计文件的要求，参照相关规范条文确定后浇带封闭时间。如沉降后浇带，应根据沉降实测值和计算值确定的后期沉降差满足设计要求后，或后浇带两侧的差异沉降趋于稳定后，后浇带混凝土方可进行浇筑；对于温度后浇带混凝土浇筑时的环境温度宜低于两侧混凝土浇筑时的环境温度，即需考虑后浇带混凝土浇筑时的季节。此外，还应考虑规范规定的后浇带封闭的最短时间限制，《地下工程防水技术规范》的规定为 42 d，《高层建筑混凝土结构技术规程》的规定为 45 d。

4. 后浇带混凝土浇筑后养护时间。相关规范中对后浇带混凝土浇筑后的养护时间，基于后浇带的作用和位置也有所差别，综合各相关规范条文的规定，地下室底板和墙等有防水要求的后浇带混凝土养护时间为 28 d，其余的均为 14 d。

5. 膨胀加强带的宽度。伸缩后浇带和温度后浇带可采用加强带的方法设置时，应由设计单位同意，并出具设计变更后方可替换。一般采用补偿收缩混凝土浇筑膨胀加强带，其宽度比后浇带大，规范要求为 2 m。膨胀加强带施工时两边用钢丝网将其隔开，混凝土浇筑时，先浇筑两边混凝土，待两边混凝土浇筑完成后，随机浇筑带内混凝土。

第四章

屋面及防水施工

学习目标

1. 了解常用防水材料的类型、性能及使用方法；
2. 掌握卷材防水屋面的施工要点及质量控制措施；
3. 掌握涂料防水屋面的施工要点及质量控制措施；
4. 掌握细石混凝土防水屋面的施工要点及质量控制措施。

案例导入

　　××市惠和家园5号楼工程，框架结构12层，建筑面积为9 551.2 m²。主体结构梁、板、柱为混凝土现浇结构，屋面为现浇钢筋混凝土板，采用泡沫混凝土找坡，保温层采用130厚Ⅰ型发泡水泥板，防水层为4.0厚SBS防水卷材，外加一层石油沥青卷材隔离层和20厚水泥砂浆保护层。屋顶平面图如图4-0-1所示。

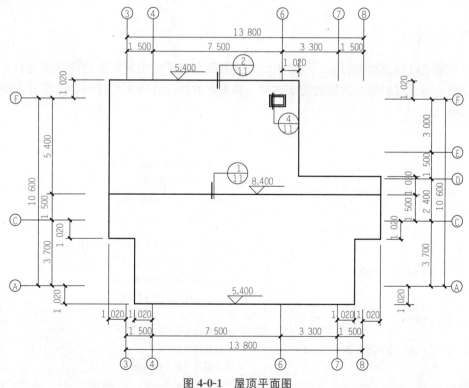

图 4-0-1　屋顶平面图

第一节 认识防水材料

任务目标

1. 熟悉常见的屋面防水材料;
2. 掌握常用防水材料的性能及使用。

案例导入

建筑防水材料很多,选择时不但需要考虑到防水材料的性能,还需要考虑材料价格,根据实际情况取舍。

建筑工程防水材料按材料品种分类,分为卷材防水、涂抹防水、密封材料防水、混凝土防水、砂浆防水。前三种属于柔性防水材料,后两种属于刚性防水材料。

一、柔性防水材料

(一)防水卷材

以厚纸或纤维织物为胎基,经浸土沥青或其他高分子防水材料而成的防水材料。根据其主要防水组成材料可分为沥青防水卷材、高聚物改性沥青防水卷材和合成高分子防水卷材三大类(表 4-1-1)。

表 4-1-1　防水卷材分类

沥青防水卷材	1. 石油沥青纸质油毡(现已禁用) 2. 石油沥青玻璃布油毡; 3. 石油沥青玻璃纤维胎油毡; 4. 铝箔面油毡
高聚物改性沥青防水卷材	1. 弹性体改性沥青防水卷材(SBS 卷材); 2. 塑性体改性沥青防水卷材(APP 卷材); 3. PVC 改性焦油沥青防水卷材; 4. 再生胶改性沥青防水卷材
合成高分子防水卷材	1. 橡胶系防水卷材; 2. 塑料系防水卷材; 3. 橡胶塑料共混系防水卷材

1. 沥青防水卷材(图 4-1-1)。沥青防水卷材是用原纸、纤维毡等胎体材料浸涂沥青，表面散布粉状、颗粒或片状材料制成可卷曲的片状防水材料。沥青防水卷材分为有胎卷材和无胎卷材。凡是用厚纸或玻璃丝布、石棉布、棉麻织品等胎料浸渍石油沥青制成的卷状材料，称为有胎卷材；将石棉、橡胶粉等掺入沥青材料中，经碾压制成的卷状材料，称为无胎卷材。常见的沥青防水卷材的特性及用途见表 4-1-2。本工程案例中，屋面防水隔离层就采用了石油沥青防水卷材。

图 4-1-1　沥青防水卷材

表 4-1-2　沥青防水卷材的特性及用途

材料名称	特性	用途
石油沥青玻璃布油毡	抗拉强度高，胎体不易腐烂，材料柔韧性好，耐久性比一般纸胎油毡高一倍以上	适用于铺设地下防水、防腐层，并用于屋面作防水层及金属管道(热管道除外)的防腐保护层
石油毡沥青玻璃纤维胎油毡	具有良好的耐水性，其防腐性、耐久性和柔韧性都优于纸胎沥青油毡	主要用于防水等级为Ⅲ级的屋面工程
铝箔面油毡	具有良好的抗蒸汽渗透性，防水性好且具有一定的抗拉强度	用于多层防水面层的隔汽层

2. 高聚物改性沥青防水卷材。高聚物改性沥青防水卷材简称改性沥青防水卷材，俗称改性沥青油毡，是新型防水材料中使用比例最高的一类，在防水材料中占重要地位。该类防水材料是在石油沥青中添加聚合物，通过高分子聚合物对沥青的改性作用，提高沥青的软化点，增加低温下的流动性，使感温性能得到明显改善，增加弹性，使沥青具有可逆变形的能力；改善耐老化性和耐硬化性，使聚合物沥青具有良好的使用功能，即高温不流淌、低温不脆裂，刚性、机械强度、低温延伸性有所提高，增大负温下的柔韧性，延长使用寿命，从而使改性沥青防水卷材能够满足建筑工程防水应用的功能。

下面介绍高聚物改性沥青防水材料的两个主要品种：

(1)SBS 改性沥青防水卷材(图 4-1-2)：SBS 是苯乙烯-丁二烯-苯乙烯的英文词首字母缩写，属嵌段共聚物。SBS 改性沥青防水卷材是在石油沥青中加入 SBS 进行改性的卷材。SBS 石油丁二烯和苯乙烯两种原料聚合而成的嵌段共聚物，是一种热塑性弹性体。它在受热条件下呈现树脂特性，即受热可熔融成黏稠液态，可以和沥青共混，兼有热缩性塑形和硫化橡胶的性能。因此，SBS 也称热缩性丁苯橡胶，它不需要硫化，并且具有弹性高、抗拉强度高、不易变形、低温性能好等优点。在石油沥青中加入适量的 SBS 而制得的改性沥青具有冷不变脆、低温性好、塑性好、稳定性高、使用寿命长等优良性能，可大大改善石油沥青的低温屈挠性和高温抗流动性能，彻底改变石油沥青冷脆裂的弱点，并保持了沥青的优良憎水性和黏性的优点。

将改性的石油沥青以聚酯胎、玻纤胎、聚乙烯膜胎、复合胎等为胎基的材料，浸渍SBS 改性石油沥青为涂盖材料，也可再在涂盖材料的上表面以细砂(S)、粉料或矿物粒

（M）、塑形薄膜（PE）为面层，制成不同胎基、不同面层、不同厚度的各种规格的系列防水卷材。SBS 改性沥青防水卷材的规格，见表 4-1-3。

表 4-1-3　SBS 改性沥青防水卷材的规格

规格/mm		3			4			5		
上表面材料		PE	S	M	PE	S	M	PE	S	M
下表面材料		PE	PE、S		PE	PE、S		PE	PE、S	
面积（m²/卷）	公称面积	10.15			10.75			7.5		
	偏差	0.1			0.1			0.1		
单位面积质量		3.3	3.5	4.0	4.3	4.5	5.0	5.3	5.5	6.0
厚度/mm	平均值	3.0			4.0			5.0		
	最小单值	2.7			3.7			4.7		

SBS 改性沥青防水卷材不但具有上述很多优点，而且施工方便，可以选用冷粘结、热粘结、自粘结，可以叠层施工。厚度大于 4 mm 的，可以单层施工；厚度大于 3 mm 的，可以热熔施工。故广泛应用于工业建筑和民用建筑，例如，保温建筑屋面和不保温建筑屋面、屋顶花园、地下室、卫生间、桥梁、公路、涵洞、停车场、游泳池、蓄水池等建筑工程防水，尤其适用于较低气温环境和结构变形复杂的建筑防水工程。本工程案例屋面防水卷材就是采用 SBS 改性沥青防水卷材。

（2）APP 改性沥青防水卷材（图 4-1-3）：APP 是塑性无规聚丙烯的代号。APP 改性沥青防水卷材是指采用 APP 塑性材料作为沥青的改性材料。聚丙烯可分为无规聚丙烯、等规聚丙烯和间规聚丙烯三种。在改性沥青防水卷材中应用的多为廉价的无规聚丙烯，它是生产等规聚丙烯的副产品，是改性沥青用树脂与沥青共混性最好的品种之一，有良好的化学稳定性，无明显溶化点，在 165 ℃～176 ℃时呈黏稠状态，随温度升高黏度下降，在 200 ℃左右流动性最好。APP 材料的最大特点是分子中级性碳原子少，因而单键结构不易分解，掺入石油沥青后，可明显提高其软化点、延伸率和粘结性能。软化点随 APP 掺入比例的增加而增高，因此，能够提高卷材耐紫外线照射性能，具有耐老化性的优良特点。

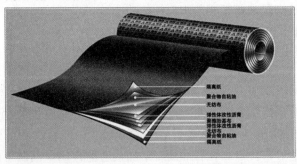

<table>
<tr><td>图 4-1-2　SBS 改性沥青防水卷材</td><td>图 4-1-3　APP 改性沥青防水卷材</td></tr>
</table>

APP 改性沥青防水卷材具有多功能性，适用于新、旧建筑工程，腐殖质土下防水层、碎石下防水层、地下墙防水等。其还广泛应用于工业与民用建筑屋面和地下防水工程，以及道路、桥梁建筑的防水工程，尤其适用于较高气温环境和高温地区建筑工程的防水。

3. 合成高分子防水卷材（图 4-1-4）。以合成橡胶、合成树脂或此两者的共混体为基料，加入适量的化学助剂和填充料等，经不同工序加工而成可卷曲的片状防水材料；或把上述材料与合成纤维等复合形成两层或两层以上可卷曲的片状防水材料。其包括三大类：橡胶系防水卷材、塑料系防水卷材和橡胶塑料共混系防水卷材。

图 4-1-4　合成高分子防水卷材

总体来说，合成高分子防水卷材具有以下特点：

（1）拉伸强度高：合成高分子防水卷材的拉伸强度均在 3 MPa 以上，最高的拉伸强度可达 10 MPa 左右，可以满足施工和应用的实际要求。

（2）断裂伸长率高：合成高分子防水卷材的断裂伸长率都在 100％ 以上，有的高达 500％ 左右，可以较好地适应建筑工程防水基层伸缩或开裂变形的需要，可确保防水质量。

（3）抗撕裂强度高：合成高分子防水卷材的撕裂强度均在 25 kN/m² 以上。

（4）耐热性能好：合成高分子防水卷材在 100 ℃ 以上的温度条件下，一般都不会流淌以及产生集中性气泡。

（5）后期收缩大：大多数合成高分子防水卷材的热收缩和后期收缩均较大，常使卷材防水层产生较大内应力而加速老化，或产生防水层被拉裂，搭接缝拉脱、翘边等缺陷。

（6）低温柔性好：合成高分子防水卷材的低温柔性一般均在 −20 ℃ 以下，如三元乙丙橡胶防水卷材的低温柔性在 −45 ℃ 以下。因此，高分子防水卷材在低温条件下使用，可提高防水层的耐久性，增强防水层的适应能力。

（7）耐腐蚀能力强：合成高分子防水卷材的耐臭氧、耐紫外线、耐气候等能力强，耐老化性能好，可延长防水耐用年限。

（8）施工技术要求高：需熟练技术工人操作。其与基层完全粘结困难；搭接缝多，易产生接缝粘结不善，产生渗漏的问题，因此，宜与涂料复合使用，以增强防水层的整体性、提高防水的可靠度。

（二）防水涂料

防水涂料是指常温下呈黏稠状的液体，用刷子、滚筒、刮板、喷枪等工具涂刷或喷涂于基面，经溶剂（水）挥发或反应固化后的涂层具有防水、抗渗功能的涂料（图 4-1-5、图 4-1-6），基层上固化后形成的涂层称为涂膜防水层。与卷材相比，涂膜防水层的整体性好、防水涂料施工简便，对不规则基层和复杂节点部位的适应能力强。防水涂料种类见表 4-1-4，常见防水材料的特性及适用范围见表 4-1-5。

图 4-1-5　聚氨酯防水涂料

图 4-1-6　聚合物防水涂料

表 4-1-4 防水涂料种类

沥青基类	溶剂型	沥青涂料
	水乳型	石灰膏乳化沥青、水性石棉沥青、乳化沥青、黏土乳化沥青
高聚物改性沥青类	溶剂型	氯丁橡胶沥青类、再生橡胶沥青类
	水乳型	水乳型氯丁橡胶沥青类、水乳型再生橡胶沥青类
	热熔型	SBS 改性沥青防水涂料
合成树脂类	单组溶剂型	丙烯酸酯类
	单组水乳型	丙烯酸酯类
	单组反应型	焦油环氧树脂类
	双组分反应型	环氧树脂类、焦油环氧树脂类
合成橡胶类	单组溶剂型	氯磺化聚乙烯橡胶类、氯丁橡胶类
	单组水乳型	氯丁、丁苯、丙烯酸酯、硅橡胶
	单组反应型	聚氨酯类
	双组分反应型	氨酯类、焦油聚氨酯类、沥青聚氨酯类、聚硫橡胶
水泥类		聚合物水泥类、无机盐水泥类

表 4-1-5 常见防水材料的特性及适用范围

名称	特性	适用范围	类型
沥青防水卷材	工地制配简单方便、价格低廉	用于防水等级为Ⅱ、Ⅲ级屋面	水性涂料
氯丁橡胶沥青防水涂料	阳离子型、强度较高、耐候性好，无毒，不污染环境，抗裂性好，操作方便	用于Ⅱ、Ⅲ、Ⅳ级屋面	水乳型高聚物改性沥青防水涂料
氯丁橡胶沥青防水涂料	与水乳型涂料比较，防水涂层结膜密实，干固快、耐水、抗渗性好，价格低廉	用于寒冷地区的Ⅱ、Ⅲ级屋面	溶剂型高聚物改性沥青防水涂料
焦油聚氨酯防水涂料	弹性好，伸长率，对基层开裂适应性好，具有一定的耐候、耐油、耐磨、不燃烧及耐碱性，粘结性良好，价格较低	单独用于Ⅱ、Ⅲ级屋面	反应型合成高分子防水涂料
丙烯酸酯防水涂料	涂膜具有良好的粘结性、防水性、耐候性、无污染、无毒、不燃，以水为稀释剂，施工方便，且可调制成多种颜色	适用于有不同颜色要求的屋面，宜涂覆于各种新、旧防水层上	挥发型防水涂料

(三)建筑密封材料

建筑密封材料是建筑工程施工中不可缺少的一类。对各种缝隙进行填充，并与缝隙表面很好地结合成一体，实现缝隙密封的材料。建筑密封材料一般可分为三大类：无定型密封材料（密封膏）、定型密封材料（止水带、密封圈、密封件等）、半定型密封材料（密封带、遇水膨胀止水条等）。建筑密封材料如图 4-1-7 所示。

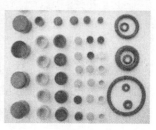

图 4-1-7　建筑密封材料

下面主要介绍工程中常见的无定型密封材料（建筑密封膏）。

1. 建筑密封膏的概念。建筑密封膏是一种使用时为可流动或可挤注的不定型膏状材料，应用后在一定的温度条件下（一般为室温固化型），通过吸收空气中的水分进行化学交联固化或通过密封膏自身含有溶剂、水分挥发固化，而形成具有一定形状的密封层。

建筑密封膏主要用于建筑物的缝隙密封处理。如外墙板缝的密封，窗、门与墙体连接部位的密封，以及屋面、厕浴间、地下防水工程节点部位的密封，卷材防水层的端部密封以及各种缝隙及裂缝的密封。

2. 建筑密封膏的特点与用途。工程中常见的建筑密封膏的性能与用途见表 4-1-6。

表 4-1-6　常见的建筑密封膏的性能与用途

种类	特点	用途
聚氨酯密封膏	具有很好的强度、延伸率、弹性，还有适应变形能力强等密封性能	一般用于建筑物非外露部位
丙烯酸酯密封膏	耐候性好、粘结效果好，可在潮湿基面施工	一般多用于外墙板缝等部位的密封
硅酮密封膏	拉伸模量较高、粘结性能好、固化速度快	适用于玻璃、幕镜、大型玻璃幕墙等接缝密封
聚硫密封膏	耐油性能和耐老化性能很好、强度高、气密性、气密性均好、粘结性能可靠	用于一般建筑、土木工程的各种接缝密封

1. 什么是防水卷材？如何分类？
2. 常用的改性沥青材料有哪几种？各有什么特点？
3. 防水涂料如何分类？常用的防水涂料有哪些？各有什么特点？
4. 合成高分子卷材有哪些优点？

◐ 二、刚性防水材料

(一)防水混凝土

防水混凝土是在 0.6 MPa 以上水压下不透水的混凝土，它是通过调整混凝土配合比或掺加外加剂、钢纤维、合成纤维等，并配合严格的施工及施工管理，减少混凝土内部的空隙率或改变孔隙形态、分布特征，从而达到防水(抗渗)目的。防水混凝土一般分为以下三类：

1. 普通防水混凝土。所用原材料与普通混凝土基本相同，但两者的配制原则不同。普通防水混凝土主要借助于采用较小的水胶比，适当提高水泥用量、砂率(35%~40%)及灰砂比，控制石子最大粒径，加强养护等方法，以抑制或减少混凝土孔隙率，改变孔隙特征，提高砂浆及其与粗集料界面之间的密实性和抗渗性。一般来说，普通防水混凝土的抗渗压力可达 0.6~2.5 MPa，其施工简便、造价低廉、质量可靠，适用于地下和地上防水工程。

2. 外加剂防水混凝土。在混凝土拌合物中加入微量有机物(引气剂、减水剂、三乙醇胺)或无机盐(如氯化铁)，以改善其和易性，提高混凝土的密实性和抗渗性，引气剂防水混凝土抗冻性好，能经受 150~200 次冻融循环，适用于抗水性、耐久性要求较高的防水工程。减水剂防水混凝土具有良好的和易性，可调节凝结时间，适用于泵送混凝土以及薄壁防水结构。三乙醇胺防水混凝土早期强度高、抗渗性能好，适用于工期紧迫、要求早强及抗渗压力大于 2.5 MPa 的防水工程。氯化铁防水混凝土具有较高的密实性和抗渗性，抗渗压力可达 2.5~4.0 MPa，适用于地下、深层防水工程或修补堵漏工程。

3. 膨胀水泥防水混凝土。它是利用膨胀水泥水化时产生的体积膨胀，使混凝土在约束条件下的抗裂性和抗渗性获得提高，主要用于地下防水工程和后灌缝。

(二)防水砂浆

防水砂浆通过提高砂浆的密实性及改进抗裂性以达到防水、抗渗的目的。主要用于不会因结构沉降，温度、湿度变化以及受振动等产生有害裂缝的防水工程。用作防水工程的防水层的防水砂浆有以下三种：

1. 刚性多层抹面的水泥砂浆。由水泥加水配制的水泥素浆和水泥、砂、水配制的水泥砂浆，将其分层交替抹压密实，以使每层毛细孔通道大部分切断，残留的少量毛细孔也无法形成贯通的渗水孔网。硬化后的防水层具有较高的防水和抗渗性能。

2. 掺防水剂和防水砂浆。在水泥砂浆中掺入各类防水剂以提高砂浆的防水性能，常用的掺防水剂的防水砂浆有氯化物金属类防水砂浆、氯化铁防水砂浆、金属皂类防水砂浆和超早强剂防水砂浆等。

3. 聚合物水泥防水砂浆。其是指用水泥、聚合物分散体作为胶凝材料与砂配制而成的砂浆。聚合物水泥砂浆硬化后，砂浆中的聚合物可有效地封闭连通的孔隙，增加砂浆的密实性及抗裂性，从而可以改善砂浆的抗渗性及抗冲击性。聚合物分散体是在水中掺入一定量的聚合物胶乳(如合成橡胶、合成树脂、天然橡胶等)及辅助外加剂等(如乳化剂、稳定剂、消泡剂、固化剂等,经搅拌而使聚合物微粒均匀分散在水中的液态材料。常用聚合物品种有:有机硅、阳离子氯丁胶乳、乙烯-聚氰酸乙烯共聚乳液、丁苯橡胶胶乳、氯乙烯-偏氯化烯共聚乳液等。

---

1. 简述刚性防水材料的优点和缺点。
2. 什么是防水混凝土?如何分类?
3. 什么是防水砂浆?

第二节 屋面防水工程施工

🔍 任务目标

1. 掌握卷材防水屋面的施工要点及质量控制措施。
2. 掌握涂料防水屋面的施工要点及质量控制措施。
3. 掌握细石混凝土防水屋面的施工要点及质量控制措施。

🔧 案例导入

屋面是建筑物屋顶的表面,它主要是指屋脊与屋檐之间的部分,这一部分占据了屋顶的较大面积,或者说屋面是屋顶中面积较大的部分。屋面一般包含混凝土现浇楼面(结构层)、水泥砂浆找平层、保温隔热层、防水层、水泥砂浆保护层及避雷措施等,特殊工程时还有瓦面的施工。

本节主要就屋面防水层做详细讲解,对于屋面其他层做法只作简单介绍。

建筑屋面,主要是起到保温与防水的作用,因此屋面的典型构造层次是:结构层、找平层、保温隔热层、防水层、保护层等。

⊙ 一、结构层

结构层是楼板层的承重部分,包括板、梁等构件。结构层承受整个楼板层的全部荷载,并对楼板层的隔声、防火等起主要作用。

二、找平层

找平层是在结构层上的整平、找坡或加强作用的构造层，找平层采用水泥砂浆或水泥混凝土铺设。找平层的施工方法：找平层应设分格缝，缝的间距不宜大于 6 m。找平层表面平整度的允许偏差为 5 mm。铺设找平层前应将保温层清理干净，并保持湿润。铺设时按先远后近、由高到低的顺序进行。采用水泥砂浆找平时，收水后应二次压光、充分养护。铺设找平层 12 h 后，洒水养护 7～10 d。

三、保温隔热层

屋面保温隔热层的作用：减弱室外气温对室内的影响，或保持因采暖、降温措施而形成的室内气温。对保温隔热所用的材料，要求相对密度小、耐腐蚀，并有一定的强度。常用的保温隔热材料有石灰炉渣、水泥珍珠岩、加气混凝土和微孔硅酸钙等，还有预制混凝土板架空隔热层。保温层一般分为正置式和倒置式。

(一)正置式

保温层设置在防水层下面，是传统屋面构造的做法。传统屋面热保温的选材一般为珍珠岩、水泥聚苯板、加气混凝土、陶粒混凝土、聚苯乙烯板等材料。这些材料普遍存在吸水率大的通病，如果吸水，保温隔热性能就会大大降低，无法满足隔热的要求，所以，一定要靠其上面的防水层，防止水分的渗入，保证隔热层的干燥，方能隔热保温。正置式屋面如图 4-2-1 所示。

(二)倒置式

所谓倒置式做法，即把传统屋面中防水层和保温层的层次颠倒一下，防水层在下面，保温层在上面。该施工方法与传统施工方法相比，第一，能使防水层无热胀冷缩现象，延长了防水层的使用寿命；第二，保温层对防水层提供一层物理性保护，防止其受到外力破坏。倒置式屋面如图 4-2-2 所示。

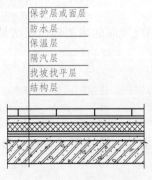

图 4-2-1　正置式屋面

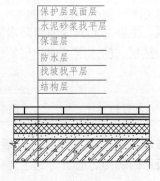

图 4-2-2　倒置式屋面

在本工程案例中，屋面防水构造中隔离层采用了正置式保温层。

四、防水层

(一)卷材防水屋面工程施工

卷材屋面构造层次示意图如图 4-2-3 所示。

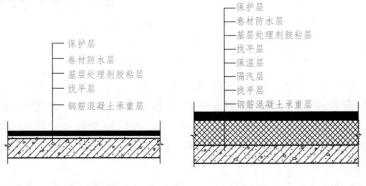

（a）　　　　　　　　　　　　　　（b）

图 4-2-3　卷材屋面构造层次示意图

(a)不保温卷材防水屋面；(b)保温卷材防水屋面

卷材防水屋面属于柔性防水屋面，它具有自重轻、防水性能较好等优点，尤其是防水层的柔韧性好，能适应结构一定程度的振动和胀缩变形。但也存在造价较高，易老化、起鼓，施工工序多，操作条件差，施工周期长，工效低，出现渗漏时修补较困难等缺点。

1.沥青防水卷材施工。

(1)材料及其质量标准。

1)沥青防水卷材。沥青防水卷材的外观质量要求见表 4-2-1，其规格见表 4-2-2。

表 4-2-1　沥青防水卷材的外观质量要求

项目	外观质量要求
孔洞、硌伤	不允许
露胎、涂盖不匀	不允许
折纹、折皱	距卷芯 1 000 mm 以外，长度不应大于 100 mm
裂纹	距卷芯 1 000 mm 以外，长度不应大于 100 mm
裂口、缺边	边缘裂口小于 20 mm，缺边长度小于 50 mm，深度小于 20 mm，每卷不超过 4 处
接头	每卷不应超过 1 处

表 4-2-2　沥青防水卷材的规格

标号	宽度/mm	每卷面积/m²	质量/kg	
350 号	915	20±0.3	粉毡	≥28.5
	1 000		片毡	≥31.5
500 号	915	20±0.3	粉毡	≥39.5
	1 000		片毡	≥42.5

2) 基层处理剂。沥青卷材用的是基层处理剂，又称为冷底子油。屋面工程用的冷底子油是用 10 号或 30 号石油沥青溶解于柴油、汽油、苯或甲苯等有机溶剂中制成的溶液，它用于涂刷在水泥砂浆或混凝土基层或配件基层上，可使基层表面与沥青胶结材料之间形成一层胶质薄膜，以此来增加卷材与基层的粘结。冷底子油配合比参考表见表 4-2-3。

表 4-2-3　冷底子油配合比(质量比)参考表　　　　　　　　　　%

种类	10 号或 30 号石油沥青	溶剂	
		轻柴油或煤油	汽油
慢挥发性	40	60	
快挥发性	50	50	
速干性	30		70

调制冷底子油时，先将熬好的沥青倒入料桶中，再加入溶剂。如加入慢挥发性溶剂，则沥青温度不得超过 140 ℃；如加入快挥发性溶剂(如汽油)，则沥青温度不得超过 100 ℃。溶剂应分批加入，开始每次加入 2～3 L，以后每次加入 5 L，边加入边不停地搅拌，直至全部溶解均匀。也可将熔化的沥青(温度要求同上)慢慢地加入溶剂中，边加边入搅拌，直至全部溶解均匀。

3) 沥青胶结材料。沥青胶结材料是用一种或两种标号的沥青按一定配合量熔合，经熬制脱水后成为胶结材料。

为了提高沥青的耐热度、韧性、粘结力和抗老化性能，可在融化后的沥青中掺入适当品种和数量的填充材料。常用填充材料有石棉粉、滑石粉、云母粉和粉煤粉。

沥青胶结材料的标号(即耐热度)应根据屋面坡度、当地历年室外极端最高气温选用，见表 4-2-4。

表 4-2-4　沥青胶结材料的标号选用表

屋面坡度	当地历年室外极端最高气温	沥青胶结材料标号
1%～3%	小于 38 ℃	S—60
	38 ℃～41 ℃	S—65
	41 ℃～45 ℃	S—70
3%～15%	小于 38 ℃	S—65
	38 ℃～41 ℃	S—70
	41 ℃～45 ℃	S—75
15%～25%	小于 38 ℃	S—75
	38 ℃～41 ℃	S—80
	41 ℃～45 ℃	S—85

熬制热沥青胶时要慢火升温，掌握火候。如果熬制温度太高，时间过长，则容易使沥青老化变质，影响沥青胶结材料的质量。加热时间以 3～4 h 为宜。对于建筑石油沥青胶结材料加热时，温度不应高于 240 ℃，使用时温度不应低于 190 ℃。

冷玛琋脂的配制：先按配合比将沥青加热熔化冷却至 130 ℃～140 ℃后，加入稀释剂(如轻柴油)，然后进一步冷却至 70 ℃～80 ℃，再加入填充料搅拌而成玛琋脂。也可将填充材料先与稀释剂拌和，然后再向熔化且冷却至 130 ℃～140 ℃的沥青中加入拌合物搅拌而成。

（2）油毡屋面防水工程的施工工艺。油毡铺贴施工工艺主要有两类，即热粘法施工和冷粘法施工。热粘法是指先熬制沥青胶，然后趁热涂晒并立即铺贴油毡的方法。冷粘法是用冷沥青胶粘贴油毡，其粘贴方法与热沥青胶粘贴方法基本相同，但具有劳动条件好、功效高、工期短等优点，还可以避免热作业熬制沥青胶对周围环境的污染。

目前油毡铺贴仍以热粘法居多，常用的三毡四油做法的施工工序如下：基层检查、清理→喷刷冷底子油→节点密封处理→浇刮热沥青胶→铺第一层油毡→浇刮热沥青胶→铺第二层油毡→浇刮热沥青胶→铺第三层油毡→油毡收头处理→浇刮面层热沥青→铺撒绿豆砂→清扫多余绿豆砂→检查、验收。

2. 高聚物改性沥青卷材防水施工。

（1）材料及其质量标准。

1）高聚物改性沥青卷材。高聚物改性沥青卷材的外观质量和规格应符合表 4-2-5 的要求，其物理性能见表 4-2-6。

表 4-2-5　高聚物改性沥青卷材的外观质量和规格

外观质量要求		规格		
项　目	外观质量要求	厚度/mm	宽度/mm	每卷长度/m
断裂、折皱、孔洞、剥离	不允许	2.0	≥1 000	15.0～20.0
边缘不整齐、砂砾不均匀	无明显差异	3.0	≥1 000	10.0
胎体未浸透、露胎	不允许	4.0	≥1 000	7.5
涂盖不均匀	不允许	5.0	≥1 000	5.0

表 4-2-6　高聚物改性沥青卷材的物理性能

项　目		性能要求			
		Ⅰ类	Ⅱ类	Ⅲ类	Ⅳ类
拉伸性能	拉力/N	≥400	≥400	≥50	≥200
	延伸率/%	≥30	≥5	≥200	≥3
耐热度(85 ℃±2 ℃，2 h)		不流淌，无集中性气泡			
柔性(−5 ℃～−25 ℃)		绕规定直径圆棒无裂纹			
不透水性	压力/MPa	≥0.2			
	保持时间/min	≥30			

注：1. Ⅰ类指聚酯胎体，Ⅱ类指麻布胎体，Ⅲ类指聚乙烯膜胎体，Ⅳ类指玻纤胎体。
　　2. 表中柔性的温度范围系数表示不同品种产品的低温性能。

2）基层处理剂及胶粘剂。高聚物改性沥青卷材的基层处理剂一般都由卷材生产厂家配套供应，使用应按产品说明书的要求进行，主要有改性沥青溶液和冷底子油两类。

高聚物改性沥青卷材的胶粘剂也是由厂家配套供应，分为基层与卷材粘贴的胶粘剂和卷材与卷材搭接的胶粘剂两种。对单组分胶粘剂只需搅拌均匀后即可使用，而双组分胶粘剂则必须严格按厂家提供的配合比和配制方法进行计量、掺和，搅拌均匀后才能使用。

（2）高聚物改性沥青卷材防水工程施工。高聚物改性沥青卷材由于具有低温柔性和延伸率，一般单层铺设，也可复合使用。改性沥青卷材施工时，基层处理剂的涂刷施工操作与冷底子油基本相同。根据其品种不同，改性沥青卷材可采用热熔法、冷粘法和自粘法施工。

1）热熔法施工。采用热熔法施工的改性沥青卷材是一种在工厂生产过程中底面涂有一层软化点较高的改性沥青热熔胶的卷材。铺贴时不需涂刷胶粘剂，而用火焰烘烤后直接与基层粘贴。它可以节省胶粘剂、降低造价，施工时受气候影响小，尤其适用于气温较低时施工，对基层表面干燥程度要求较宽松，但要掌握好烘烤时的火候。

热熔卷材可采用满粘法或条粘法铺贴。满粘法一般用滚铺施工，即不展开卷材而是边加热烘烤边滚动卷材铺贴；而条粘法常用展铺施工，即先将卷材平铺于基层，再沿边掀起卷材予以加热粘贴。

热熔法施工的主要工具是加热器，国内最常用的是石油液化气火焰喷枪，有单头和多头两种。石油液化气火焰喷枪由石油液化气瓶、橡胶煤气管、喷枪三部分组成，它的火焰温度高，使用方便，施工速度快。

施工时，喷枪与卷材的距离要适当（一般为 0.5 m 左右），加热要均匀，趁油毡尚未冷却时，滚铺油毡进行铺贴，当对接缝边缘溢出热熔改性沥青时停止烘烤，并用铁抹子或其他工具刮抹一遍，再用喷枪均匀、细致地封边，如图 4-2-4 所示。

图 4-2-4　高聚物改性沥青防水卷材热熔法施工

2）冷粘法施工。冷粘法铺贴改性沥青卷材是采用冷胶粘剂或冷沥青胶，将卷材贴于涂有冷底子油的屋面基层上。

冷粘法施工程序如下：基层检查、清扫→涂刷基层处理剂→节点密封处理→卷材反面涂胶→基层涂胶→卷材粘贴、辊压排气→搭接缝涂胶→搭接缝粘合、辊压→搭接缝口密封→收头固定密封→清理、检查、修整。

冷粘法铺贴时，要求基层必须干净、干燥，含水率应符合设计要求，否则易造成粘贴不牢和起鼓。为增强卷材与基层的粘结，应在基层上涂刷两道冷底子油。

冷粘法施工的搭接缝是薄弱部位，为确保接缝的防水质量，每幅卷材铺贴时均必须弹标准线。即铺贴第一幅卷材前，在基层上弹好标准线，沿线铺贴；继续铺贴时，在已铺贴的卷材上量取要求的搭接宽度弹好线，作为继续铺贴卷材的标准线。铺贴时要求冷胶粘剂或沥青胶涂刷要均匀、不露底、不堆积，并需待溶剂部分挥发后才可辊压、排气并粘贴牢固。搭接缝粘合后缝口应溢出胶粘剂，并随即刮平封口。在低温时，宜采用热风加热搭接缝两面卷材粘贴。对油毡搭接缝的边缘及末端收头部位，应刮抹浆膏状的胶粘剂进行粘合封闭处理，以保证防水质量。

3）自粘法施工。自粘法施工的做法是采用带有自粘胶的防水卷材，不用热施工，也不需涂刷胶材料，直接进行粘结。

自粘法施工程序如下：基层检验、清理、修补→涂刷基层处理剂→节点密封处理→试铺、定位、弹基准线→撕去卷材底部隔离纸→铺贴自粘卷材→辊压、排气→加热搭接缝自粘胶→搭接缝粘贴、辊压、排气→搭接缝密封材料封边→收头固定、密封→保护层施工→清理、检查、验收。

自粘法施工的适用范围：带有自粘胶的合成高分子防水卷材及高聚物改性沥青防水卷材。

3. 合成高分子防水卷材施工。合成高分子防水卷材是以合成橡胶、合成树脂为基料，加入适量的化学助剂和填充料等，经混炼、压延或挤出等工序加工而成的可卷曲的长条状防水材料。该卷材具有抗拉强度高、断裂伸长率大、耐热性能好、低温柔性大、耐老化、耐腐蚀、适应变形能力强、有较长的防水耐用年限、可以冷施工等优点，可采用冷粘或自粘法施工。

(1)材料及其质量标准。

1)高分子防水卷材。合成高分子防水卷材的外观质量及规格见表 4-2-7，其物理性能见表 4-2-8。

表 4-2-7　合成高分子防水卷材的外观质量及规格

项目	外观质量要求	厚度/mm	宽度/mm	每卷长度/m
折痕	每卷不超过 2 处，总长不超过 20 mm	1.0	≥1 000	20.0
杂质	不允许有大于 0.5 mm 的颗粒	1.2	≥1 000	20.0
胶块	每卷不超过 6 处，每处面积不大于 4 mm²	1.5	≥1 000	20.0
缺胶	每卷不超过 6 处，每处不大于 7 mm²，深度应不超过本身厚度的 30%	2.0	≥1 000	10.0

表 4-2-8　合成高分子防水卷材的物理性能

项目		性能要求		
		Ⅰ	Ⅱ	Ⅲ
拉伸强度/MPa		≥7	≥2	≥9
断裂伸长率/%		≥450	≥100	≥10
低温弯折性/℃		−40	−20	−20
		无裂纹		
不透水性	压力/MPa	≥0.3	≥0.2	≥0.3
	保持时间/min	≥30		
热老化保持率 (80 ℃±2 ℃，168 h)	拉伸强度/%	≥80		
	断裂伸长率/%	≥70		

注：Ⅰ类指弹性体卷材，Ⅱ类指塑性体卷材，Ⅲ类指加合成纤维的卷材。

由于各种合成高分子防水卷材材料的不同，其性能及适用范围也有差异。其中，三元乙丙橡胶防水卷材适用于一般工业与民用建筑的屋面、地下室的防水层，还可以用于隧道工程、蓄水池、污水处理池及厨房、卫生间等室内防水；聚氯乙烯防水卷材适用于大型屋面板、空心板防水层、刚性防水层下的防水层及旧建筑物混凝土屋面的修缮，也可用于地下室防水工程；氯化聚乙烯防水卷材适用于屋面、地面、外墙及排水沟、堤坝等防水工程；氯磺化聚乙烯防水卷材适用于各种屋面、地下工程的防水，特别适用于在有腐蚀介质影响的部位(如化工车间等)作建筑防腐及防水层；氯化聚乙烯－橡胶共混防水卷材适用于屋面、地下工程、室内防水及排水渠、水库和水池等工程防水。

2)胶结材料。

①基层处理剂。合成高分子防水卷材应根据卷材品种与材性选用相应的基层处理剂，也可将该品种卷材的胶粘剂稀释后使用。

合成高分子防水卷材基层处理剂见表 4-2-9。

表 4-2-9　合成高分子防水卷材基层处理剂

卷材名称	基层处理剂
三元乙丙防水卷材	聚氨酯底胶(甲液：乙液＝1：3)或聚氨酯防水涂料(甲液：乙液：甲苯＝1：1.5：2)
氯化聚乙烯－橡胶共混防水卷材	聚氨酯涂料稀释或氯丁胶 BX－12 胶粘剂
胶粘剂氯化聚乙烯防水卷材	稀释胶粘剂或乙酸乙酯
氯磺化聚乙烯防水卷材	用氯丁胶涂料稀释
氯丁橡胶防水卷材	CH－1 配套胶粘剂稀释
丁基橡胶防水卷材	氯丁胶粘剂稀释
硫化型橡胶防水卷材	氯丁胶乳

②胶粘剂。胶粘剂可分为卷材与基层粘贴的胶粘剂和卷材与卷材搭接的胶粘剂两种。不同品种的合成高分子防水卷材应选用不同的专用胶粘剂，一般由卷材生产厂家配套供应。合成高分子防水卷材配套胶粘剂见表 4-2-10。

表 4-2-10　合成高分子防水卷材配套胶粘剂

序号	卷材名称	卷材与基层胶粘剂	卷材与卷材胶粘剂
1	三元乙丙橡胶防水卷材	CX－404 胶粘剂	丁基胶粘剂
2	LYX－603 氯化聚乙烯防水卷材	LYX－603－3(3 号胶)	LYX－603－2(2 号胶)
3	氯化聚乙烯－橡胶共混防水材料	CX－404 或 409 胶粘剂	氯丁系胶粘剂
4	氯丁橡胶防水卷材	氯丁胶粘剂	氯丁胶粘剂
5	聚氯乙烯防水卷材	FL 型胶粘剂	PA－2 型胶粘剂
6	复合增强 PVC 防水卷材	GY－88 型胶粘剂	TG－Ⅱ 胶粘剂
7	TGPV 防水卷材(带聚氨酯底衬)	TG－1 型胶粘剂	配套胶粘剂
8	氯磺化聚乙烯防水卷材	配套胶粘剂	CH－1 型胶粘剂
9	氯丁橡胶防水卷材	CH－1 型胶粘剂	氯丁胶粘剂
10	丁基橡胶防水卷材	氯丁胶粘剂	封口胶加固化剂(列克纳)5%～10%
11	硫化型橡胶防水卷材	氯丁胶粘剂	—
12	高分子橡塑防水卷材	R－1 基层胶粘剂	R－1 卷材胶粘剂

(2)合成高分子防水卷材施工。合成高分子防水卷材屋面构造一般有单层外露防水和

涂膜与卷材复合防水两种。

合成高分子防水卷材铺贴方法又分为冷粘法、自粘法和热风焊接法三种。合成高分子防水卷材的找平层、保护层等的做法和施工要求均与改性沥青防水卷材施工相同。

1）冷粘法施工。冷粘法是最常用的一种，其施工工艺与改性沥青防水卷材的冷粘法相似，如图4-2-5所示。

图4-2-5　冷粘法施工

冷粘法高分子防水卷材的基层应涂刷与胶粘剂材性相容的基层处理剂，其主要作用是隔绝基层渗透来的水分和提高基层表面与合成高分子防水卷材之间的粘结，它相当于石油沥青卷材施工时所涂刷的冷底子油。故又称底胶，其用量为 $0.2\ kg/m^2$ 左右。

粘贴合成高分子防水卷材的胶粘剂分为基层胶粘剂和卷材接缝胶粘剂两种。前者主要用于卷材与找平之间的粘贴，用量在 $0.4\ kg/m^2$ 左右；后者为卷材与卷材接缝粘贴的专用胶粘剂，一般用量在 $0.1\ kg/m^2$ 左右。应注意的是，合成高分子防水卷材都有其专用的配套胶粘剂，不得错用或混用，否则会影响粘贴质量。冷粘施工时，双组分的胶粘剂要按比例配合搅拌均匀再用。应根据使用说明和要求控制胶粘剂涂刷与粘合的间隔时间，因为有些胶粘剂可以涂刷后随即粘合，而大部分胶粘剂需待溶剂挥发到一定程度后方可粘合，否则会粘合不牢。间隔时间的长短受胶粘剂本身性能、气候、温度影响，一般应根据试验确定，这是合成高分子防水卷材铺贴施工的特殊性。

合成高分子防水卷材搭接缝的粘结要求高，这是高分子防水卷材施工的关键。施工时应将粘合面清扫干净，有些则要求用溶剂擦洗。均匀涂刷胶粘剂后，除控制好胶粘剂与粘合间隔时间外，粘合时要排净接缝之间的空气后辊压、粘牢，以确保接缝质量。此外，铺贴高分子卷材时切忌拉伸过紧，因为压延生产的高分子防水卷材在使用后期都有不同程度的收缩，若施工时拉伸过紧，往往会使卷材产生断裂而影响防水效果。合成高分子防水卷材施工时的弹标准线、天沟铺贴及收头处理方法与改性沥青防水卷材施工相同。

2）自粘法施工。自粘法铺贴，如图4-2-6所示。高分子防水卷材工艺是指自粘型高分子防水卷材的铺贴的方法。自粘型高分子防水卷材是在工厂生产过程中，在卷材底面涂一层自粘胶，自粘胶表面敷一层隔离纸，施工时只要剥去隔离纸即可直接铺贴。自粘法铺贴高分子防水卷材的要求与自粘法铺贴高聚物改性沥青防水卷材基本相同，但对其搭接缝不能采用热风焊接的方法（图4-2-7）。

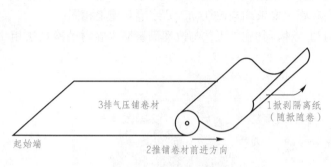

图 4-2-6 自粘法铺贴 　　　　图 4-2-7 热风焊接法施工卷材

3）热风焊接法施工。热风焊接高分子防水卷材施工工艺是高分子防水卷材的搭接缝采取加热焊接的方法，主要用于塑料系高分子防水卷材（如聚氯乙烯防水卷材）。采用热空气焊枪进行防水卷材搭接粘合，其施工工艺流程为：施工准备→检查清理基层→涂刷基层处理→节点密封处理→定位及弹基准线→卷材反面涂胶（先撕去隔离纸）→基层涂胶剂→卷材粘贴、辊压→搭接面清理排气→搭接面处焊接→搭接封口处密封（用密封胶）→收头固定处密封→检查、清理、修整。

在施工中热风焊加热应以胶体发黏为度，焊时分单道焊缝和双道焊缝两种。高分子防水卷材之间的粘结性差，卷材间接缝采用热风焊是为了增强胶粘剂的粘结能力，以确保防水层的卷材接缝可靠。施工时要注意以下几点：

①焊接前，卷材的铺放应平整、顺直，不得有折皱现象。搭接尺寸应准确，搭接宽度应不小于 50 mm。

②焊接时，应无水滴、露珠，无油污及附着物，应清扫干净。

③焊接时，应先焊长边搭接缝，后焊短边搭接缝。要保证焊接面受热均匀且有少量熔浆出现，焊接处不得有漏焊、跳焊或焊接不牢等现象。焊接时还必须注意不得损害非焊接部位的卷材。

4. 卷材铺贴。当屋面坡度小于 3％时，卷材宜平行屋脊铺贴；当屋面坡度在 3％～15％时，卷材可平行或垂直屋脊铺贴；当屋面坡度大于 15％或屋面受振动时，卷材应垂直屋脊铺贴。上、下层卷材不得相互垂直铺贴。

平行于屋脊铺贴时，应从天沟或檐口开始向上逐层铺贴，两幅卷材的长边搭接（压边）应顺流水方向，长边搭接宽度不小于 70 mm（满粘法）或 100 mm（空铺、点粘、条粘法）；短边搭接（接头）应顺主导风向，搭接宽度不小于 100 mm（满粘法）或 150 mm（空铺、点粘、条粘法）。

相邻两幅卷材短边搭接缝应错开不小于 500 mm，上、下两层卷材应错开 1/3 或 1/2 幅卷材宽度。平行于屋脊铺贴可一幅卷材一铺到底，工作面大、接头少、效率高，利用了卷材横向抗拉强度高于纵向抗拉强度的特点，防止卷材因基层变形而产生裂缝，宜优先采用。

卷材水平铺贴搭接如图 4-2-8 所示，卷材平行于屋脊铺贴如图 4-2-9 所示。

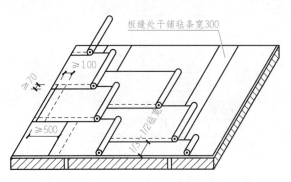

图 4-2-8 卷材水平铺贴搭接

图 4-2-9 卷材平行于屋脊铺贴

垂直于屋脊铺贴时，则应从屋脊向檐口铺贴，压边顺主导风向，接头顺流水方向，屋脊处不能留设搭接缝，必须使卷材相互越过屋脊交错搭接以增强屋脊的防水和耐久性。

铺贴大面积屋面防水卷材前，应先对落水口、天沟、女儿墙和沉降缝等地方进行加强处理，做好泛水处理，再铺贴大屋面的卷材。当铺贴连续多跨或高低跨屋面时，应按先高跨后低跨、先远后近的顺序进行。

高低跨屋面泛水处理如图 4-2-10 所示。

5. 保护层的施工。绿豆砂保护层是在各层

图 4-2-10 高低跨屋面泛水处理

卷材铺贴完后，在上层表面浇一层 2～4 mm 的沥青胶，趁热撒上一层粒径为 3～5 mm 的小豆石并加以压实，使豆石与沥青胶粘结牢固，未粘结的豆石应扫除干净。

采用水泥砂浆、块材或细石混凝土等刚性保护层时，保护层与防水层之间应设置隔离层，保护层应设分格缝，水泥砂浆保护层分格面积宜为 1 m^2；块体材料不宜大于 100 m^2，细石混凝土保护层不大于 36 m^2。刚性保护层与女儿墙、山墙之间应预留宽度为 30 mm 的缝隙，并用密封材料嵌填严密。

在本工程案例中，屋面防水保护层就采用了 20 mm 厚的 1：2.5 水泥砂浆保护层。

1. 沥青防水卷材屋面防水工程的施工包括哪些施工顺序？
2. 试述高聚物改性沥青防水卷材的冷粘贴和热熔法的施工过程。
3. 试述合成高分子防水卷材的施工工艺。

(二)涂料防水屋面工程施工

涂膜防水工程是在屋面或地下室外墙面等基层上涂刷的防水涂料，经固化后形成一层有一定厚度和弹性的整体涂膜，从而达到防水目的的一种防水形式。如图 4-2-11 所示。

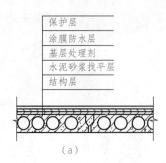
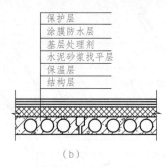

（a）　　　　　　　　　　　　　　　　（b）

图 4-2-11　涂膜防水屋面构造图

（a）无保温层涂膜屋面；（b）有保温层涂膜屋面

涂膜防水的优点：操作简单、施工速度快；大多采用冷施工，改善了劳动条件，减少了环境污染；温度适应性良好，易于修补且价格低廉。其最大的缺点是在施工中，涂膜的厚度较难保持均匀、一致。

1. 涂膜防水施工的一般要求。涂膜防水施工的工艺流程：施工准备工作→板缝处理及基层施工→基层表面清理及修正→涂刷基层处理剂→节点及特殊部位增强处理→涂布防水涂料及铺贴胎体增强材料→防水层清理、检查与修整→保护层施工。

①施工前应做好材料、施工机具等物质准备；同时，熟悉图纸、铰接节点处理及施工要求，做好技术交底；防水材料进场后应抽验合格。

②板缝处理及基层施工。对预制板屋面的板缝要清理干净，细石混凝土要浇捣密实，基层质量应符合要求。要确保平整度计有规定的坡度，施工前应保持基层干净、干燥。找平层一般采用掺膨胀剂的细石混凝土，强度等级不低于 C15，厚度宜为 40 mm。找平层应设分格缝，缝宽宜为 20 mm 并应留在支撑处，间距不宜大于 6 m，分格缝应嵌填密封材料。基层转角处应抹成圆弧形，圆弧半径不小于 50 mm。

③涂膜防水的施工顺序应按"先高后低、先远后近"的原则进行。遇高低跨屋面时，一般先高跨后低跨；相同高度屋面要合理划分施工段，先涂布距上料点远的部位，按由远到近的顺序进行；同一屋面上先涂布排水较集中的落水口、檐口等节点部位，再进行大面积涂布。

④需铺设胎体增强材料的，当屋面坡度 $i \leqslant 15\%$ 时，可平行屋脊搭设；当屋面坡度 $i > 15\%$ 时，应垂直于屋脊铺设，并由屋面最低处向上施工。胎体增强材料长边搭设宽度不得小于 50 mm，短边搭接宽度不得小于 70 mm。采用两层胎体增强材料时，上、下层不得互相垂直铺设，且上、下层接缝应错开至少 1/3 的幅宽。

⑤使用两种及两种以上不同防水材料时，应考虑不同材料之间的相容性，不相容则不得使用。

⑥涂膜防水层的厚度规定：沥青基防水涂膜在Ⅲ级防水屋面上单独使用时，不应小于 8 mm，Ⅳ级防水屋面或复合使用时，不宜小于 4 mm；高聚物改性沥青防水涂膜不应小于 3 mm，在Ⅲ级防水屋面复合使用时，不应小于 1.5 mm；合成高分子涂膜不应小于 2 mm，在Ⅲ级防水屋面上复合使用时，不宜小于 1 mm。

⑦施工气候条件要求：由于防水涂料对气候的影响较敏感，因此，要求涂料成膜过程中应连续无雨、雪、冰冻天气，否则会造成麻面、空鼓至溶解或被雨水冲刷掉。施工温度的要

求也较严格，温度过低或过高都会影响质量，沥青基层防水涂料、水乳型高聚物改性沥青防水涂料、溶剂型高聚物改性沥青防水涂料和合成高分子防水涂料的适宜温度为 5 ℃～35 ℃。

2. 沥青基屋防水涂料施工。

(1)涂布前准备工作。涂料使用前应搅拌均匀，尤其是沥青基层防水涂料含有较多填充料，属于厚质涂料，若搅拌不均匀，不仅涂刷困难，还会因未搅拌均匀的杂质颗粒留在涂层中而造成隐患。涂层厚度控制试验采用预先在刮板上固定钢丝或木条的方法，也可以在屋面上做好标志进行控制。

(2)涂刷基层处理剂。基层处理剂一般用冷底子油，涂刷时应均匀一致、覆盖完全，同时应待其干燥后再涂布防水涂料。石灰乳化沥青防水材料在夏季可用石灰乳化沥青稀释后作为基层处理剂涂刷一道；春秋季宜用汽油沥青冷底子油涂刷一道。膨润土、石棉乳化沥青防水涂料涂布前可不涂刷基层处理剂。

(3)涂布。沥青及厚质防水涂料一般采用抹压法涂布，即将涂料直接分散在屋面上，用刮板刮平。待其表面收水而尚未结膜时，再用铁抹子进行压实抹光。采用抹压法施工时应注意抹压时间，太早抹压起不到作用；太迟会使涂料粘住抹子，出现抹痕。为便于抹压、加快施工进度，常采用分条间隔抹压的方法，一般分条宽为 0.8～1.0 m，并与胎体增强材料幅宽一致。如图 4-2-12 所示。

图 4-2-12　沥青基层防水涂料施工

涂布应分层分遍进行，应待前一遍涂层干燥成膜后，并检查表面是否有气泡、折皱不平凹坑、刮痕等问题，合格后才能进行后一遍涂层的涂布，否则应进行修补。第二遍的刮涂方向应与前一遍相垂直。

立面部位涂层应在平面涂刮前进行，应视涂料流平性能好坏确定涂布次数。流平性能好的涂布应薄而多次进行，否则会产生流坠现象，使上部涂层变薄，下部涂层变厚，影响防水质量。立面防水层和节点部位细部处理剂一般采用涂刷法施工，即采用棕刷、长柄刷、圆辊刷蘸防水涂料进行涂刷。

(4)胎体增强材料的铺设。沥青基层防水材料防水层的胎体增强材料宜采用湿铺法铺贴。湿铺法是在第一遍涂层表面刮平后，不待其干燥就铺贴胎体增强材料，即边涂边铺。铺贴应平整、不起皱，但也不能拉伸过紧。铺贴后用刮板或抹子轻轻刮压或抹压，使胎布网眼充满涂料，待其干燥后再进行第二遍涂料施工。如图 4-2-13 所示。

图 4-2-13　沥青基层防水材料胎体增强材料的铺设

（5）收头处理。收头部位胎体增强材料应裁齐，防水层应做在滴水下或压入凹槽内，并用密封材料封压，立面收头待墙面抹灰时用水泥砂浆压封严密。

（6）保护层施工。涂膜保护层可采用细砂、云母、蛭石、浅色涂料，也可采用水泥砂浆、细石混凝土或板块保护层等。

采用细砂等粒料做保护层时，应在刮涂最后一遍涂料时，边涂边撒布粒料，使细砂等粒料与防水层粘结牢固，并要求撒布均匀，不露底、不堆积。采用浅色材料做保护层时，应待涂膜防水层干燥固化后才能进行涂刷。采用水泥砂浆、细石混凝土等刚性保护层时，应在防水涂膜与保护层之间设置隔离层，以防止因保护伸缩而引起防水涂膜破坏，造成渗漏。

3. 高聚物改性沥青防水涂料及合成高分子防水涂料施工。高聚物改性沥青防水涂料和合成高分子防水涂料在涂膜防水层屋面使用时，其设计涂膜总厚度在 3 mm 以下，一般称之为薄性涂料。两者施工方法基本相同，因此，将两类涂料的施工合并进行介绍。

（1）施工准备工作。

①基层要求。基层的检查、清理、整修等应符合前述要求。对基层干燥程度的要求是：防水涂料为溶剂型时，基层必须干燥；对合成高分子涂料，基层必须干燥；高聚物改性沥青涂料，若为水乳型时，基层干燥程度可适当放宽。

②配料和搅拌。多组分防水涂料在施工现场要进行各组分的配调，各组分获各材料的配合比必须严格按照产品使用要求准确计量，严禁任意改变配合比。如配好的涂料太稠，造成涂布困难时，应按厂家提供的品种、数量掺加稀释剂，切忌任意使用稀释剂，否则会影响涂料性能。

涂料配料混合后应搅拌充分以保证其均质性，一般采用小型电动搅拌器搅拌，也可用人工搅拌。对于单组分涂料一般开盖后即可使用，但由于涂料桶装量大且防水涂料中含有填充料，容易产生沉淀，故使用前也应进行搅拌，使其均匀后使用。

多组分涂料每次的配制量应根据每次涂刷面积计算确定，混合后的涂料必须在规定时间内用完。因此，不应一次搅拌过多，使涂料发生凝聚或固化而不能使用。

③涂层厚度控制试验。涂层厚度是影响涂膜防水质量的一个关键问题。因此，涂膜防水施工前必须根据设计要求的每平方米涂料用量、涂膜厚度及涂膜的材料性，事先做试验确定每道涂层涂刷的厚度，即每个涂层需要涂刷的遍数。

④确定涂刷间隔时间。各种防水涂料都有不同的干燥时间，因此，涂刷前必须根据气候条件经试验确定每遍涂刷的涂料用量和间隔时间。在做涂刷厚度及用量试验的同时，可测定每遍涂层的间隔时间。

（2）涂刷基层处理剂。基层处理剂的种类由防水涂料类型而定。若使用水乳型防水涂料，可掺用0.2％～0.5％乳化剂的水溶液或软水将涂料稀释后，作为基层处理剂；若使用溶剂型防水涂料，可直接用涂料薄涂作为基层处理剂；高聚物改性沥青涂料可用冷底子油作为基层处理剂。

基层处理剂应在基层干燥后进行涂刷。涂刷时应用刷子用力薄涂，使涂料尽量刷进基层表面的毛细孔中，并将基层可能留下的少量灰尘等无机杂质像填充料一样混入基层处理剂中，使之与基层牢固结合。涂刷要均匀、覆盖完全。

（3）涂刷防水涂料。涂刷方法有涂刷法、涂刮法和机械喷涂法，应分条或按顺序进行涂布。涂刷法是用刷子蘸防水涂料进行涂刷，也可边倒边用刷子刷匀。该法主要用于立面防水层节点部位的细部处理。

涂刮法是用胶皮刮板涂布的方法，一般是先将涂料分散倒在基层上用刮板来回刮涂，使其厚薄均匀，不漏底、不存气泡、表面平整，然后待其干燥后再继续后遍涂层的刮涂。该法适用于大面积上的施工。

机械喷涂法是将防水涂料倒入喷涂设备中，通过喷枪将防水涂料均匀地涂于基层表面的工艺，适用于黏度较小的高聚物改性沥青防水涂料和合成高分子防水涂料的大面积施工。

（4）铺设胎体增强材料。铺设胎体材料一般采用平行于屋脊铺贴的方法，以方便施工、提高功效。

高聚物改性沥青防水涂料和合成高分子防水涂料涂膜防水层，在第二遍涂布时或第三遍涂布前，即可加铺胎体增强材料，铺贴方法可以采用湿铺法或干铺法。湿铺法也是边倒涂料、边涂布、边铺贴的方法，干铺法则是在前一遍涂层干燥后，边干铺胎体增强材料，边在已展平的表面上用橡皮刮板均匀满刮一道涂料。当渗透性较差的涂料与比较密实的胎体增强材料配套使用时不宜采用干铺法，因为上层涂料不易从胎体增强材料的网眼中渗透到已固化的涂膜上，影响整体性。

合成高分子防水涂料防水层的胎体增强材料应尽量设置在防水层的上部，位于胎体下部的涂层厚度不宜小于1 mm，以提高涂层的耐穿刺性和耐磨性，充分发挥涂层的延伸性。

整个防水涂膜过程施工完毕后，应有一个自然养护时间。由于涂料防水层的厚度较薄，耐穿刺能力弱，为避免人为因素破坏防水涂膜的完整性，保证其防水效果，在涂膜实干前，不得在防水层上进行其他施工作业，涂膜防水层面上不得直接堆放物品。

（5）保护层施工。高聚物改性沥青防水涂料和合成高分子防水涂料涂膜防水保护层施工与沥青基层防水涂料施工中保护层施工要求基本相同。

1. 什么是涂膜防水？有什么特点？如何分类？
2. 防水涂膜的施工方法有哪些？试述其施工要点。

（三）刚性防水屋面工程施工

刚性防水屋面是指用细石混凝土、块体材料或补偿收缩混凝土等材料作为屋面防水层。其依靠混凝土的密实并采取一定的构造措施，以达到防水的目的。如图 4-2-14 所示。

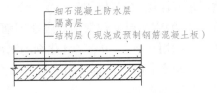

图 4-2-14　刚性防水屋面构造

与前述的卷材及涂膜防水屋面相比，刚性屋面所用材料易得、价格便宜、耐久性好、维修方便；但刚性防水层材料的表观密度大、抗拉强度低、极限拉应变小，易受混凝土或砂浆的干湿变形、温度变形和结构变形的影响而产生裂缝。因此，刚性防水屋面主要适用于防水等级为Ⅲ级的屋面防水，也可用作Ⅰ、Ⅱ级屋面及受较大振动或冲击的建筑屋面。

刚性防水屋面工程施工工艺流程：清理基层→做隔离层→弹分隔缝→安装分格缝、木条支边模板→绑扎防水层钢筋网片→浇筑细石混凝土→养护→分格缝、变形缝等细部构造密封处理。

1. 基层处理。

（1）刚性防水层的基层应整体先浇筑钢筋混凝土板或找平层，应为结构找坡或找平层找坡。此时，为了缓解基层变形缝对刚性防水层的影响，需在基层与防水层之间设隔离层。

（2）基层为装配式钢筋混凝土板时，板端缝应先嵌填密封材料处理。

（3）刚性防水层的基层为保温屋面时，保温层可兼做隔离层，但保温层必须干燥。

（4）基层为柔性防水层时，应加设一道无纺布做隔离层。

2. 做隔离层。

（1）在细石混凝土防水层与基层之间设置隔离层，依据设计可采用干铺无纺布、塑料薄膜或低强度等级的砂浆，施工时避免钢筋破坏防水层，必要时可在防水层上做砂浆保护层。

（2）采用低强度等级的砂浆的隔离层表面应压光，施工后的隔离层表面应平整光洁、厚薄一致，并具有一定的强度后，细石混凝土防水层方可施工。

3. 分割缝设置原则。细石混凝土防水层的分隔缝，应设在变形较大和交易变形的屋面板的支承端，屋面转折处、防水层与凸出屋面结构的交接处，并应与板缝对齐，其纵、横间距应控制在 6 m 以内。

4. 粘贴安装分格缝木条。

（1）分隔缝的宽度应不大于 40 mm 且不小于 10 mm，如接缝太宽，应进行调整或用聚合物水泥砂浆处理。

（2）按分格缝的宽度和防水层的厚度加工或选用分格木条。木条应质地坚硬、规格正确，为方便拆除应做成上大下小的楔形，使用前在水中浸透、涂刷隔离剂。

（3）采用水泥素灰或水泥砂浆固定弹线位置，尺寸、位置要正确。

（4）为便于拆除，没分格缝前材料也可以使用聚苯板定型聚氯乙烯塑料分格条，底部用水泥砂浆固定弹线位置。

5. 绑扎钢筋网片。

(1)把 $\phi4\sim\phi6$ mm、间距为 $100\sim200$ mm 的冷拔低碳钢丝绑扎或点焊成双向钢筋网片，钢筋网片应放在防水层上部，绑扎钢丝收口应向下弯，不得露出防水层表面。钢筋的保护层厚度不应小于 10 mm，钢丝必须调直。

(2)钢筋网片要保证位置的正确性并且必须在分隔缝处断开，可采用如下方法施工：将分格缝木条开槽、穿筋使冷拔钢丝调直拉伸并固定在屋面周边设置的临时支座上，待混凝土浇筑完毕且强度达到 50% 时取出木条，剪断分格缝处的钢丝，然后拆除支座。

6. 浇筑细石混凝土。

(1)混凝土浇筑时应按由远而近、先高后低的原则进行。在每个分格内，混凝土应连续浇筑，不得留施工缝，混凝土要铺平、铺匀，用高频平板振动器振捣或用滚筒碾压，保证达到密实程度，振捣或碾压泛浆后，用木抹子拍实拍抹平。

(2)待混凝土收水初凝后，大约 10 h 起出木条，避免破坏分格缝，用铁抹子进行第一次抹压，混凝土终凝前进行第二次抹压，使混凝土表面平整、光滑、无抹痕。抹压时严禁在表面洒水、加干水泥或砂浆。如图 4-2-15 所示。

图 4-2-15 浇筑细石混凝土

7. 养护。细石混凝土终凝后应养护，养护时间不应少于 14 d，养护初期禁入。养护方法可采用洒水湿润，也可采用喷涂养护剂、覆盖塑料薄膜或锯末等方法，必须保证细石混凝土处于充分湿润的状态。

8. 分格缝、变形缝等细部构造密封处理。

(1)细部构造。

1)屋面刚性防水层与山墙、女儿墙等所有竖向结构及设备基础、管道等凸出屋面结构交界处都应断开，留出 30 mm 的间隙，并用密封材料嵌填密封。在交接处和基层转角应加设防水卷材，避免用水泥砂浆找平并磨成圆弧，容易造成的粘结不牢、空鼓、开裂的现象，而采用与刚性防水层做法一致的细石混凝土在基层与竖向结构的交接处和基层的转角处找并抹圆弧，同时为了有利于卷材铺贴，圆弧半径宜大于 100 mm，小于 150 mm。竖向卷材收头固定密封于立墙凹槽或女儿墙压顶内，屋面卷材头应用密封材料封闭。

2)细石混凝土防水层应伸到挑檐或伸入天沟、檐沟内不小于 60 mm，并做滴水线。

(2)嵌填密封材料。

1)应先对分格缝、变形缝等防水部位的基层进行修补、清理，去除灰尘、杂物，铲除砂浆等残留物，使基层牢固，表面平整密实、干净干燥，方可进行密封处理。

2)密封材料采用改性沥青密封材料或合成高分子密封材料等。嵌填密封材料时，应先在分隔缝侧壁及缝上口两边 150 mm 范围内涂刷与密封材料材性相配套的基层处理剂。改性沥青密封材料基层处理剂现场配制，为保证质量，应配合比准确、搅拌均匀。多组分反应固化型材料，配制时应根据固化前的有效时间确定一次使用量，用多少配制多少，未用完的材料不得下次使用。

3)处理剂应刷均匀、不露底。带基层处理剂表面干燥后，应立即嵌填密封材料。密封材料的接缝深度为接缝宽度的 0.5～0.7 倍，接缝处的底部应填放与基层处理剂不相容的背衬材料，如泡沫棒或油毡条。

4)当采用改性石油沥青密封材料嵌填时应注意以下两点：

①热灌法施工应由下向上进行，尽量减少接头，垂直于屋脊的板缝宜先浇灌，同时在纵、横交叉处宜沿平行于屋脊的两侧板缝各延伸浇灌 150 mm，并留成斜槎。

②冷嵌法施工应使少量密封材料与缝壁不得留有空隙，并防止裹入空气，接头应采用斜槎。

5)采用合成高分子密封材料嵌填时，无论使用挤出枪还是用腻子刀施工，表面都不会光滑、平直，可能还会出现凹陷、漏嵌填、孔洞、气泡等现象，故应在密封材料表面干燥前进行整修。

6)密封材料嵌填应饱满、无间隙、无气泡，密封材料表面呈凹状，中部比周围低3～5 mm。

7)嵌填完毕的密封材料应保护，不得碰损及污染，固化前不得踩踏，可采用卷材或木板保护。

8)女儿墙根部转角做法：首先在女儿墙根部结构层做一道柔性防水，再用细石混凝土做成圆弧形转角，细石混凝土圆弧形转角面层做柔性防水层与屋面大面积柔性防水层相连，最后用聚合物砂浆做保护层。

9)变形缝中间填充泡沫塑料，其上放置衬垫材料，并用卷材封盖，顶部应加混凝土盖板或金属盖板。

---

1. 试述刚性防水屋面的施工工艺。
2. 细石混凝土防水层的施工有何特点？如何预防裂缝和渗漏？

五、保护层

保护层一般可采用与防水材料相容、粘结力强、耐风化的 15～20 mm 厚的水泥砂浆，或者是厚度为 30～50 mm 的细石混凝土做保护层。施工完毕，强度达到 1.2 MPa后方可上人。

第三节 屋面工程质量验评

🔍 **任务目标**

1. 掌握屋面防水层质量检验评定标准和检验方法。
2. 掌握屋面工程常见质量问题及防治。

🔧 **案例导入**

屋面防水工程施工质量的好坏，不仅影响着人们的生活和生产活动，也影响建筑物的使用寿命。因此，建筑防水工程施工完成后，如何进行屋面防水工程各施工过程的检验？如果检查发现了质量问题，我们又该如何进行解决？

一、屋面工程质量验评

(一)屋面找平层施工质量检验

1. 施工过程的检查项目。

1)检查找平层使用的各种材料是否符合设计要求和施工规范，并按规定进行抽样复试。

2)检查找平层厚度和配合比是否符合设计要求和施工规范。找平层的厚度和技术要求应符合表4-3-1的规定。

表 4-3-1 找平层的厚度和技术要求

类别	基层种类	厚度/mm	技术要求
水泥砂浆找平层	整体混凝土	15~20	体积比为1:2.5~1:3(水泥：砂)水泥强度不低于32.5 MPa
	整体或板状材料保温	20~25	
	装配式混凝土板、松散材料保温层	20~30	
细石混凝土找平层	松散材料保温层	30~35	混凝土强度不低于C20
沥青砂浆找平层	整体混凝土	15~20	质量比为1:8(沥青：砂)
	装配式混凝土板、整体或板状材料保温层	20~25	

3)找平层基层采用装配式钢筋混凝土板时，应检查板缝处理是否符合施工规范要求，

具体内容如下：

①板端、侧缝应用细石混凝土灌缝，其强度等级不应低于C20。

②板缝宽度大于40 mm或上宽下窄时，板缝内应设置构造钢筋。

③板端缝应进行密封处理。

4）检查找平层的排水处理坡度是否符合设计要求，平屋面采用结构找坡不应小于3%，采用材料为坡宜为2%，天沟、檐沟纵向找坡不应小于1%，沟底水落差不得超过200 mm。

5）检查细部构造是否符合要求。基层与凸出屋面结构的交接处，以及基层的转角处，找平层均应做成圆弧。转角处圆弧半径应根据卷材种类按表4-3-2选用。内部排水的水落口周围找平层应做成略低的凹坑。

表4-3-2　转角处圆弧半径

卷材种类	圆弧半径/mm
沥青防水卷材	100～150
高聚物改性沥青防水卷材	50
合成高分子防水卷材	20

6）检查找平层上的分格缝留设位置是否符合设计要求和施工规范。分格缝应留设在板端缝处，并嵌填密封材料。其纵向分隔缝之间和横向分隔缝之间的最大间距：水泥砂浆或细石混凝土找平层，不宜大于6 m；沥青砂浆找平层，不宜大于4 m。

7）检查找平层的强度、平整度是否符合设计和施工规范要求。

2. 屋面找平层质量检验评定标准和检验方法。屋面找平层质量检验评定标准和检验方法见表4-3-3。

表4-3-3　屋面找平层质量检验评定标准和检验方法

项目		质量标准	检验方法	检查数量
主控项目	1	找平层的材料质量及配合比，必须符合设计要求	检查出厂合格证、质量检验报告和计量措施	全数检查
	2	屋面(含天沟、檐沟)找平层的排水坡度必须符合设计要求	用水平仪(水平尺)、拉线和尺量检查	
一般项目	1	基层与凸出屋面结构的交接处和基层的转角处均应做成圆弧，且整齐、平顺	观察和尺量检查	每100 m²抽一处，每处抽查面积10 m²，且不得少于3处
	2	水泥砂浆、细石混凝土找平层应平整、压光，不得有酥松、起砂、起皮现象；沥青砂浆找平层不得有拌和不匀、蜂窝现象	观察检查	
	3	找平层分格缝的位置和间距应符合设计要求	观察和尺量检查	
	4	找平层表面平整度的允许偏差为5 mm	用2 m靠尺和楔形塞尺	

(二)屋面保温(隔热)施工质量检验

1. 施工过程的检查项目。

(1)检查保温(隔热)层所用各种材料是否符合设计要求和施工规范,并按规定进行抽样复试。

(2)检查保温层含水率是否符合设计要求。保温层应干燥,干燥若有困难,应采用排汽屋面。

(3)在保温层中设置找坡时,应检查找坡是否正确。

(4)检查保温层的基层施工是否符合施工规范要求,具体内容如下:

1)松散材料保温层的基层应平整、干燥、洁净;施工时应分层铺设并压实,压实的程度与厚度应经试验确定。

2)板状材料保温层的基层应平整、干燥、洁净;施工时应紧靠在需保温的基层表面上并铺平垫稳;分层铺设在板块上、下层的接缝应相互错开,板缝间隙应采用同类材料嵌填密实;粘贴的板状保温材料应贴严、贴牢。

3)整体材料保温层施工时,沥青膨胀蛭石、沥青膨胀珍珠岩宜用机械搅拌,并应色泽一致、无沥青团,压实程度根据试验确定,其厚度应符合设计要求,表面应平整;硬质聚氨酯泡沫塑料应按配合比准确计量,发泡厚度均匀一致。

(5)架空板隔热层施工时,应检查预制架空板的规格、强度、架空高度是否符合设计要求。架空板的支座可采用砖墩或砖带,布置应整齐统一;架空板距山墙或女儿墙不应小于 500 mm,沿边应垂直。

2. 屋面保温(隔热)层的质量检验评定标准和检验方法见表 4-3-4。

表 4-3-4　屋面保温(隔热)层的质量检验评定标准和检验方法

项目		质量标准		检验方法	检查数量
主控项目	1	保温材料的堆积密度或表观密度、导热系数及板材的强度、吸水率,必须符合设计要求		检查出厂合格证、质量检验报告和现场抽样复验报告	全数检查
	2	保温层的含水率必须符合设计要求		抽查现场抽样复验报告	每 100 m² 抽 1 处,每处抽查面积 10 m²,且不得少于 3 处
一般项目	1	保温层铺设	松散保温材料	分层铺设,压实适当,表面平整,找坡正确	观察检查	每 100 m² 抽一处,每处抽查面积 10 m²,且不得少于 3 处
			板状保温材料	紧贴(靠)基层,铺平垫稳,拼缝严密,找坡正确		
			整体材料保温层	搅拌均匀,分层铺设,压实适当,表面平整,找坡正确		
	2	保温层厚度的允许偏差	松散保温材料	+10%, −5%	用钢针插入和尺量检查	
			板状保温材料	±5%,不得大于 4 mm		
			整体材料保温层	+10%, −5%		
	3	当倒置式屋面保护层采用卵石铺设时,卵石应铺设均匀,卵石的质(重)量应符合设计要求		观察检查和按堆积密度计算其质量	

(三)屋面防水卷材施工质量检验

1.施工过程检查项目。

(1)检查防水所用各种材料是否符合设计和施工规范的要求,并按规定进行抽样复试。所选用的基层处理剂、接缝胶粘剂、密封材料等配套材料应与铺贴的卷材材性相容。

(2)检查防水层的基层施工是否符合施工规范要求。铺设屋面隔汽层和防水层前,基层必须洁净、干燥。干燥程度的简易检查方法是将 1 m² 卷材平坦地干铺在找平层上,静置 3~4 h 后掀开检查,找平层覆盖部位与卷材上未见水印即可铺设。

(3)检查卷材铺设方向是否正确。卷材铺设方向应符合下列规定。

1)当屋面坡度小于 3% 时,卷材应平行屋脊铺贴。

2)当屋面坡度在 3%~5% 时,卷材可平行或垂直屋脊铺贴。

3)当屋面坡度大于 15% 或屋面受振动时,沥青防水卷材应垂直屋脊铺贴。

4)高聚物改性沥青防水卷材和合成高分子防水卷材可平行或垂直屋脊铺贴。

5)卷材屋面的坡度不宜超过 25%,否则应采取固定措施,固定点应密封严密。

6)上、下层卷材不得相互垂直铺贴。

(4)检查卷材搭接是否符合规范要求,卷材搭接应符合下列规定。

1)平行于屋脊的搭接缝应顺水流方向搭接。

2)垂直于屋脊的搭接缝应顺主导风向搭接。

3)上、下层及相邻两幅卷材的搭接缝应错开。

各种卷材的搭接宽度应符合表 4-3-5 的要求。

表 4-3-5　卷材搭接宽度　　　　　　　　　　　　　　　　mm

铺贴方法 卷材种类		短边搭接		长边搭接	
		满粘法	空铺、点粘、条粘法	满粘法	空铺、点粘、条粘法
沥青防水卷材		100	150	70	100
高聚物改性沥青防水卷材		80	100	80	100
合成高分子 防水卷材	胶粘剂	80	100	80	100
	胶粘带	50	60	50	60
	单缝焊	60,有效焊接宽度不小于 25			
	双缝焊	80,有效焊接宽度 10×2+空腔宽			

(5)检查卷材厚度选用是否正确。卷材厚度选用应符合表 4-3-6 的要求。

表 4-3-6　卷材厚度选用表

屋面防水等级	设防道数	合成高分子防水卷材	高聚物改性沥青防水卷材	沥青防水卷材
Ⅰ级	三道或三道以上	不应小于 1.5 mm	不应小于 3 mm	—
Ⅱ级	二道	不应小于 1.2 mm	不应小于 3 mm	—
Ⅲ级	一道	不应小于 1.2 mm	不应小于 4mm	三毡四油
Ⅳ级	一道	—	—	二毡三油

（6）检查卷材铺贴是否符合要求。

1）冷粘法铺贴卷材应符合下列规定：根据胶粘剂的性能控制胶粘剂涂刷与卷材铺贴的间隔时间；胶粘剂涂刷应均匀，不露底、不堆积；卷材铺贴应平整、顺直，搭接尺寸准确，不得扭曲、皱折，所铺卷材下面的空气应排尽，并辊压粘结牢固，不得空鼓；卷材接缝口应用密封材料封严，宽度不应小于 10 mm。

2）热熔法铺贴卷材应符合下列规定：火焰加热器加热卷材应均匀，不得过分加热或烧穿卷材，厚度为 3 mm 的高聚物改性沥青防水卷材严禁采用热水法施工；卷材表面热熔后应立即滚铺卷材，所铺卷材下面的空气应排尽，并用辊压粘结牢固，不得空鼓，卷材接缝部位必须溢出热熔的改性沥青胶；卷材铺贴应平整、顺直，搭接尺寸准确，不得扭曲、皱折。

3）自粘法铺贴卷材应符合下列规定：铺贴卷材前，基层应均匀涂刷基层处理剂，干燥后应及时铺贴卷材；铺贴卷材时应将自粘胶底面的隔离纸全部撕净，所铺卷材下面的空气应排尽，并辊压粘结牢固，不得空鼓；卷材铺贴应平整、顺直，搭接尺寸准确，不得扭曲、皱折；搭接部位应采用热风加热，随即粘贴牢固，卷材接缝口应用密封材料封严，宽度不应小于 10 mm。

4）热风焊接法铺贴卷材应符合下列规定：卷材的焊接面应清扫干净，无水滴、油污及附着物；焊接前卷材铺贴应平整、顺直，搭接尺寸准确，不得扭曲、皱折；焊接时应先焊长边搭接缝，后焊短边搭接缝，控制热风加热温度和时间，焊接处不得有漏焊、跳焊、焊焦等不良现象，并不得损害非焊接部位的卷材。

5）玛琋脂粘贴法铺贴卷材应符合下列规定：配置沥青玛琋脂的配合比应经试验确定，施工中应按确定的配合比严格配料，每工作班均应检查软化点和柔韧性；沥青玛琋脂的加热温度不高于 240 ℃，使用温度不应低于 190 ℃，冷沥青玛琋脂使用应搅拌均匀，稠度太大时，可加少量溶剂稀释搅匀；施工时沥青玛琋脂应涂刮均匀，不得过厚或堆积。粘结层厚度：热沥青玛琋脂宜为 1～1.5 mm，冷沥青玛琋脂宜为 0.5～1 mm；面层厚度：热沥青玛琋脂宜为 2～13 mm，冷沥青玛琋脂宜为 1～1.5 mm。

（7）检查卷材防水层是否有积水或渗漏现象。卷材防水层施工完后，应进行淋水或蓄水试验，不得有积水或渗漏现象。

（8）检查卷材保护层施工是否符合要求。保护层施工应符合下列规定：绿豆砂清洁、预热、撒铺均匀，并使其与玛琋脂粘结牢固，不得残留未粘结的绿豆砂；云母或蛭石保护层不得有粉料，撒铺均匀，不得露底，多余的云母或蛭石应清除；水泥砂浆保护层的表面应抹平压光，并留设分格缝，分隔面积不大于 36 m²；浅色涂料保护层应与卷材粘结牢固，厚薄均匀，不得漏涂；水泥砂浆、块材或细石混凝土保护层与防水层之间应设置隔离层；刚性保护层与女儿墙、山墙之间应预留宽度为 30 mm 的缝隙，并用密封材料嵌填严密。

（9）检查天沟、檐沟、檐口、泛水、水落口、变形缝和伸出屋面管道等防水构造，是否符合设计要求和施工规范。

2. 屋面卷材防水工程质量检验评定标准和检验方法。

屋面卷材防水工程质量检验评定标准和检验方法见表 4-3-7。

表 4-3-7　屋面卷材防水工程质量检验评定标准和检验方法

项目		质量标准	检验方法	检查数量
主控项目	1	卷材防水层所用卷材及其配套材料，必须符合设计要求	检查出厂合格证、质量检验报告和现场抽样复验报告	全数检查
	2	卷材防水层在天沟、檐沟、檐口、泛水、水落口、变形缝和伸出屋面管道等防水构造，必须符合设计要求	观察检查和检查隐蔽工程验收记录	
	3	卷材防水层不得有渗漏或积水现象	雨后或淋水、蓄水检验	
一般项目	1	卷材防水层的搭接缝应粘（焊）结牢固，密封严密，不得有皱折、翘边和鼓泡等缺陷；防水层的收头应与基层粘结并固定牢固，缝口封严，不得翘边	观察检查	每 100 m² 抽一处，每处抽查面积为 10 m²，且不得少于 3 处
	2	卷材防水层上的撒布材料和浅色涂料保护层应涂刷均匀，粘结牢固，水泥砂浆、块材或细石混凝土保护层与卷材防水层间应设置隔离层；刚性保护层分格缝留置应符合设计要求	观察检查	
	3	排汽屋面的排汽道应纵、横贯通，不得堵塞，排汽管应安装牢固，位置正确，封闭严密	观察检查	
	4	卷材的铺贴方向应正确，卷材搭接宽度的允许偏差为 −10 mm	观察和尺量检查	

(四)屋面细石混凝土防水施工质量检验

1. 施工过程的检查项目。

(1)检查细石混凝土防水所用各种材料是否符合设计要求和施工规范，并按规定进行抽样复试。

(2)检查水泥选用是否符合设计要求。细石混凝土不得使用火山灰质水泥；当采用矿渣硅酸盐水泥时，应采用减少泌水性的措施。

(3)检查外加剂的使用是否符合要求。混凝土中掺加膨胀剂、减水剂、防水剂等外加剂时，应按配合比准确计量，投料顺序得当，并机械搅拌、机械振捣。

(4)检查细石混凝土防水层与基层之间是否按要求设置隔离层。

(5)检查细石混凝土配合比、试块制作是否符合要求。细石混凝土配合比由试验室试配确定，施工中应严格按配合比计量，并按规定制作试块。

(6)检查细石混凝土防水层的构造是否符合设计和规范要求。细石混凝土防水层的厚度、配筋应满足设计及施工规范要求。细石混凝土防水层的厚度不应小于 40 mm，并配置双向钢筋网片(设计无明确要求时采用)，钢筋网片在分格缝处应断开，其保护层厚度不应小于 10 mm。

(7)检查细石混凝土防水层分格缝设置是否符合设计和规范要求。细石混凝土防水层的分格缝，应设在屋面板的支承端、屋面转折处、防水层与凸出屋面结构的交接处，其纵、横间距不宜大于 6 m，分格缝内应嵌填密封材料，每一分格缝内的混凝土应一次浇筑，不留施工缝。混凝土应振捣密实、平整，压实抹光，无起砂、起皮等现象。

(8)检查细石混凝土防水层是否有积水或渗漏现象。细石混凝土防水层施工完毕后，养护时间不少于 14 d，并应进行淋水或蓄水试验，不得有积水或渗漏现象。

(9)检查天沟、檐沟、檐口、泛水、水落口、变形缝和伸出屋面管道等防水构造，是否符合设计要求和施工规范。

2. 屋面细石混凝土防水工程质量检验评定标准和检验方法见表 4-3-8。

表 4-3-8 屋面细石混凝土防水工程质量检验评定标准和检验方法

项目			质量标准	检验方法	检查数量
主控项目	1		细石混凝土的原材料及配合比必须符合设计要求	检查出厂合格证、质量检验报告、计量措施和现场抽样复验报告	全数检查
	2		细石混凝土防水层在天沟、檐沟、檐口、泛水、水落口、变形缝和伸出屋面管道等防水构造，必须符合设计要求	观察检查和检查隐蔽工程验收记录	
	3		细石混凝土防水层不得有渗漏或积水现象	雨后或淋水、蓄水试验	
一般项目	1		细石混凝土防水层应表面平整、压实抹光，不得有裂缝、起壳、起砂等缺陷	观察检查	100 m² 抽一处，每处抽查面积为10 m²，且不得少于3处
	2		细石混凝土防水层的厚度与钢筋应符合设计要求	观察和尺量检查	
	3		细石混凝土分格缝的位置和间距应符合设计要求	观察和尺量检查	
	4		细石混凝土防水层表面平整度允许偏差为 5 mm	用 2 m 靠尺和楔形塞尺检查	

1. 试述屋面找平层质量检验评定标准和检验方法。
2. 屋面卷材防水层施工过程应检查哪些项目？
3. 屋面细石混凝土防水层施工过程应检查哪些项目？

二、屋面工程常见质量问题及防治

(一)卷材防水屋面施工常见质量问题及防治

1. 屋面渗漏。

(1)渗漏原因。

1)选用材料不当,防水层构造不合理。

2)细部构造及卷材收头存在问题。

3)屋面基层不平,防水层表面积水,使卷材发生腐烂。

4)卷材铺贴方法不当,两幅卷材之间接缝宽度不够。

5)施工时突遇下雨,雨水从卷材接缝渗漏。

6)防水材料变质失效。

(2)防治措施。

1)根据建筑物的使用功能和重要程度,卷材防水层分为外露式和保护式两种。这类屋面的防水效果,是通过卷材本身及其辅助材料组成的防水层整体来实现的。

2)檐口、山墙、屋脊、伸缩缝、天沟、雨水口、阴阳角(转角)及各种伸出屋面管道的周围等部位,统称为细部构造。如这些部位设置不当或卷材收头是封闭不严,都会造成漏水。细部构造除按设计要求增贴胶条、附加卷材层以外,还要注意在卷材收头处用密封膏仔细加固。

3)屋面基层必须平整,并按设计坡度施工。铺贴卷材时如局部有积水,可用高聚物砂浆填补平整,防止屋面积水引起卷材腐烂。

4)确保卷材之间搭接宽度和粘贴质量,是防止渗漏水的重要环节,为此在铺贴卷材前,事先要弹出基准线并进行试铺。铺贴时卷材应按屋面长度方向配置,尽量减少接头数量;并要按顺流水坡度方向,由低处向高处顺序铺贴(即顺水接槎),逐渐顺压至屋脊,最后用一条卷材封脊。通过试铺,就能保证卷材铺贴的平整美观,并使两幅卷材之间的接缝宽度达到均匀一致。

5)施工时应选择晴朗天气,施工气温一般为 5 ℃~30 ℃。下雨、下雪、刮大风及预计要下雨、下雪的天气均不得施工。若施工时突遇下雨,则必须在已粘好的卷材一头用密封膏进行密封,以免渗入雨水。

6)防火卷材及其辅助材料一般都有保质期;若超过保质期或发现材质有变化时,应先进行检验,对确已变质的材料剔除不用。另外,各种材料在保管时,应切实遵守通风、隔潮、防雨、防压、防火、防曝等有关要求。

2. 粘结不牢。

(1)原因分析。

1)选用材料不当,胶粘剂在使用时未充分搅拌。

2)基层有油污、砂粒、浮浆等杂物,基层涂料涂刷不均匀。

3)铺贴卷材时基层表面潮湿。

4)卷材铺贴方法不当，滚压不充分。

（2）防治措施。

1)基层涂料、基层胶粘剂及卷材胶粘剂各有不同的用途和作用，选择材料时，应严格按要求进行，不得错用或代用。

2)不论是双组分胶粘剂还是单组分胶粘剂，在储存过程中，固体成分容易沉淀在罐底。因此，使用时必须用搅拌棒用力搅拌。搅拌不充分，是粘结不牢的一个原因。

3)在处理基底时，首先应检查基层表面是否充分干燥（含水率不大于8%）；同时，要用铲刀把附着在基层表面的砂粒、浮浆等杂物铲除，然后用扫帚将基层表面清扫干净。对油污铁锈（如雨水管处）等处，要用溶剂进行处理。屋面清扫工作不能只进行一次，应根据现场情况，每进行一道工序就要清扫一次，否则会严重影响卷材与基层的粘结力。

4)待基层表面清扫干净并且在已干燥的情况下，才可按规定的用量，均匀涂刷基层涂料。涂刷不均匀，不会得到良好的粘结效果。

5)卷材延伸率较大的，在铺贴时不得用力拉伸卷材，否则在胶粘剂固化过程中，会使卷材与基层脱开（剥离），或者在局部形成皱褶。正确的铺贴方法是事先按弹线位置进行试铺，而正式铺贴时，只需让卷材自然展平并紧贴于基层表面即可。

6)每当铺完一幅卷材后，应立即用干净而松软的长柄滚刷，从卷材的一端开始，沿卷材的横向用力地顺次滚压，以便彻底排除卷材与基层之间残留的空气。排除空气后，平面部位用外包橡胶的铁滚（重约30 kg），垂直部位用手辊，转角部位用扁平辊进行滚压，以提高初期的粘结力和紧密性。

3. 卷材起鼓。

（1）原因分析。

1)卷材铺贴时，残留空气未全部赶出。

2)胶粘剂未充分干燥。急于铺贴卷材，因而溶剂残留卷材层内部。

3)基层干燥不充分。

（2）防治措施。

1)不得在雨天、雪天或大雾天施工，且基层含水率不大于8%。

2)防水卷材有两种：一种是铺贴卷材时，必须在基层（已涂刷基层涂料且干燥固化情况下）与卷材两面各涂刷胶粘剂；另一种是卷材的反面已带有粘结层或本身是自粘性的非硫化型卷材，此时仅需在基层上涂刷胶粘剂。为了防止卷材起鼓，在铺贴时应注意以下几点。

①必须按规定的用量均匀涂刷胶粘剂。

②掌握好胶粘剂的干燥时间。当基层及卷材表面的胶粘剂手感（指触）基本干燥时，即是铺贴卷材的最佳时间，一般控制为30～120 s。

③每当铺完一幅卷材后，应立即用干净而松软的长柄滚刷，从卷材的一端开始，沿卷材的横向用力顺次滚压，以便彻底排除卷材与基层之间残留的空气。排除空气后，平面部位用外包橡胶的铁滚（重约30 kg），垂直部位用手辊，转角部位用扁平辊进行滚压。

3)当卷材防水层局部起鼓时，应用针扎眼抽出空气或溶剂，然后将内部杂物清理干净，把已割破的卷材周围仔细磨平，最后再铺贴比损伤部位外径大100 mm以上的卷材。

4.防水层破损。

(1)原因分析。

1)基层有杂物，施工中用脚踩踏时会损伤卷材。

2)卷材铺贴后，在屋面上进行其他工程时，对其保护不严。

3)剪刀、辊子、容器等施工物不慎坠落。

4)强风刮走临时辅助物品。

(2)防治措施。铺贴卷材防水层应在屋面有关工序全部结束后进行。如有关工序不得不与卷材铺贴工序相互交叉，或在防水层上设有保护层时，则应在施工人员的严格监督下，采用胶合板、橡胶毡垫等材料予以保护。一旦发现卷材有局部损伤时，在损伤的卷材周围仔细磨平，再铺贴比损伤部位外径大 100 mm 以上的卷材。

(二)涂膜防水屋面施工常见质量问题及防治

1.屋面渗漏。

(1)原因分析。

1)设计涂层厚度不足和防水层结构不合理。

2)在南方沿海一带，由于软土的不均匀沉降，导致基础也发生不均匀沉降，屋面基层变形较大，从而导致屋面基层发生较大变动，更易引起屋面防水层开裂。

3)选用防水涂料的延伸率和抗裂性差。

4)施工质量粗糙。主要表现为：基层含水率过高(超过 10％)，涂膜层太薄，基层不平。

(2)防治措施。

1)应按设计要求选用优质的防水涂料。

2)屋面防水层必须配筋(玻璃丝布)，并要确保涂层的设计厚度。

3)屋面板接缝的端部增设滑动层，并用油膏嵌填密实。

4)在屋面容易变形和渗漏水的部位，女儿墙、天沟、雨水口、排气管等，应另加铺 1～2 层玻璃丝布，以增加防水层抗渗漏能力。

5)提高屋面基层的稳定性：一是防止基础发生不均匀沉降；二是加强屋盖系统的刚度。另外，防水层不能直接铺贴在刚度不够的保温层上。

6)凡有保温层的屋面，防水层必须置于足够强度的水泥砂浆找平层上(必须时配置细钢筋网片)。对于北方地区，受潮的保温材料因受温差的影响，还易使防水层涂膜起鼓开裂，此时需在保温层设置排气孔道。

7)涂膜防水层宜设置温度伸缩缝，其分隔间距为 6～9 m。

8)水泥砂浆找平层应平整、坚实、清洁，施工时的含水率宜控制为 8％左右。

9)薄质涂料要多次反复涂刷，才能达到设计要求的厚度。厚质涂料则应避免一次铺涂过厚，以免在结膜过程中导致收缩开裂。

10)涂层之间不能采取连续作业法，两道涂层的相隔时间与涂膜的干燥程度有关，应按照产品说明书或通过试验确定。

必须注意，在第一道涂层时要用力进行搓涂；但第二道与后续涂层时，则应按规定的涂膜厚度均匀、细致地涂刷；同时，在后续涂层施工时，涂抹方向应与前道涂层的涂抹方向相垂直。另外，如果屋面面积过大，以此涂刷有困难时，则应划分施工流水段。此时，防水层的接缝部位可用砂纸打磨，再用稀释剂恢复涂膜表面的黏性，然后方可继续涂刷新的防水层；防水层的接缝宽度应在 100 mm 以上。

11）铺贴玻璃丝布时，要边倒涂料、边推铺、边压实平整。在施工过程中，若发现有个别气泡时，应及时在相应的布幅两侧各剪一道小口，将残留的空气立即赶走。此项工作必须在涂料结膜（表干）前进行，否则要将气泡部位割开，加贴玻璃丝布予以覆盖、补牢。

12）施工期间应关注天气预报，并置备防雨塑料布，下雨时应及时覆盖而不影响施工质量。

13）施工时气温以 10 ℃～30 ℃为宜。气温过高，结膜过快，容易产生气泡，影响涂膜的完整性；气温过低，结膜太慢，影响施工速度。

2. 粘结不牢。

（1）原因分析。

1）基层表面不平整、不清洁，涂料成膜厚度不足。

2）在水泥砂浆基层上过早涂刷涂料或铺贴玻璃丝布，破坏了水泥砂浆的生成结构，影响涂料与砂浆之间的粘结力。

3）基层过于潮湿，水分或溶剂蒸发缓慢，影响到胶粒分子链的热运动，不利于成膜（特别是在低温下）。

4）防水涂料施工时突然下雨。

5）采用连续作业法施工，工序之间缺少必要的间歇。

6）涂料变质、失效。

（2）防治措施。

1）屋面基层必须平整、密实、清洁。局部若有高低不平，应事先修补平整并清扫干净。

2）薄质涂料的一次成膜厚度应为 0.2～0.3 mm；厚质涂料的一次成膜厚度应为 1～1.5 mm，且不得大于 2 mm。

3）在水泥砂浆基层上铺贴玻璃丝布时，砂浆应有 7 d 以上龄期，砂浆强度应达到 5 MPa 以上。

4）涂料的施工温度以 10 ℃～30 ℃为宜。不能在负温下施工，宜选择晴朗、干燥的天气为佳。涂料施工时，基层含水率宜控制在 8％左右且不允许基层表面有水珠，同时不得在雾天或雨天操作。

5）施工期间应关注天气预报，并置备防雨塑料布，供下雨时及时覆盖。表干的涂膜即可抵抗雨水的冲刷，而不影响与基层的粘结性。

6）防水层每道工序之间一般应有 12～24 h 的间歇，以 24 h 为佳。整个防水层施工完后，应至少有一周以上的养护期限（自然干燥）。

7）不得使用已经变质、失效的涂料。

3. 出现气泡或开裂。

（1）原因分析。

1）基层有砂粒、杂物，乳液中有沉淀物质，施工时基层过分潮湿（有水珠），以及在湿度较大的气候条件下操作，都会促成防水层出现气泡，使防水层与基层脱空。

2）基层不平，粘贴玻璃丝布时没有铺平拉紧，或没有按规定在布幅两侧裁剪小口。

3）涂料施工时温度过高或涂刷过厚，表面结膜过快，内层的水分难以逸出，引起防水层的开裂。

4)基层刚度不足，抗变形能力较差，以及没有按要求留置温度分格缝，都会引起防水层开裂。

(2)防治措施。

1)涂料施工前应将基层表面清理干净，涂料乳液中若有沉淀颗粒，应用32目钢丝网过滤。

2)选择在晴朗和干燥的气候条件下施工。当夏天气温在30 ℃以上时，应尽量避开炎热的中午施工，最好选择在早晚(特别是上半夜)温度较低的时间内操作。

3)涂料涂层厚度要适当。薄质涂料的一次成膜厚度应为 0.2～0.3 mm，且不大于 0.5 mm；厚质涂料的一次成膜厚度应为 1～1.5 mm，且不得大于 2 mm。

4)切实保证屋面结构层的灌缝质量。同时，在找平层内应按照要求留置温度分格缝。温度分格缝及基层有明显的裂缝、蜂窝、孔洞等缺陷处，需用掺少量滑石粉配成的涂料腻子嵌补平整(嵌补前应先薄涂一层冷底子涂料)；当裂缝宽度不大于 0.5 mm 并且贯穿基层时，还应加一层宽度为 200 mm 的玻璃丝布。

4. 防水层破损。

(1)原因分析。涂料防水层在施工中保护不当，容易遭到破损。

(2)防治措施。

1)一定要按施工程序，待屋面上其他工程全部完工后，再铺贴防水层。

2)当基层强度不足或有酥松、塌陷等现象时，及时返工。

3)防水层施工后一周内严禁上人。

(三)刚性防水层屋面施工常见质量问题及防治

1. 屋面开裂。刚性屋面开裂一般分为结构裂缝、温度裂缝和施工裂缝三种。结构裂缝通常产生在屋面板拼缝上，一般宽度较大，并穿过防水层而上下贯穿；温度裂缝一般都是有规则的，通常裂缝的分布比较均匀；施工裂缝常是一些不规则的、长度不等的、断续的裂缝，也有一些因水泥收缩而产生的龟裂。

(1)原因分析。

1)刚性屋面在基层变动时很容易开裂，基础的沉降、结构支座的角变、不同建筑材料的温差等，都能引起基层结构裂缝。

2)由于大气温度、太阳辐射、雨雪及车间热源作用等影响，若温度分格缝未按规定设置或设置不合理，在施工中处理不当，都会产生温度裂缝。

3)混凝土配合比设计不当、施工时振捣不密实、收光压光不好及早期干燥脱水、后期养护不当，都会产生施工裂缝。

(2)防治措施。

1)刚性防水屋面不得用于有高温或有振动的建筑，也不适用于基础有较大不均匀沉降上的建筑。

2)为了减少结构变形对防水层的不利影响，在防水层下宜设置纸筋灰、低强度等级砂浆或卷材隔离层。

3)防水层必须分格，分格应设置在板端、支座处、屋面转折(屋脊)处、混凝土施工缝及凸出屋面构件交接部位。分格缝的纵、横间距不宜大于 6 m。

4)刚性防水层厚度不小于 40 mm，内配 $\phi 4 \sim \phi 6 @ 100 \sim 200$ 的双向钢筋网片。钢筋网

片宜放置在混凝土防水层中偏上方的位置，并应在分格处断开。

5)防水层混凝土强度等级不宜低于 C25，水泥用量不宜少于 330 kg/m²，水胶比不宜大于 0.55，并宜采用普通硅酸盐水泥。粗集料的最大粒径不应大于防水层厚度的 1/3，细集料应用中砂或粗砂。

6)混凝土防水层的厚度应均匀一致，浇筑时应振捣密实，压实、抹平，收水后应随即二次抹光。

7)采用补偿收缩混凝土，以减少刚性屋面的收缩裂缝。

8)混凝养护时间不少于 10～14 d，应视水泥品种和气候条件而定。

2. 屋面渗漏。刚性防水层屋面的渗漏有一定的规律性，容易渗漏的部位在山墙或女儿墙、檐口、屋面板板缝、烟囱或雨水管等穿过防水层处。

(1)原因分析。

1)屋面分格缝没有与屋面板端缝对齐，在外荷载、徐变和板面与板底温差作用下，屋面板板端上翘，使刚性防水层开裂。

2)在嵌填防水油膏前，未将防水层分格缝内的浮砂、石屑等杂物清除干净，冷底子油有漏涂，致使油膏嵌填不实。

3)嵌缝材料的粘结性、柔韧性和抗老化能力差，不能适应防水层变形而产生开裂。

4)防水层未按设计要求找坡或找坡不正确，造成局部积水。雨水口设计位置不合理，屋面纵、横方向交叉找坡没有达到要求。

(2)防治措施。

1)施工时应使防水层分格缝和板缝对齐。嵌缝材料及施工质量应符合设计和规范要求。

2)南方夏季暴雨多、雨量大，墙体迎面泛水高度应不小于 240 mm，非迎水面不小于 180 mm；通气管泛水高度不小于 150 mm。

3)尽量使泛水和板面上的防水层一次浇成，不留施工缝。泛水顶部与管子相接处应抹压光滑，避免形成台阶，使雨水停滞。

4)对坡度变化复杂的屋面，施工时可设置临时标杆(冲筋)，以保证找坡正确。

3. 防水层起壳。

(1)原因分析。防水混凝土的施工质量不好，特别是压实、收光和养护。

(2)防治措施。

1)切实做好清基、摊铺、碾压、收光、抹平和养护工作。特别是碾压，铁滚(重 30～50 kg，长 60 cm)纵、横来回滚压，直到混凝土表面压拉毛状的水泥浆为止，然后抹平，待一定时间后抹压 1～2 遍，使混凝土表面达到平整、光滑。

2)混凝土应避免在酷热、严寒气温下施工，也不得在风沙和雨天施工。

1. 卷材防水屋面的质量通病有哪些？如何预防？

2. 涂膜防水屋面的质量通病有哪些？如何预防？

3. 刚性防水屋面的质量通病有哪些？如何预防？

第四节 卫生间工程质量验评

任务目标

掌握卫生间防水工程的施工。

案例导入

卫生间楼面防水是建筑防水的重要组成部分，是保证房屋基本使用活动和居住的前提条件。

一、材料选择

由于卫生间一般面积较小、管道口众多，所以卫生间防水都采用防水涂料，主要有聚氨酯涂膜、氯丁胶乳沥青防水材料、硅橡胶防水涂料和 SBS 弹性沥青涂料。下面以聚氨酯涂膜施工为例。

二、施工前准备

(1)厕浴间楼地面垫层已完成，穿过厕浴间地面及楼面的所有立管、套管已完成，并已固定牢固，经过验收。管周围裂缝用 1∶2∶4 豆石混凝土填塞密实(楼板底需吊模板)。

(2)厕浴间楼地面找平层已完成，标高符合要求，表面应抹平压光、坚实、平整，无空鼓、裂缝、起砂等缺陷，含水率不大于 9%。

(3)找平层的泛水坡度应在 2%(即 1∶50)，不得局部积水，与墙交接处及转角处、管根部位，均要抹成半径为 100 mm 的均匀一致、平整光滑的小圆角，要用专用抹子。凡是靠墙的管根处均要抹出 5%(1∶20)的坡度，避免此处积水。

(4)涂刷防水层的基层表面，应将尘土、杂物清扫干净，表面残留的灰浆硬块及高出部分应刮平、扫净。对管根周围不易清扫的部位，应用毛刷将灰尘等清除。

(5)基层做防水涂料之前，在凸出地面和墙面的管根、地漏、排水口、阴阳角等易发生渗漏的部位，应做附加层增补。

(6)厕浴间墙面按设计要求及施工规定(四周至少上卷 300 mm)有防水的部位，墙面基层抹灰要压光，要求其平整，无空鼓、裂缝、起砂等缺陷。穿过防水层的管道及固定卡具应提前安装并在距管 50 mm 范围内凹进表层 5 mm，管根做成半径为 10 mm 的圆弧。

(7)根据墙上的 +0.5 m 水平控制线，弹出墙面防水高度线，标出立管与标准地面的交界线，涂料涂刷时要与此相平行。

（8）厕浴间做防水前，必须设置足够的照明设备（安全低压灯）和通风设备。

（9）防水材料一般为易燃的有毒物品，储存、保管和使用时要远离火源，现场施工要具备足够的灭火器等消防器材，施工人员要着工作服、穿软底鞋，并设专业工长监督。

（10）环境温度保持在＋5 ℃以上。

三、施工过程

1. 基层清理。涂膜防水层施工前，先将基层表面上的灰皮用铲刀除掉，用扫帚将尘土、砂粒等杂物清扫干净，尤其是管根、地漏和排水口等部位要仔细清理。如有油污时，应用钢丝刷和砂纸刷掉。基层表面必须平整，凹陷处要用水泥腻子补平。如图 4-4-1 所示。

图 4-4-1 基层处理

2. 细部附加层施工。

（1）打开包装桶后应先搅拌均匀，严禁用水或其他材料稀释产品。

（2）细部附加层施工：用油漆刷蘸搅拌好的涂料在管根、地漏、阴阳角等容易漏水的薄弱部位均匀涂刷，不得漏涂（地面与墙面交接处，涂膜防水上卷墙上 250 mm 高）。常温4 h 表干后，再刷第二道涂膜防水涂料；24 h 实干后，即可进行大面积涂膜防水层施工，每层附加层厚度宜为 0.6 mm。如图 4-4-2 所示。

图 4-4-2 现场涂膜

3.涂膜防水层施工。聚氨酯防水涂膜一般厚度为 1.1 mm、1.5 mm、2.0 mm，根据设计厚度不同，可分成两遍或三遍进行涂膜施工。

4.防水层细部施工。

(1)管根与墙角做法，如图 4-4-3 所示。

(2)地漏处细部做法，如图 4-4-4 所示。

(3)门口处细部做法，如图 4-4-5 所示。

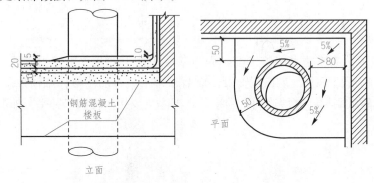

图 4-4-3　卫生间下水管道转角墙立面与平面图

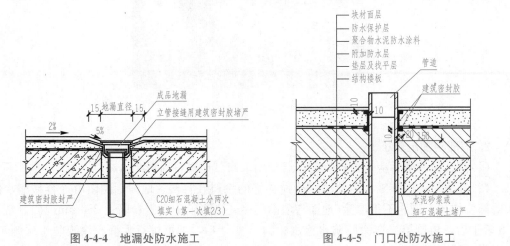

图 4-4-4　地漏处防水施工

图 4-4-5　门口处防水施工

5.涂膜防水层的验收。根据防水涂膜施工工艺流程，按检验批、分项工程对每道工序进行认真检查验收，并做好记录，须检验合格方可进行下道工序施工。防水层完成并实干后，对涂膜质量进行全面验收，要求满涂，厚度均匀一致，封闭严密，厚度达到设计要求（做切片检查）。防水层无起鼓、开裂、翘边等缺陷，并且表面光滑。经检查验收合格后可进行蓄水试验(蓄水深度高出标准地面 20 mm)，24 h 无渗漏，做好记录，可进行保护层施工。

1.试述卫生间防水的作用。

2.简述卫生间防水的验收标准。

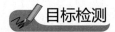 目标检测

通过工程实践，完成屋面工程的技术交底工作。

建筑工程技术交底

工程名称		项目部名称	
施工单位		分项工程名称	
接受单位(班组)		交底日期	
交底提要	屋面找平层、防水层、保温层、保护层施工技术要求		
交底内容：			
技术负责人		交底人		接受交底人	

1. 本表头由交底人填写，交底人与接受交底人各保存一份，技术负责人一份；
2. 分部、分项施工时必须填写"分部""分项工程"名称栏。

第五章

结构安装工程

1. 掌握各种起重机械的特点；
2. 熟悉混凝土结构构件的检查与清理、运输和堆放；
3. 掌握混凝土结构构件安装的工艺过程；
4. 了解钢结构安装的工艺过程；
5. 了解钢构件的运输、堆放、安装、校正和固定方法。

　　柱子吊装旋转法：起重机边升钩，边回转起重臂，使柱绕柱脚旋转而呈直立状态，然后将其插入杯口中。

　　柱子吊装滑行法：柱起吊时，起重机只升钩，起重臂不转动，使柱脚沿地面滑升逐渐直立，然后插入基础杯口。

　　屋架正向扶直：起重机位于屋架下弦一侧，首先以吊钩中心对准屋架上弦中点，收紧吊钩，然后略起臂使屋架脱模，接着起重机升钩并升臂使屋架以下弦为轴缓慢转为直立状态。

　　屋架反向扶直：起重机位于屋架上弦一侧，首先以吊钩对准屋架上弦中点；接着，升钩并降臂，使屋架以下弦为轴缓慢转为直立状态。

案例导入

　　新建总装配车间位于原厂区之东、小河之南、民房群之北，东面为农田，该地地势平坦。拟建车间的北面与西面有永久道路，可供施工使用，附近有水电可供使用。

　　(1)此新建装配车间为装配式钢筋混凝土，二跨单层工业厂房，横向为 54 m，纵长为 $6.0×17=102.0$ m，车间围护结构为预制钢筋混凝土基础梁，24 cm 清水砖墙，水泥砂浆勾缝，水泥砂浆粉勒脚和混凝土散水，内墙喷白灰水两道，连系梁为预制构件，层面采用二毡三油一砂油毡屋面，地面分格浇筑的混凝土地坪。

　　(2)水文气候条件：基础土方挖土为二级土(或称混凝土)，设计标高以下可见坚硬土层，该厂地址在武汉地区，4、5月份为雨期，12月5日到3月2日共计87天，连续5天室外平均气温低于$+5$ ℃，故在期间应考虑冬期施工，地下水位离地表3 m以下。

　　(3)物资供应相关条件：钢材、木材、水泥和地方材料均为按工程需要组织供应，钢筋及模板门窗制作等均在预制厂制作，吊车梁、天窗架和天窗端壁在现场预制均制作完成，大型屋面板、天沟板梁由公司预制厂预制供应，柱屋架在现场就地预制，现场设临时工棚和钢筋棚，施工单位现场有 W1-200 型履带式起重机，起重机性能符合施工要求，起重机外型有关尺寸，起重机尾部到回转中心最大距离 $A=4.5\,\mathrm{m}$，起重臂下端铰支座中心离地面高度 $E=2.1\,\mathrm{m}$，起重机尾部压配重离地面高度 $D=1.9\,\mathrm{m}$，履带两外侧距离 $H=4.05\,\mathrm{m}$。

（4）基础工程：开挖深度 2 m，基坑采用 0.25 m^3 斗容量的反产挖土机开挖，坑底及边角采用人工进行修整，人工开挖量约占总量的 10%。

吊装方案是吊装施工的指导性文件，根据建筑物的结构形式、跨度、安装高度、吊装工程质量、构件重量、工期长短、现有起重设备、施工现场环境、土建工程的施工方法等因素来编制，并应符合下述原则：

1）施工工期短，能按期或提前完成安装进度；

2）保证工程质量；

3）保证生产安全；

4）机械化程度高，操作简便，劳动强度低；

5）工程施工成本低；

6）积极推广新技术、新工艺；

7）因地制宜，尽量使用现有起重运输机械和设备；

8）便利于土建工程、设备安装等其他工序的施工。

吊装方案的内容包括：吊装方法、起重机选择与开行、构件的平面布置、吊装前的准备工作、构件的吊装工艺和吊装安全技术等。

第一节　认识单层工业厂房

(一)工程概况

单层工业厂房依其生产规模，分为大、中、小型；依其主要承重结构的材料，分为钢筋混凝土结构、混合结构和钢结构。

小型厂房通常选用混合结构，即采用以钢筋混凝土或轻钢屋架、承重砖柱作为主要构件的结构。其余大部分厂房都选用钢筋混凝土结构，且尽可能采用装配式和预应力混凝土结构。

单层厂房常用的结构型式有排架结构和刚架结构。目前，大多数单层厂房采用钢筋混凝土排架结构。该结构的刚度较大，耐久性和防火性较好，施工也较方便。根据厂房生产和建筑要求的不同，钢筋混凝土排架结构又可分为单跨、两跨或多跨以及等高和不等高形式。

钢筋混凝土排架结构单层工业厂房大多采用装配式，其空间高度大、跨度大。由屋架吊车梁、柱、基础等构件组成，除基础为现浇钢筋混凝土杯基础外（当中、重型单层工业厂房建于土质较差的地区时，一般需采用桩基础），其他构件均需预制和吊装，外墙仅起围护作用。

（二）单层工业厂房基本构造

钢筋混凝土单层工业厂房结构可以为现浇结构，也可以为装配式结构或装配整体式结构。

钢结构建筑多为预制、安装而成。结构安装工程即为利用机械设备将装配式结构的各类构件安装至设计位置的整个施工过程。

1. 单层工业厂房基本构造（图 5-1-1）。

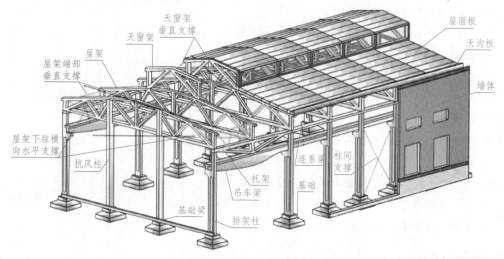

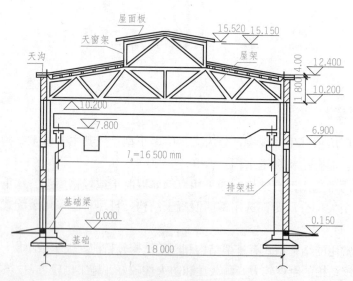

图 5-1-1　单层工业厂房基本构造

（1）基础：现浇钢筋混凝土杯形基础；

（2）柱：带牛腿的钢筋混凝土柱；

（3）吊车梁：T 形钢筋混凝土吊车梁；

（4）屋架：梯形钢筋混凝土吊车梁；

（5）屋面板：钢筋混凝土预应力槽形屋面板；

（6）其他：如天窗架、连系梁、柱间支撑等。

2. 单层工业厂房主体结构施工工艺流程。根据施工现场、与施工工期等要求编制结构安装施工组织设计。依据施工组织设计文件进行的步骤为：施工场地平整、布置现场预制位置→柱、吊车梁、屋架、天窗架的构件制作→确定起重机开行路线→机械进场→构件就位，现场布置→柱吊装→基础梁、吊车梁、连系梁吊装→屋架、天窗架、屋面板吊装→围护墙体砌筑→零星工程施工。

第二节 起重机械与设备

一、起重机械

在结构安装工程中常用的起重机械有：桅杆式起重机、自行杆式起重机和塔式起重机三大类。

（一）桅杆式起重机

桅杆式起重机是用木材或金属材料制作的起重设备。其制作简单、装拆方便、起重量较大（可达 100 t 以上），受地形限制小，能用于其他起重机不能安装的一些特殊结构和设备的安装，尤其是在交通不便的地区进行结构安装时，因大型设备不能运入现场，桅杆式起重机有着不可替代的作用。但因其服务半径小、移动较困难，需要设置较多的缆风绳，故一般仅用于结构安装工程量集中的工程。

桅杆式起重机可分为独脚拔杆、人字拔杆、悬臂拔杆和牵缆式桅杆起重机等。常用的楼梯坡度范围为 $20°\sim 45°$，舒适坡度一般为 $26°34'$，即高宽比为 1/2。

1. 独脚拔杆（图 5-2-1）。独脚拔杆可用圆木、钢管或金属格构柱制作。其由拔杆、起重滑轮组、卷扬机、缆风绳和锚碇等组成。木独脚拔杆常用圆木制作，圆木梢径为 $20\sim32$ cm，起重高度一般在 15 m 以下，起重量在 10 t 以下；钢管独脚拔杆，一般起重高度在 30 m 以内，起重量可达 30 t；格构式金属拔杆，起重高度可达 $70\sim80$ m，起重量可达 100 t 以上。

2. 人字拔杆（图 5-2-2）。人字拔杆是由两根圆木或两根钢管或两根格构式截面的独脚拔杆在顶部相交呈 $20°\sim30°$ 夹角，以钢丝绳绑扎或铁件铰接而成，下悬起重滑轮组，底部设置有拉杆或拉绳，以平衡拔杆本身的水平推力。其下端两脚的距离为高度的 $1/2\sim1/3$。人字拔杆的特点是侧向稳定性好、缆风绳较少，但构件起吊后活动范围小，一般仅用于安装重型构件或作为辅助设备以吊装厂房屋盖体系上的轻型构件。

图 5-2-1　独脚拔杆

图 5-2-2　人字拔杆

3.悬臂拔杆(图 5-2-3)。在独脚拔杆的中部或 2/3 高度处装上一根起重臂,即成悬臂拔杆。起重杆可以回转和起伏,可以固定在某一部位,亦可根据需要沿杆升降。为使起重臂铰接处的拔杆部分得到加强,可用撑杆和拉条(或钢丝绳)进行加固。悬臂拔杆的特点是有较大的起重高度和相应的起重半径;悬臂起重杆左右摆动角度大(120°~270°),使用方便。但因起重量较小,多用于轻型构件的安装。

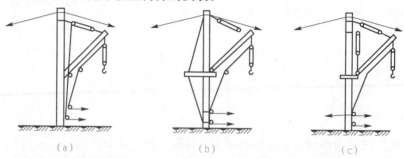

图 5-2-3　悬臂拔杆

(a)一般形式；(b)带加劲杆；(c)起重臂杆可沿拔杆开降

4.牵缆式桅杆起重机(图 5-2-4)。牵缆式桅杆是在独脚拔杆的下端装上一根可以回转和起伏的起重臂而成。整个机身可回转 360°,具有较大的起重量和起重半径,灵活性好,可以在较大起重半径范围内,将构件吊到需要的位置。用无缝钢管做成的桅杆起重机,其起重量在 10 t 左右,起重高度可达 25 m,多用于一般工业厂房的结构安装;用格构式截面的拔杆和起重臂,起重量可达 60 t,起重高度可达 80 余米,可用于重型厂房结构安装或高炉安装;其缺点是需要设置较多的缆风绳。

图 5-2-4　牵缆式桅杆起重机

(二)自行式起重机

建筑工程中自行式起重机常用的有履带式起重机、汽车式起重机和轮胎式起重机三种。

1. 履带式起重机（图 5-2-5）。履带式起重机是一种自行杆式全回转起重机，其工作装置经改造后可作挖土机或打桩架，是一种多功能的机械。该机由行走装置、回转机构、机身及起重臂等部分组成，行走装置采用两条链式履带，以减少对地面的平均压力；回转机构为装在底盘上的转盘，使机身可作 360°回转；机身内部有动力装置、卷扬机及操纵系统；起重臂为角钢组成的格构式结构，下端铰接于机身上，随机身回转，顶端设有两套滑轮组（起重及变幅滑轮组），钢丝绳通过起重臂顶端滑轮组连接到机身的卷扬机上，起重臂可分节制作并接长，履带式起重机具有操作灵活、使用方便的优点，可在一般道路上行走，有较大的起重能力及工作速度，在平整、坚实的道路上还可负载行驶。但履带式起重机行走时速度慢，履带对路面破坏性较大且稳定较差；不宜超负荷吊装，当进行长距离转移时，多用平板拖车或铁路平车运输。目前，履带式起重机是建筑结构安装工程中的主要起重机械，特别是在单层工业厂房结构安装工程中应用极为广泛。

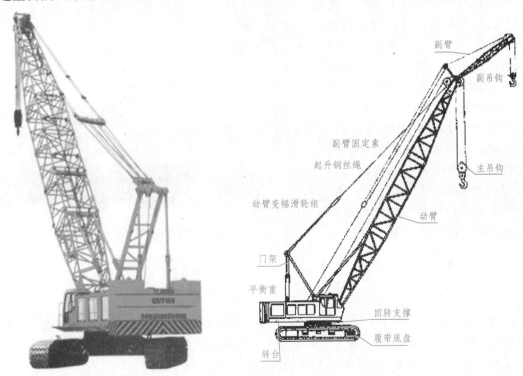

图 5-2-5　履带式起重机

履带式起重机主要技术性能包括三个主要参数：起重量 Q、起重半径 R 和起重高度 H。起重量一般不包括吊钩、滑轮组的重量；起重半径 R 是指起重机回转中心至吊钩的水平距离；起重高度 H 是指起重吊钩中心至停机面的距离。履带式起重机的主要技术性能可以通过图表来表示。

起重机起重量、起重半径和起重高度的大小，取决于起重臂长度及其仰角。即当起重臂长度一定时，随着仰角的增加，起重量和起重高度增加，而起重半径减小；当起重仰角不变时，随着起重臂长度增加，则起重半径和起重高度增加，而起重量减小。

2. 汽车式起重机（图 5-2-6）。汽车式起重机是将起重机构安装在通用或专用汽车底盘上的全回转起重机，起重机构动力由汽车发动机供给，其行驶的驾驶室与起重操纵室分开设置。该机转移迅速，对路面损伤小，但吊重时需使用支腿，因此不能负重行驶，也不适合在松软或泥泞的地面上工作。一般来说，汽车式起重机适用于构件运输装卸作业和结构吊装作业。

图 5-2-6　汽车式起重机

3. 轮胎式起重机（图 5-2-7）。轮胎式起重机在构造上与履带式起重机基本相似，但其行走装置采用轮胎。起重机构及机身装在特制的底盘上，能全回转。随着起重量的大小不同，底盘下装有若干根轮轴，配有 4～10 个或更多个轮胎，并有可伸缩的支腿。起重时，利用支腿增加机身的稳定性，并保护轮胎。必要时，支腿下可加垫块，以扩大支承面。轮胎式起重机的特点与汽车式起重机相同，适用于一般工业厂房结构吊装。

图 5-2-7　轮胎式起重机

(三)塔式起重机

塔式起重机是一种塔身直立、起重臂安装在塔身顶部且可作 360°回转的起重机。一般可按行走机构、变幅方式、回转机构的位置以及爬升方式的不同而分成若干种类型。塔式起重机广泛用于多层及高层民用建筑和多层工业厂房结构安装施工。

1. 轨道式塔式起重机[图 5-2-8(a)]。轨道式塔式起重机是在多层房屋施工中应用最为广泛的一种起重机。该机种类繁多，能同时完成垂直和水平运输，在直线和曲线轨道上均能运行，且使用安全、生产效率高、能负荷行走，起重高度可按需要增减塔身互换节架。但是需铺设轨道，装拆、转移费工费时，台班费较高。

2. 爬升式塔式起重机[图 5-2-8(b)]。爬升式塔式起重机是安装在建筑物内部电梯井或特设开间的结构上，借助于爬升机构随建筑物的升高而向上爬升的起重机械。一般每隔

1～2层楼便爬升一次。其特点是塔身短、不需轨道和附着装置，用钢量省、造价低、不占施工现场用地；但塔机荷载作用于楼层，建筑结构需进行相对加固，拆卸时需在屋面架设辅助起重设备。该机适用于施工现场狭窄的高层建筑工程。

3. 附着式塔式起重机[图5-2-8(c)]。附着式塔式起重机是固定在建筑物近旁混凝土基础上的起重机械，它可借助顶升系统将塔身自行向上接高，从而满足施工进度的要求。为了减小塔身的计算长度，应每隔20 m左右将塔身与建筑物用锚固装置相连。该塔式起重机多用于高层建筑施工。附着式塔式起重机还可安装在建筑物内部作为爬升式塔式起重机使用，也可为作轨道式塔式起重机使用。

(a)　　　　　　　　　　(b)　　　　　　　　　　(c)

图5-2-8　塔式起重机

(a)轨道式塔式起重机；(b)爬升式塔式起重机；(c)附着式塔式起重机

二、起重设备

结构吊装工程施工中除起重机外，还要使用许多辅助工具及设备，如卷扬机、钢丝绳、滑轮组、横吊梁等。

图5-2-9　卷扬机

1. 卷扬机(图5-2-9)。卷扬机又称绞车。在建筑施工中常用的卷扬机有快速和慢速两种。快速卷扬机(JJK型)又有单筒和双筒之分，其牵引力为4.0～50 kN，主要用于垂直、水平运输和打桩作业；慢速卷扬机(JJM型)多为单筒式，其牵引力为30～200 kN，主要用于结构吊装、钢筋冷拉和预应力筋张拉作业。

图5-2-10　滑轮组

2. 滑轮组(图5-2-10)。滑轮组由一定数量的定滑轮和动滑轮以及绕过它们的绳索组成。滑轮组具有省力和改变力的方向的功能，是起重机械的重要组成部分。滑轮组共同负担构件重量的绳索根数称为工作线数。通常，滑轮组的名称以组成滑轮组中定滑轮与动滑轮的数目表示。如由四个定滑轮和四个动滑轮组成的滑轮组，称为四四滑轮组。

3. 钢丝绳(图 5-2-11)。结构吊装施工中常用的钢丝绳是先由若干根钢丝捻成股，再由若干股围绕绳芯捻成绳，其规格有 6×19 和 6×37 两种(6 股，每股分别由 19、37 根钢丝捻成)。前者钢丝粗、较硬、不易弯曲，多用作缆风绳；后者钢丝细、较柔软，多用作起重用索。

4. 横吊梁(图 5-2-12)。横吊梁也称铁扁担，常用于柱和屋架等构件的吊装。用横吊梁吊柱可使柱身保持垂直，便于安装；用横吊梁吊屋架则可降低起吊高度，并减少吊索的水平分力对屋架的压力。所有的横吊梁进行验算后方能使用。

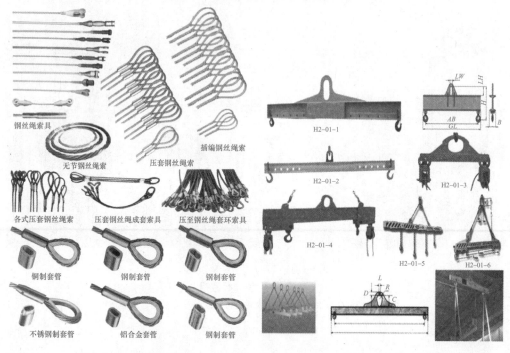

图 5-2-11　钢丝套件　　　　　　　　图 5-2-12　横吊梁

第三节　构件吊装

一、构件制作

混凝土构件的制作分为工厂制作和现场制作。中小型构件，如屋面板、吊车梁等，多采用工厂制作；大型构件或尺寸较大不便运输的构件，如屋架、梁、柱等，则采用现场制作。尽可能采用叠浇法制作，叠层数量由地基承载能力和施工条件确定，一般不超过4层，上、下层之间应做好隔离层，上层构件的浇筑应待下层构件混凝土达到设计强度的30％后才可进行。混凝土构件的制作，可采用台座、钢平模和成组立模等方法。

二、混凝土构件的运输和堆放

1. 混凝土构件的运输(图 5-3-1)。构件运输过程，通常要经过起吊、装车、运输和卸车等工序。目前，构件运输的主要方式为汽车运输，多采用载重汽车和平板拖车；除此之外，在距离远而又有条件的地方，也可采用铁路和水路运输。在运输过程中防止构件变形、倾倒、损坏，对高宽比过大的构件或多层叠放的构件，应采用设置工具或支撑框架、固定架、支撑等予以固定。构件的支撑位置和方法要得当，以保证构件受力合理，各构件间应有隔板或垫木，且上、下垫木应保证在同一垂直线上。运输道路应坚实、平整，有足够的转弯半径和宽度，运速适当、行驶平稳，构件运输时混凝土强度应满足设计要求；若设计无要求时，则不应低于设计强度等级的75％。

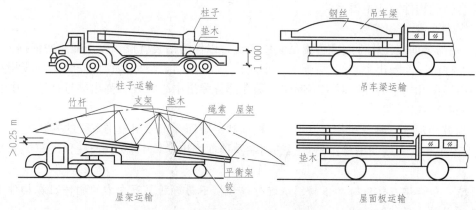

图 5-3-1　混凝土构件的运输

2. **构件的堆放。**构件应按照施工组织设计的平面布置图进行堆放，以免出现二次搬运。堆放构件时，应使构件的堆放状态符合设计的受力状态。构件应放置在垫木上，各层垫木的位置应在同一条垂直线上，以免构件折断。构件的堆置高度应视构件强度、垫木强度、地面承载力等情况而定。

堆放要求：

(1)堆放构件的场地应平整、坚实，并具有排水措施。

(2)构件就位时，应根据设计的受力情况搁置在垫木或支架上，并应保持稳定。

(3)重叠堆放的构件，吊环应向上，标志朝外；构件之间垫上垫木，上、下层垫木应在同一垂直线上。

(4)采用支架靠放的构件，必须对称靠放和吊运，上部用木块。

三、构件吊装前的清理与检查

要领"看、摸、测、量、照"。

1. 构件的清理和检查。

为保证工程质量和安全，构件在安装前应进行一次全面的质量检查和验收。

(1)检查构件型号、数量、预埋件位置、构件混凝土强度，柱有无损伤、变形、裂缝等；

(2)检查构件的规格、外形尺寸是否符合设计和施工规范要求；

(3)检查构件的混凝土强度，应不低于设计规定的强度：柱不低于设计强度的70%；吊车梁、屋架不低于设计强度的100%；

(4)检查基础的标高、中心线及杯口尺寸，杯底抄平、杯口顶面弹线等工作，并做好记录；

(5)检查混凝土的质量，混凝土构件如因预制或运输等原因产生蜂窝、露筋、裂缝、变形甚至破坏等，应进行修复和补强；构件表面沾有雨污等应清理干净。

不合格的构件一律不得吊装。

2. 构件的弹线和编号。

(1)柱吊装前应在构件表面弹出吊装中心线，以作为吊装就位、校正偏差的依据。

1)在柱身三面弹出中心线(可弹两个小面、一个大面)，与杯基顶面安装中心线相对应矩形截面弹出几何中心线，对工字形柱，除在部分弹出中心线外，弹出靠近柱边与中心线相平行的基准线。

2)为方便观察、避免视差及校正，在柱顶和牛腿面弹出屋架及吊车梁的安装中心线。

(2)吊车梁的弹线与编号。吊车梁的两端及顶面弹出安装中心线(与柱顶吊车梁安装线相对应)。

注意：吊车梁在弹线时要根据图纸进行编号，不易辨别上下左右的构件应在构件上标明记号，以防止安装时混淆。

(3)屋架、屋面板的弹线和编号。屋架上弦顶面应弹出几何中心线，并从跨度中间向两端分别弹出天窗架、屋面板、桁条的安装中心线。屋架的两端应弹出屋梁的吊装中心线(与柱顶屋架安装线相对应)。

四、杯形基础的准备工作

先检查杯口的尺寸，再在基础顶面弹出十字交叉的安装中心线，用红油漆画上三角形标志。为保证柱子安装之后牛腿面的标高符合设计要求，调整方法是先测出杯底实际标高(小柱测中间一点，大柱测四个角点)，并求出牛腿面标高与杯底实际标高的差值 A，再量出柱子牛腿面至柱脚的实际长度 B，两者相减便可得出杯底标高调整值 $C(C=A-B)$，然后，根据得出的杯底标高调整值用水泥砂浆或细石混凝土抹平至所需标高。杯底标高调整后，要加以保护。弹线图如图 5-3-2、图 5-3-3 所示。

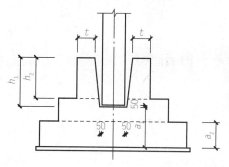

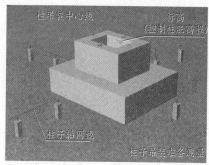

图 5-3-2　杯形基础(一)

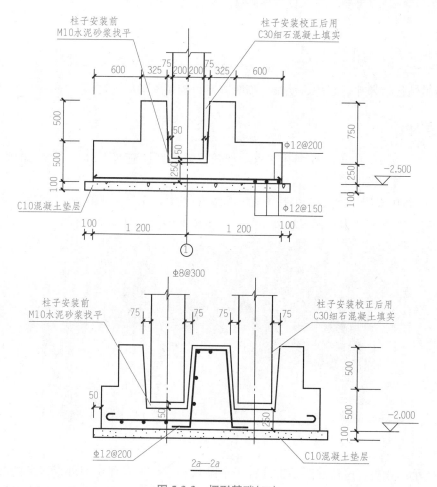

图 5-3-3　杯形基础(二)

观察与思考 ➡ 在吊装前应做哪些准备工作? 如何保证构件吊装的质量?

第四节 柱的吊装

案例导入

某铸模单层工业厂房，结构为钢筋混凝土排架结构，跨度为 18 m。各种构件的吊装参数应为多少？柱的吊装应采用何种吊装方法，才能保证厂房的吊装质量？

一、柱的吊装工艺

柱的吊装包括绑扎、起吊、就位、临时固定、校正和最后固定等工序。

(一)绑扎

一般 13 t 以下的中小型柱绑扎一点，细长柱或重型柱应两点绑扎。常用的索具有吊索、卡环、柱销、横吊梁等。

1. 一点绑扎法(图 5-4-1)。绑扎位置一般在牛腿下；工字形截面和双肢柱，绑扎点应选在实心处，否则应在绑扎位置用方木垫平。常用的绑扎法有以下几种：

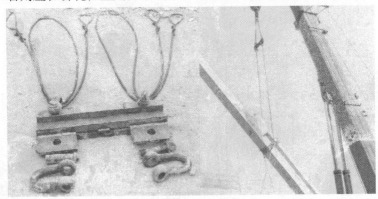

图 5-4-1 一点绑扎法

(1)斜吊绑扎法：这种方法是将柱置于平卧状态下，不需翻身即可直接绑扎起吊。柱起吊后呈倾斜状态，吊索在柱的宽面上，起重钩可低于柱顶。当柱身的长度以及平放时柱的抗弯刚度能满足要求或起重杆长度不足时，可采用此法进行绑扎。柱的绑扎工具可用两端带环的绳索及卡环绑扎，也可用专用工具柱销绑扎。

(2)直吊绑扎法：经验算，当柱平放起吊的抗弯强度不足时，需将柱翻身，然后起吊。这种绑扎方法是用吊索绑穿柱身，从柱子宽面两侧分别扎住卡环，再与横吊梁相连。其优点是，柱翻身后刚度大，抗弯能力强，起吊后柱与基础杯底垂直，容易对位。由于吊钩需在柱顶之上，所以需要较大的起吊高度。

2．两点绑扎法（图 5-4-2）。当柱较长、一点绑扎抗弯刚度不足时，可采用两点绑扎起吊。在确定绑扎位置时，应使两根吊索的合力作用线高于柱子的重心处，即下吊点到柱重心的距离大于上吊点到柱重心的距离。这样，柱在起吊过程中，柱身可以自行转为直立状态。另外，下吊点还应满足解除吊索的要求，所以，下吊点位置必须大于柱底部插入杯口的深度。

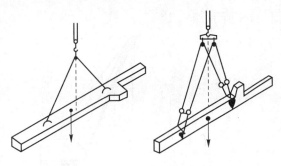

图 5-4-2　两点绑扎法

（二）起吊

柱的起吊方法应根据柱的重量、长度、起重机的性能和现场情况而定。

1．旋转法。采用旋转法吊装柱时，柱的绑扎点、柱脚中心与柱基础中心三者宜位于起重机同一工作幅度的圆弧上。起吊时，起重臂边升钩边回转，柱顶随起重钩的运动，也边升起边回转，而柱脚的位置在柱的旋转过程中是不移动的。当柱由水平转为直立后，起重机将柱吊离地面，旋转至基础上方，将柱插入杯口。用旋转法吊装时，柱在吊装过程中所受振动较小、生产率较高，但对起重机的机动性能要求也较高。采用自行式起重机吊装时，宜采用此法。如图 5-4-3 所示。

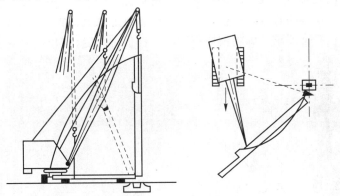

图 5-4-3　旋转法起吊

柱的绑扎点、柱脚与柱基中心三者在同一工作幅度圆弧上，即三点共弧。当场地受限制时，也可采取两点共弧，即绑扎点与杯基中心共弧，或柱脚中心与杯基中心共弧。

2．滑行法。采用滑行法吊装时，柱的绑扎点宜靠近基础。起吊时，起重臂不动，仅起重钩上升，柱顶也随之上升；而柱脚则沿地面滑向基础，直至柱身转为直立状态，起重钩将柱提离地面，对准基础中心，将柱脚插入杯口。

用滑行法吊装时，柱在滑行过程中受到振动，对构件不利，但滑行法对起重机械的机动性要求较低，只需要起重钩上升一个动作。因此，当采用独立拔杆、人字拔杆吊装柱时，常采用此法。另外，对一些长而重的柱，为便于构件布置及吊升，也常采用此法。如

图 5-4-4 所示。

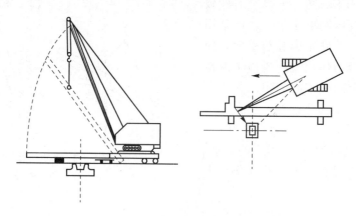

图 5-4-4　滑行法起吊

3. 双机台吊。当柱重量较大，一台起重机吊不动时，可采用双机（或多机）台吊。这是用小机械吊大柱的一个有效的方法。

(三)对位与临时固定

柱脚插入杯口后，并不立即降至杯底，而是停在距杯底 30～50 mm 处进行对位，对位的方法是使用八只木楔或钢楔从柱的四边放入杯口，并用撬棍撬动柱脚，使柱的安装中心线对准杯基口上的安装中心线，并使柱基本保持垂直。

对位后将八只楔块略打紧，放松吊钩，让柱靠自重沉至杯底，再检查一下安装中心线对准的情况；若已符合要求，即将楔块打紧，将柱临时固定。如图 5-4-5 所示。

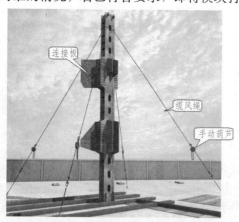
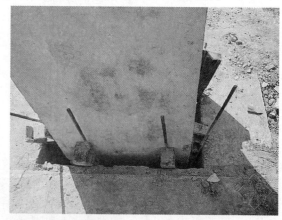

图 5-4-5　柱临时固定

当柱较高，杯口深度与柱长之比小于 1/20 时，或柱有较大的牛腿时，除采用八只楔块临时固定外，必要时应增设缆风绳拉锚或用斜撑来加强临时固定。

(四)校正

柱的校正包括三方面的内容，即平面位置、标高及垂直度。柱的标高校正在杯基杯底抄平时已经完成，而柱平面位置的校正则在柱对位时也已完成。因此，在柱临时固定后，仅需对柱进行垂直度的校正。

对柱垂直偏差的检验方法，是用两架经纬仪从柱相邻的两边（视线应基本与柱面垂直）去检查柱吊装准线的垂直度，在没有经纬仪的情况下，也可用垂球进行检查。如偏差超过规定值则应对柱的垂直度进行校正。校正除常用的楔子配合钢纤校正法外，还可采用撑杆校正法和螺旋千斤顶校正法。如图 5-4-6 所示、图 5-4-7 所示。

图 5-4-6 柱的校正施工现场

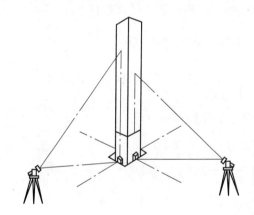
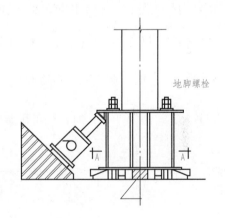

图 5-4-7 柱的校正

（五）最后固定

柱校正后，应立即进行最后固定。最后固定的方法是在柱脚与杯口的空隙中灌注细石混凝土。所用混凝土的强度等级可比原构件的混凝土强度等级提高一级，如图 5-4-8 所示。

混凝土灌注分两次进行。

第一次：灌注混凝土至楔块下端。

第二次：当第一次灌注的混凝土达到设计强度等级的 25％时，即可拔出楔块，将杯口灌满混凝土。

第一次灌注后，柱可能出现新的偏差，其原因可能是捣混凝土时碰动了楔块，或木楔因受潮变形而膨胀引起的，故在第二次灌注前，必须对柱的垂直度进行复查。

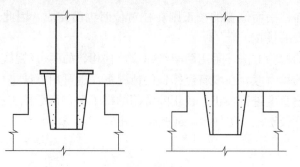

图 5-4-8 柱的最后固定

二、柱吊装的开行路线

起重机的开行路线与停机位置和起重机的性能、构件尺寸及重量、构件平面布置、构件的供应方式、吊装方法等有关。

当吊装柱时，则视跨度大小、构件尺寸、重量及起重机性能，可沿跨中开行或跨边开行(图 5-4-9)。

(1)当 $R \geqslant L/2$ 时，起重机可沿跨中开行，每个停机位置可吊两根柱子[图 5-4-9(a)]；

(2)当 $R \geqslant \sqrt{\left(\dfrac{L}{2}\right)^2 + \left(\dfrac{b}{2}\right)^2}$ 时，则可吊装 4 根柱子[图 5-4-9(b)]；

(3)当 $R \geqslant \dfrac{L}{2}$ 时，起重机沿跨边开行，每个停机位置吊装一根柱子[图 5-4-9(c)]；

(4)当 $R \geqslant \sqrt{a^2 + \left(\dfrac{b}{2}\right)^2}$ 时，则可吊装两根柱子[图 5-4-9(d)]。

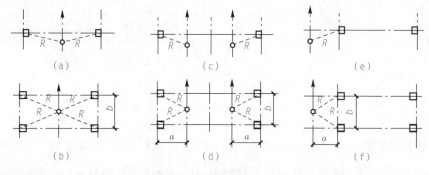

图 5-4-9 吊装柱时起重机的开行路线及停机位置

(a)、(b)跨中开行；(c)、(d)跨边开行；(e)、(f)跨外开行

三、柱的平面布置与运输、堆放

单层工业厂房构件的平面布置是吊装工程中一项很重要的工作。构件布置得合理，可

以避免构件在场内的二次搬运，充分发挥起重机械的效率。

构件的平面布置与吊装方法、起重机性能、构件制作方法等有关。故应在确定吊装方法、选择起重机械之后，根据施工现场的实际情况，会同有关土建、吊装施工人员共同研究确定。

(一)构件布置的要求

构件布置时应注意以下问题：

(1)每跨构件尽可能布置在本跨内，如确有困难时，才考虑布置在跨外而利于吊装的地方；

(2)构件布置方式应满足吊装工艺要求，尽可能布置在起重机的起重半径内，尽量减少起重机负重行驶的距离及起重臂的起伏次数；

(3)应首先考虑重型构件的布置；

(4)构件布置的方式应便于混凝土的浇筑工作及支模，预应力构件还应考虑有足够的抽管、穿筋和张拉的操作场地；

(5)构件布置应力求占地最少，保证道路畅通，当起重机械回转时不致与构件相碰；

(6)所有构件应布置在坚实的地基上；

(7)构件的平面布置分预制阶段构件平面布置和吊装阶段构件就位布置，但两者之间有密切关系，需同时加以考虑，做到相互协调、有利于吊装。

(二)柱的预制布置

需要在现场预制的构件主要是柱和屋架，吊车梁有时也在现场制作。其他构件均在构件厂或场外制作，运到工地就位吊装。

柱的预制布置有斜向布置和纵向布置两种。

1. 柱的斜向布置。柱如以旋转起吊，应按三点共弧斜向布置，其步骤如下：

首先，确定起重机开行路线到柱基中线的距离 a，其值不得大于起重半径 R，也不宜太靠近基坑边，以免起重机产生失稳现象。此外，还应注意起重机回转时，其尾部不得与周围构件或建筑物相碰。综合考虑以上条件后，即可画出起重机的开行路线。

其次，确定起重机停机位置。以柱基中心 M 为圆心，吊装该柱的起重半径 R 为半径画弧与开行路线交于 O 点，O 点即为吊装该柱的停机点。再以 O 点为圆心，R 为半径画弧，然后在靠近柱基的弧上选一点 K 为柱脚中心位置；又以 K 为圆心，以柱脚到吊点距离为半径画弧，两弧相交于 S，以 KS 为中心画出柱的模板图，即为柱的预制位置图。标出柱顶、柱脚与柱到纵横轴线的距离(A、B、C、D)，作为预制时支模依据。

布置柱时，还应注意牛腿的朝向问题。当柱布置在跨内，牛腿应朝向起重机；柱布置在跨外，牛腿则应背向起重机。如图 5-4-10(a)所示。

有时由于受场地或柱长的限制，柱的布置很难做到三点共弧，则可按两点共弧布置。其方法有两种：一种是将柱脚与柱基安排在起重半径 R 的圆弧上，而将吊点放在起重半径 R 之外[图 5-4-10(b)]。吊装时先用较大的起重半径 R' 吊起柱子，并升起重臂。当起重臂由 R' 变为 R 后，停升起重臂，再按旋转法吊装柱。

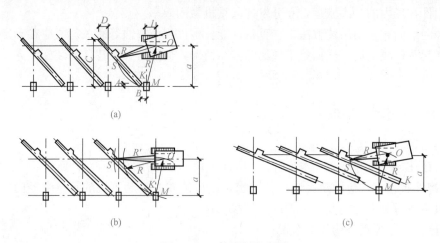

图 5-4-10 柱子斜向布置

(a)三点共弧；(b)柱脚与柱基两点共弧；(c)吊点与柱基两点共弧

另一种是将吊点与柱基安排在起重半径 R 的同一圆弧上，两柱脚可斜向任意方向 [图 5-4-10(c)]。吊装时，柱可用旋转法或滑行法吊升。

2. 柱的纵向布置。当柱采用滑行法吊装时，可以纵向布置，吊点靠近基础，吊点与柱基两点共弧。若柱长小于 12 m，为节约模板和场地，两柱可以叠浇，排成一行，如图 5-4-11(a)所示；若柱长大于 12 m，则可排成两行叠浇。起重机宜停在两柱基的中间位置，每停机一次可吊两根柱子，如图 5-4-11(b)所示。

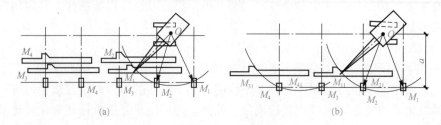

图 5-4-11 柱斜向布置

(a)柱子长度大于 12 m；(b)柱子长度小于 12 m

第五节 吊车梁的吊装

案例导入

如图 5-5-1 所示，某铸模单层工业厂房，结构为钢筋混凝土排架结构，跨度为 18 m。各种构件的吊装参数应为多少？柱的吊装应采用何种吊装方法，才可保证厂房的吊装质量？

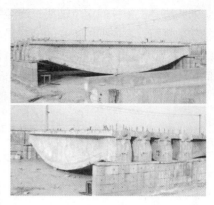

图 5-5-1 某铸模单层工业厂房

吊车梁的吊装工艺绑扎、起吊、对位、临时固定、校正和最后固定等。

一、绑扎、起吊、对位、临时固定

吊车梁吊装时应采用两点绑扎、对称起吊(图 5-5-2)。当跨度为 12 m 时,也可采用横吊梁,一般为单机起吊,特重的也可用双机抬吊。吊钩应对准吊车梁重心使其起吊后基本保持水平,对位时不宜用撬棍顺纵轴方向撬动吊车梁。吊车梁的校正可在屋盖吊装前进行,也可在屋盖吊装后进行。对于重型吊车梁宜在屋盖吊装前进行,边吊吊车梁边校正。吊车梁的校正包括标高、垂直度和平面位置等。

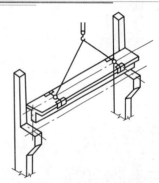

图 5-5-2 吊车梁的吊装

二、校正

吊车梁标高主要取决于柱子牛腿标高,在柱吊装前已进行了调整,若还存在微小偏差,可待安装轨道时再调整。吊车梁垂直度和平面位置的校正可同时进行。吊车梁的垂直度可用垂球检查(图 5-5-3),偏差值应在 5 mm 以内。若偏差值过大,可在两端的支座面上加斜垫铁纠正,每叠垫铁不得超过 3 块。

吊车梁平面位置的校正,主要是检查吊车梁纵轴线以及两列吊车梁间的跨度是否符合要求。吊车梁平面位置的校正方法,通常有通线法和平行移轴

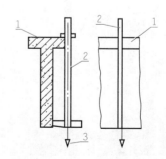

图 5-5-3 吊车梁的高度尺寸检查
1—吊车梁;2—靠尺;3—重球

法。通线法是根据柱的定位轴线，用经纬仪和钢尺准确地校正好一跨内两端的四根吊车梁的纵轴线和轨距，再依据校正好的端部吊车梁(图 5-5-4)，沿其轴线拉上钢丝通线，两端垫高200 mm 左右，并悬挂重物拉紧，逐根拨正吊车梁。平行移轴法是根据柱和吊车梁的定位轴线间的距离(一般为750 mm)，逐根拨正吊车梁的安装中心线(图 5-5-5)。

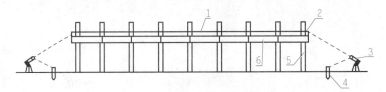

图 5-5-4　通线法校正

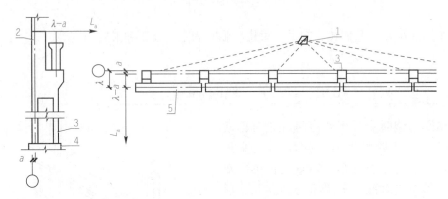

图 5-5-5　平移轴线法校正

三、最后固定

吊车梁校正后，应立即焊接牢固，并在吊车梁与柱接头的空隙处浇筑细石混凝土，进行最后固定。如图 5-5-6 所示。

图 5-5-6　吊车梁的最后固定

吊车梁吊装中的最后固定，需在整个单层工业厂房构件吊装完毕或在一个伸缩缝区段内构件完毕后才能最后固定。

知识回顾

1. 关于吊车梁吊装工艺中的校正内容，你能归纳出哪几个方面？

2. 吊车梁吊装后，最后固定应在哪些条件下施工？

3. 观察图 5-5-7，你能说出吊装中应该注意的安全措施吗？（查阅资料回答）

图 5-5-7 知识回顾 3 题图

第六节 屋架及屋面板的吊装

案例导入

如图 5-6-1 所示，某铸模单层工业厂房，结构为钢筋混凝土排架结构，跨度为 18 m。各种构件的吊装参数应为多少？屋架的吊装应采用何种吊装方法，才可保证厂房的吊装质量？

图 5-6-1 屋架布置

一、屋架预制阶段的平面布置

单层工业厂房吊装构件的平面布置原则：

(1)每跨构件尽可能布置在本跨内，如确有困难也可布置在跨外且便于吊装的地方；

(2)构件的布置方式应满足吊装工艺要求，尽可能布置在起重机的起重半径内，尽量减少起重机在吊装时的跑车、回转及起重臂的起伏次数；

（3）按"重近轻远"的原则，首先考虑重型构件的布置；

（4）构件的布置应便于支模、扎筋及混凝土的浇筑，若为预应力构件，要考虑有足够的抽管、穿筋和张拉的操作场地等；

（5）所有构件均应布置在坚实的地基上，以免构件变形；

（6）构件的布置应考虑起重机的开行与回转，保证路线畅通，起重机回转时不与构件相碰；

（7）构件的平面布置分为预制阶段构件的平面布置和安装阶段构件的平面布置。布置时两种情况要综合考虑，做到相互协调，有利于吊装。

屋架宜安排在厂房跨内平卧叠浇预制，每叠 3～4 榀，布置方式有三种：斜向布置、正反斜向布置和正反纵向布置等，如图 5-6-2 所示。

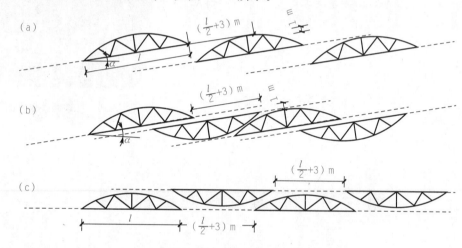

图 5-6-2 屋架预制阶段平面布置图
(a)斜向布置；(b)正反斜向布置；(c)正反纵向布置

二、屋架安装的开行路线

(一)单层工业厂房的结构安装方法

单层工业厂房的结构安装方法有以下两种：分件安装法和综合安装法。

（1）分件安装法。起重机在车间内每开行一次仅安装一种或两种构件。通常分三次开行安装完所有构件。分件安装时的构件安装顺序如图 5-6-3 所示。

（2）综合安装法。起重机在车间内的一次开行中，分节间安装完所有的各种类型的构件。

(二)单层工业厂房安装开行路线

吊装屋架、屋面板等屋面构件时，起重机宜跨中开行；吊装柱子时，则视跨度大小、构件尺寸、质量及起重机性能，可沿跨中开行或跨边开行。

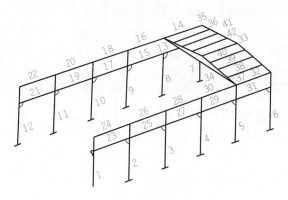

图 5-6-3 分件安装时的构件安装顺序

1~12—柱；13~32—单数是吊车梁，双数是连系梁；33、34—屋架；35~42—屋面板

如图 5-6-4 所示为吊装柱、吊车梁、屋架等构件的开行路线及停机位置。

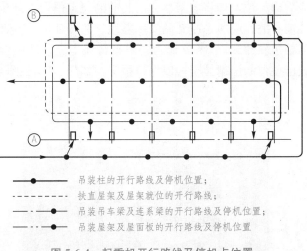

——●—— 吊装柱的开行路线及停机位置；

----------- 扶直屋架及屋架就位的开行路线；

——●—— 吊装吊车梁及连系梁的开行路线及停机位置；

—— ●—— 吊装屋架及屋面板的开行路线及停机位置

图 5-6-4 起重机开行路线及停机点位置

三、屋架的安装

屋架的扶直与就位。钢筋混凝土屋架一般在施工现场平卧重叠预制，吊装前还应将屋架扶直(图 5-6-5)和就位。屋架是平面受力构件，扶直时在自重作用下屋架承受平面外力：部分改变了构件的受力性质，特别是上弦杆易挠曲开裂。因此，需事先进行吊装应力验算，如截面强度不够，则应采取加固措施。

按起重机与屋架相对位置的不同，屋架扶直可分为正向扶直与反向扶直两种。

(1)正向扶直。起重机位于屋架下弦一侧，首先以吊钩中心对准屋架上弦中点，收紧吊钩，然后略起臂使屋架脱模，接着起重机升钩并升臂，使屋架以下弦为轴缓慢转为直立状态，如图 5-6-5(a)所示。

(2)反向扶直。起重机位于屋架上弦一侧，首先以吊钩对准屋架上弦中点，接着升钩并降臂。使屋架以下弦为轴缓慢转为直立状态，如图 5-6-5(b)所示。

正向扶直与反向扶直的区别是在扶直过程中，一升臂、一降臂，以保持吊钩始终在上弦中点的垂直上方。升臂比降臂易于操作且比较安全，应尽可能采用正向扶直。

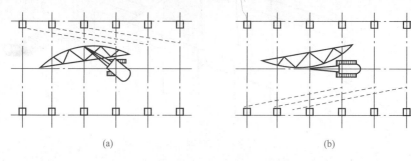

(a)   (b)

图 5-6-5　屋架扶直

(a)正向扶直；(b)反向扶直

屋架扶直后，应立即就位，即将屋架移往吊装前的规定位置。就位的位置与屋架的安装方法、起重机的性能有关。应考虑屋架的安装顺序、两端朝向等问题且应少占场地，便于吊装作业。一般靠柱边斜放或以 3～5 榀为一组平行柱边纵向就位，用支撑或 8 号钢丝等与已安装好的柱或已就位的屋架拉牢，以保持稳定。如图 5-6-6、图 5-6-7 所示。

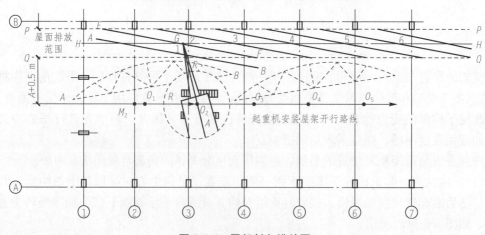

图 5-6-6　屋架斜向排放图

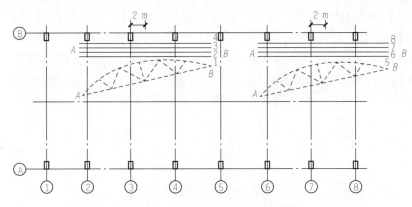

图 5-6-7　屋架成组纵向排放图

(一)屋架的绑扎

屋架的绑扎点应选在上弦节点处，左右对称，并高于屋架重心，以免屋架起吊后晃动和倾翻。吊索与水平线的夹角不宜小于 $45°$，以免屋架承受过大的横向压力。必要时，为了减小绑扎高度及所受的横向压力可采用横吊梁。

吊点的数目及位置与屋架的型式和跨度有关，一般应经吊装验算确定。当屋架跨度小于或等于 18 m 时，采用两点绑扎，如图 5-6-8(a)所示；当跨度为 18～24 m 时，采用四点绑扎，如图 5-6-8(b)所示；当跨度为 30～36 m 时，采用 9 m 横吊梁，四点绑扎，如图 5-6-8(c)所示；侧向刚度较差的屋架，必要时应进行临时加固，如图 5-6-8(d)所示。

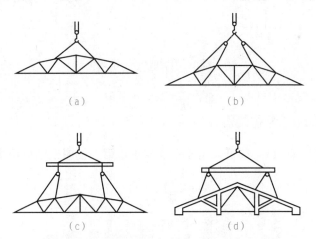

图 5-6-8　屋架绑扎方法

(a)两点绑扎；(b)四点绑扎；(c)9 m 横吊梁，四点绑扎；(d)加固

(二)屋架的起吊和临时固定

屋架的起吊是先将屋架吊离地面约 500 mm，然后将屋架转至吊装位置下方，再将屋架吊升超过屋顶约 300 mm，然后将屋架缓慢放至柱顶，对准建筑物的定位轴线。该轴线

在屋架吊装前已用经纬仪放到了柱顶。屋架下弦中心线对定位轴线的移位允许偏差为 5 mm。屋架的临时固定方法是：第一榀屋架用四根缆风绳从两边将屋架拉牢，也可将屋架临时支撑在抗风柱上。其他各榀屋架的临时固定是用两根工具式支撑（屋架校正器）撑在前一榀屋架上（图 5-6-9、图 5-6-10）。

图 5-6-9　屋架的起吊、对位

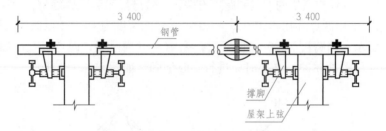

图 5-6-10　工具式支撑的构造

(三)屋架的校正与最后固定

屋架的校正（图 5-6-11）一般可采用校正器校正，第一榀屋架则可用缆风绳进行校正。

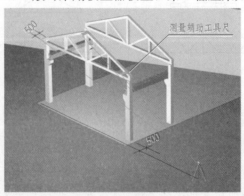

图 5-6-11　屋架的校正

屋架的垂直度可用经纬仪或线坠进行检查。

屋架校正完毕后，立即用电焊最后固定。焊接时，应先焊接屋架两端成对角线的两侧边，避免两端同侧施焊，以免因焊缝收缩使屋架倾斜。

四、天窗架的安装

天窗架可与屋架组合一次安装，也可单独安装，视起重机的起重能力和起吊高度而定。前者高空作业少，但对起重机要求较高，后者为常用方式，安装时需待天窗架两侧屋面板安装后进行。

钢筋混凝土天窗架一般可采用两点或四点绑扎(图5-6-12)。其校正、临时固定亦可用缆风、木撑或临时固定器(校正器)进行。

五、屋面板的安装

屋面板、桥面板等均预埋有吊环，为充分发挥起重机效率，一般采用一钩多吊(图5-6-13)。板的安装应自两边檐口左右对称地逐块安向屋脊或两边左右对称地逐块吊向中央，以免支撑结构不对称受荷，有利于下部结构的稳定。板就位、校正后，应立即与屋架上弦或支撑梁焊牢。

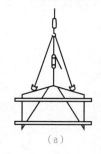
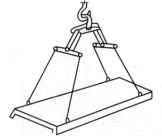
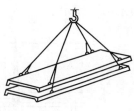

图5-6-12　天窗架的绑扎
(a)两点绑扎；(b)四点绑扎

图5-6-13　层面板的安装

第七节　装配式多层房屋的结构安装工程

🔧 案例导入

现在欧洲多采用装配式框架结构吊装，2011年全国最大的房地产开发商之一——万科集团赴日本考察装配施工，现介绍装配式框架结构工艺。

一、多层装配式框架结构简介

多层装配式框架结构在工业和民用建筑中占很大比例，其构件均为预制构件，用起重机在施工现场装配成整体。

施工特点：结构高度较大，占地面积相对较小，构件种类多、数量大，各类构件的接头处理复杂，技术要求高。

多层装配式框架结构可分为全装配式框架结构和装配整体式框架结构。

(一)起重机的选择

起重机的选择要按工程结构的特点、高度、平面形状、尺寸、构件长短、轻重、体积大小、安装位置以及现场施工条件等因素确定。如图 5-7-1 所示。

常用的起重机有履带式起重机、汽车式起重机、轮胎式起重机、塔式起重机等。

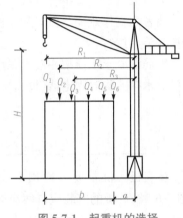

图 5-7-1 起重机的选择

(二)起重机的布置

起重机的布置主要应考虑结构平面形状和构件重量、起重机性能、施工现场条件等因素。一般情况下，起重机布置在建筑物外侧，有单侧布置和双侧(或环形)布置两种方案。如图 5-7-2 所示。

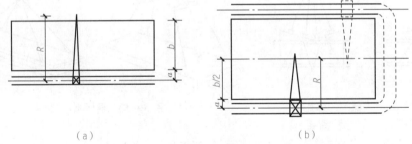

（a）   （b）

图 5-7-2 塔式起重机在建筑物外侧布置
(a)单侧布置；(b)双侧(或环形)布置

1. 单侧布置。房屋宽度较小，构件也较轻时，塔式起重机可单侧布置。此时，起重半径应满足：

$$R \geqslant b+a$$

式中　R——塔式起重机起吊最远构件时的起重半径(m)；

　　　b——结构宽度(m)；

　　　a——结构外侧边至起重机轨道中心线间的距离，一般为 3~5 m。

2. 双侧布置(或环形布置)。房屋宽度较大或构件较重时，单侧布置起重力矩不能满足最远构件的吊装要求，起重机可双侧布置。双侧布置时起重半径应满足：

$$R \geqslant \frac{b}{2} + a$$

其布置方式有跨内单行布置和跨内环形布置两种。如图 5-7-3 所示。

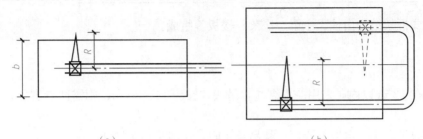

（a） （b）

图 5-7-3 塔式起重机在跨内布置

（a）跨内单行布置；（b）跨内环形布置

（三）构件现场布置与堆放

1. 构件布置应遵循的原则。

（1）布置在起重机的工作半径范围内，以减少构件的二次搬运。

（2）重型构件应布置在起重机附近，中小型构件可在外侧。

（3）应与构件的安装位置相配合，以便吊装时减少起重机的移动和变幅。

（4）不能影响现场的运输通道。

2. 平面布置方式。与起重机轨道方向平行、垂直或成斜角布置。

（四）结构吊装方法和吊装顺序

1. 分件吊装法。分件吊装法是起重机每开行一次吊装一种构件，如先吊装柱，再吊装梁，最后吊装板。分件吊装法又分为分层分段流水作业和分层大流水两种。

2. 综合吊装法。吊装构件时，一般以一个节间或几个节间为一个施工段，以房屋的全高为一个施工层来组织各工序的施工，起重机把一个施工段的所有构件按设计要求安装至房屋的全高后，再转入下一施工段施工。如图 5-7-4 所示。

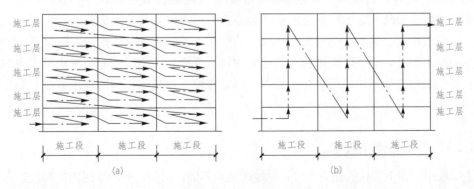

（a） （b）

图 5-7-4 多层结构吊装方法

（a）分层分段流水吊装法；（b）综合吊装法

二、结构吊装工艺

装配式框架结构由柱、主梁、次梁、楼板等组成。

(一)绑扎

柱长在 12 m 以内，采用一点绑扎直吊法；长为 14～20 m，则需两点绑扎，并对吊点验算。

柱的起吊方法与单层工业厂房柱吊装相同，一般采用旋转法。

外伸钢筋的保护方法是：用钢管保护柱脚外伸钢筋、用垫木保护外伸钢筋及用滑轮组保护外伸钢筋等方法。如图 5-7-5 所示。

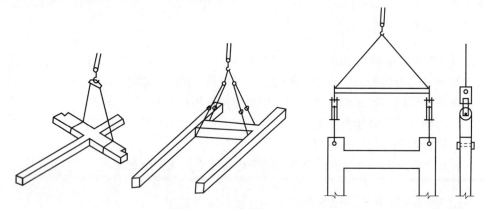

图 5-7-5 外伸钢筋的保护方法

结构柱截面一般为矩形。为了便于预制和吊装，各层柱的截面应尽量保持不变，而以改变混凝土强度等级来适应荷载变化。当采用塔式起重机进行吊装时，柱长以 1～2 层楼高为宜；对于 4～5 层框架结构，若采用履带式起重机吊装，则柱长通常采用一节到顶的方案，柱与柱的接头宜设在弯矩较小的地方或梁柱节点处。

框架柱由于长细比过大，吊装时必须合理选择吊点位置和吊装方法，以免在吊装过程中产生裂缝或断裂。通常，当柱长在 12 m 以内时，可采用一点绑扎；当柱长超 12 m 时，则可采用两点绑扎，必要时应进行吊装应力和抗裂度验算。应尽量避免三点或多点绑扎和起吊。柱子起吊方法与单层厂房柱子相同。框架底层柱与基础杯口的连接方法也与单层厂房相同。

(二)柱的临时固定和校正

上节柱吊装在下节柱的柱头上时，视柱的质量不同，采用不同的临时固定和校正方法。

框架结构的内柱，四面均用方木临时固定和校正；框架边柱两面用方木，另一面应用方木加钢管支撑做临时固定和校正；框架的角柱两面均用方木加钢管支撑临时固定和校正。如图 5-7-6 所示。

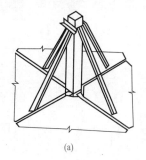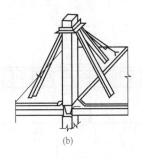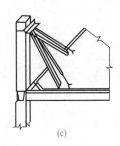

图 5-7-6　柱临时固定及校正

(a)框架结构内柱；(b)框架边柱；(c)框架角柱

柱子垂直度的校正一般用经纬仪、线坠进行。柱的校正需要 2～3 次，首先在脱钩后、电焊前进行初校，在柱接头电焊后进行第二次校正，观测电焊时钢筋受热收缩不均引起的偏差。此外，在梁和楼板安装后还需检查一次，以便消除梁柱接头因电焊而产生的偏差。

多层装配式框架结构中，构件接头质量直接影响整个结构的稳定性和刚度。因此，接头施工时，应保证钢筋焊接和二次灌浆质量。柱的接头形式有三种：榫式接头、插入式接头和浆锚式接头，如图 5-7-7 所示。装配式框架柱与梁的接头视结构设计要求而定，可以是刚接，也可以是铰接。接头形式有齿槽式梁柱接头、明牛腿式刚性接头、浇筑整体式梁柱接头等，如图 5-7-8 所示。其中，以浇筑整体式接头应用最为广泛。

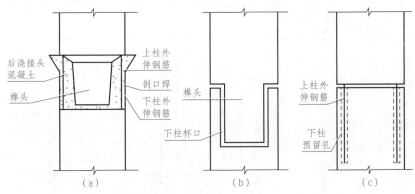

图 5-7-7　多层装配式框架结构柱接头形式

(a)榫式接头；(b)插入式接头；(c)浆锚式接头

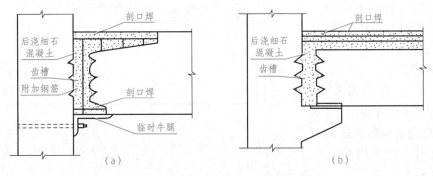

图 5-7-8　装配式框架柱与梁的接头形式

(a)齿槽式梁柱接头；(b)明牛腿式刚性接头

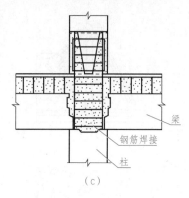

图 5-7-8　装配式框架柱与梁的接头形式（续）

(c)浇筑整体式梁柱接头

第八节　单层工业厂房施工组织设计案例

一、工程概况

1. 工程简介。某厂金工车间为两跨各 18 m 的单层厂房，厂房长 84 m，柱距为 6 m，共有 14 个车间。该车间为装配式单层二跨工业厂房，一高跨、一低跨。主要构件是：钢筋混凝土工字形截面柱，钢筋混凝土 T 形吊车梁，预应力混凝土折线屋架，预应力混凝土屋面板。厂房平面图、剖面图如图 5-8-1 所示。

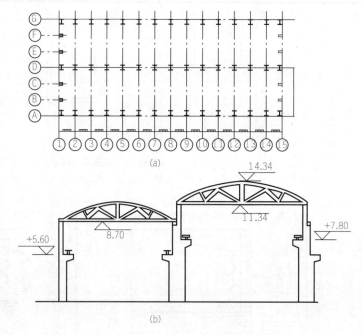

图 5-8-1　金工车间平面图、剖面图

(a)平面图；(b)剖面图

2. 施工条件。

(1)该厂位于市郊区，公路直达，运输方便；

(2)已完成杯形基础及回填土工作，施工现场已做好三通一平；

(3)吊装施工中所用的设备、建筑材料及半成品均由场外运入并保证供应；

（4）连系梁、屋面板由预制厂生产；柱、吊车梁、预应力屋架为现场预制；

（5）吊装施工期间，劳动力及有关机具满足施工要求。有常用的起重机供选择。

3. 金工车间主要预制构件一览表（表5-8-1）。

表5-8-1　预制构件型号及规格

轴线	构件名称及型号	数量	构件重量/t	构件长度/m	安装高度/m
(A)①(15)(G)	基础梁 YJL	40	1.4	5.97	
(D)(G)	连系梁 YLL	28	0.8	5.97	+8.20
(A)	柱 Z_1	15	5.1	10.10	
(D)(G)	柱 Z_2	30	6.4	13.10	
(B)(C)	柱 Z_3	4	4.6	12.60	
(E)(F)	柱 Z_4	4	5.8	15.60	
	低跨屋架 YGJ—18	15	4.46	17.70	+8.70
	高跨屋架 YGL—18	15	4.46	17.70	+11.34
	吊车梁 DCL_1	28	3.5	5.97	+5.60
	吊车梁 DCL_2	28	5.02	5.97	+7.80
	屋面板 YWB	336	1.35	5.97	+14.34

二、吊装机械的选择

起重机的选择主要根据厂房跨度、构件重量、吊装高度、现场条件及现有设备等确定，本工程结构采用履带式起重机，主要构件的工作参数为：

1. 柱。采用斜吊法吊装。

最长最重的柱子 Z_2：重 6.4 t，长 13.10 m；

要求起重量 $Q=Q_1+Q_2=6.4+0.2=6.6$（t）；

要求起重高度 $H=h_1+h_2+h_3+h_4=0+0.3+8.2+2=10.5$（m）。

现选用 W_1—100 型履带式起重机，起重机臂长 23 m，当 $Q=6.6$ t 时，相应的起重半径 $R=14.5$ m，起重高度 $H=19$ m＞10.5 m，满足吊装柱子的要求。由此选用 W_1—100 型履带式起重机，起重机臂长 23 m，在半径不大于 12 m 处吊柱子。

2. 屋架。采用两点绑扎吊装。

要求起重量 $Q=Q_1+Q_2=4.46+0.3=4.76$（t）

要求起重高度 $H=h_1+h_2+h_3+h_4=11.34+0.3+2.6+3=17.24$（m）

现初选用 W_1—100 型履带式起重机，起重机臂长为 23 m，查表得，当起重量 $Q=4.76$ t 时，起重半径 $R=14.5$ m，其中，高度 $H=19$ m＞17.24 m，故满足吊装屋架的要求。由此可按柱的选择方案选用 W_1—100 型履带式起重机，起重机臂长为 23 m，在起重半径 14.5 m 范围内。

3. 屋面板。

要求起重量 $Q=Q_1+Q_2=1.35+0.2=1.55$（t）；

要求起重高度 $H=h_1+h_2+h_3+h_4=14.34+0.3+0.24+2.5=17.38(m)$。

吊装高跨跨中屋面板时，采用 W_1-100 型履带式起重机，最小起重臂长度时的起重臂仰角 $\alpha=55.7°$。

所需最小起重臂长度 $L_{min}=h/\sin\alpha+(f+g)/\cos\alpha=22.35\ m$。

选用 W_1-100 型履带式起重机，起重臂长为 23 m，仰角为 56°，吊装屋面板时的起重半径 $R=F+L\cos\alpha=14.16\ m$。

查 W_1-100 型履带式起重机的性能曲线，当 $L=23\ m$，$R=14.5\ m$ 时，$Q=2.2\ t>1.55\ t$，$H=17.5\ m>17.38\ m$，满足吊装高跨度跨中屋面板的要求。

4. 吊装构件起重机的工作参数见表 5-8-2。

表 5-8-2　吊装构件起重机的工作参数

构件名称	柱			屋架			屋面板		
吊装工作参数	Q/t	H/m	R/m	Q/t	H/m	R/m	Q/t	H/m	R/m
所需最小数值	6.6	10.5		4.76	17.24		1.55	17.38	13.82
23 m 起重臂工作参数	6.6	19	7.5	5.0	19	9.0	2.3	17.5	14.5

三、结构吊装方法的选择

柱和屋架采用现场预制，其他构件在工厂预制后由汽车运至吊装现场吊装。

由于分件吊装法每次吊装基本都是同类构件，可根据构件重量的安装高度选择不同的起重机，同时，在吊装过程中，不需频繁更换锁具，容易操作，且吊装速度快，符合本工程的吊装特点，因此，本工程将选用分件吊装法吊装。

由于场地限制，柱和屋架不能同时预制。采用同时预制时，应先吊装柱，然后吊装吊车梁，最后是屋盖系统，包括屋架、连系梁和屋面板，一次安装完毕。

四、结构构件吊装

单层工业厂房的结构构件主要有柱、吊车梁、连系梁、屋架、屋面板等，各种构件的吊装过程为：绑扎——吊升——对位——临时固定——校正——最后固定。

1. 柱的吊装。

(1)柱的绑扎。绑扎柱的工具主要有吊索、卡环和横吊梁等。为使在高空中脱钩方便，应采用活络式卡环。为避免吊装柱时吊索磨损柱表面，要在吊索与构件之间垫麻袋或木板等。柱的绑扎采用直吊绑扎法，吊索分别在柱子两侧，通过横吊梁与吊钩相连。

(2)柱的起吊。旋转法吊升柱时，起重机边收勾边回转，使柱子绕着柱脚旋转呈直立状态，然后吊离地面，略转起重臂，将柱放入基础杯口。

柱在预制和堆放时的平面布置应做到柱脚靠近基础，柱的绑扎点、柱脚中心和基础中心三点同在以起重机停机点为圆心，以停机点到绑扎点的距离(吊升柱子时的起重半径)为半径的圆弧上。

(3)柱的对位和临时固定。柱脚插入杯口后，并不立即降入杯底，而是停在杯底30～50 mm处进行对位。对位方法是用8块木楔或钢楔从柱的四周放入杯口，每边放两块，用撬棍拨动柱脚或通过起重机操作，使柱的吊装准线对准杯口上的定位轴线，并保持柱的垂直。

对位后，放松吊钩，柱沉至杯底，再复合吊装准线的对准情况后，对称地打紧楔块，将柱临时固定，然后起重机脱钩，拆除绑扎锁具。

(4)柱的校正。柱垂直度的检查，用两台经纬仪从柱的相邻两边检查柱吊装准线的垂直度。其允许偏差值：柱高 $H>10$ m，为$(1/1\,000)H$，且不大于20 mm。

柱的垂直度校正方法：当柱的垂直偏差较小时，可用打紧或放松楔块的方法或用钢钎来纠正；偏差较大时，可用螺旋千斤顶斜顶或平顶、钢管支撑斜顶等方法纠正。

(5)柱的固定。柱子校正完成后，应立即进行最后固定。最后固定方法是将柱脚与基础杯口间的空隙内灌注细石混凝土，其强度等级应比构件混凝土强度等级提高两级。细石混凝土的浇筑分两次进行：第一次，浇筑到楔块底部；第二次，在第一次浇筑的混凝土强度达到25%设计强度标准值后，拔出楔块，将杯口内灌满细石混凝土。

2. 吊车梁的吊装。吊车梁的吊装，应在柱子杯口进行第二次浇筑的细石混凝土强度达到设计强度75%以后进行。

(1)吊车梁的绑扎、吊升、对位和临时固定。吊车梁的绑扎点应对称设在梁的两端，吊钩垂线对准梁的重心，起吊后吊车梁保持水平状态。在梁的两端设溜绳以控制梁的转动，以避免与柱相碰，对位时应缓慢降钩，将梁端的安装准线与柱牛腿面的吊装定位线对准。

(2)吊车梁的校正和最后固定。吊车梁的垂直度用铅锤检查，当偏差超过规范规定允许值5 mm时，在梁的两端与柱牛腿面之间垫斜垫铁予以纠正。

吊车梁片面位置的校正：检查吊车梁的纵轴线直线度和跨距是否符合要求。

本工程采用通线法对吊车梁平面位置进行校正。通线法又称拉钢丝法，它根据定位轴线，在厂房的两端地面上定出吊车梁的安装轴线位置，打入木桩，用钢尺检查两列吊车梁的轨距是否满足要求，然后用经纬仪将厂房两端的通线，根据此通线检查并用撬棍拨正吊车梁的中心线。

吊车梁校正后，立即用电焊作最后固定，并在吊车梁与柱的空隙处灌注细石混凝土。

3. 屋架吊装。

(1)屋架的绑扎。本工程吊车梁跨度为5.97 m，小于18 m，宜采用两点绑扎。屋架的绑扎点应选在上弦节点处，左右对称，并且绑扎吊索的合理作用点，即绑扎中心，应高于屋架重心，这样屋架起吊后不宜倾翻和转动。

绑扎时，绑扎吊索与构件的水平夹角，扶直时不宜小于60°，吊升时不宜小于45°，以免屋架承受较大的横向压力。

(2)屋架的扶直与就位。本工程采用正向扶直。正向扶直时，起重机位于屋架下弦一侧。首先将吊钩对准屋架平面中心，收紧吊钩，然后稍微起臂使屋架脱模，接着起重机升钩起臂，使屋架以下弦为轴转成直立状态。

屋架扶直时应注意的问题：

①起重机吊钩应对准屋架中心，吊索宜用滑轮连接，左右对称。在屋架接近扶直时，

吊钩应对准下弦中心，防止屋架摇摆。

②当屋架叠浇时，为防止屋架突然下滑而损坏，应在屋架两端搭设井字架或枕木垛，枕木垛的高度与下层屋架的表面平齐。

③屋架有严重的黏结时，应先选用撬棍或钢钎凿，不能强拉，以免造成屋架损坏。

屋架扶直后，立即吊放至构件平面布置图规定的位置。一般靠柱边就位，然后用钢丝、支撑等与已安装的柱扎牢。

（3）屋架的吊升、对位与临时固定。屋架吊升是先将屋架吊离地面 500 mm，然后将屋架吊至吊装位置下方，升钩将屋架吊至超过柱顶 300 mm，然后将屋架缓缓地降至柱顶，进行对位。屋架对位以建筑物的轴线为准，对位前应事先将建筑物轴线用经纬仪投放到柱顶面上；对位后，立即进行临时固定，然后起重机脱钩。

第一榀屋架的临时固定方法是用 4 根缆风绳从两边拉牢。若先吊装了抗风柱，可将屋架与抗风柱连接。第二榀屋架以后的屋架用屋架校正器临时固定在前一榀屋架上，每榀屋架至少需要两个屋架校正器。

（4）屋架的校正和最后固定。屋架的校正内容是检查并校正其垂直度。检查用经纬仪或锤球，校正用房屋校正器或缆风绳。

①经纬仪检查：在屋架上安装 3 个卡尺，一个安装在屋架上弦中央，另外两个安装在屋架的两端，卡尺与屋架的平面垂直。从屋架上弦几何中心线量取 500 mm 在卡尺上作标志，然后在距屋架中心线 500 mm 处的地面上，设置一台经纬仪，检查 3 个卡尺上的标志是否在同一垂直面上。

②锤球检查：卡尺设置与经纬仪检查方法相同。从屋架上弦几何中心线向卡尺方向量取 300 mm 的一段距离，并在 3 个卡尺上作出标志，然后在两端卡尺的标志处拉一条通线，在中央卡尺标志处向下挂锤球，检查 3 个卡尺上的标志是否在同一垂直面上。

屋架校正后，立即用电焊作最后固定。

4. 屋面板的吊装。屋面板一般预埋有吊环，用带钩的吊索钩住吊环进行吊装。屋面板的安装顺序，应自檐口两边左右对称地逐块铺向屋脊，应避免屋架受力不均。屋面板对位后，立即用电焊固定。

5. 天窗架的吊装。天窗架的吊装应在天窗架两侧的屋面板吊装完成后进行，其吊装方法与屋架的吊装基本相同。

五、起重机开行路线及构件的平面布置

1. 吊装柱时起重机的开行路线及柱的平面布置。柱的预制位置即吊装前的就位位置，吊装 A 列柱 Z_1 时，起重机的起重半径为 8.7 m，吊装 D、C 柱列时，起重半径为 7.5 m。起重机跨边开行，采用一点绑扎旋转法吊装，柱的平面布置和起重机开行路线如图 5-8-2 所示。

2. 吊装屋架时起重机的开行路线及构件的平面布置。吊装屋架及屋盖结构中其他构件时，起重机均采用跨中开行。屋架的平面布置分为预制阶段平面布置和吊装阶段平面布置。

（1）预制阶段平面布置。屋架一般在跨内平卧叠浇预制，每叠 3～4 榀。布置方式有斜向布置、正反斜向布置和正反纵向布置三种，本工程优先考虑斜向布置。屋架现场预制阶

段平面布置如图 5-8-3 所示。

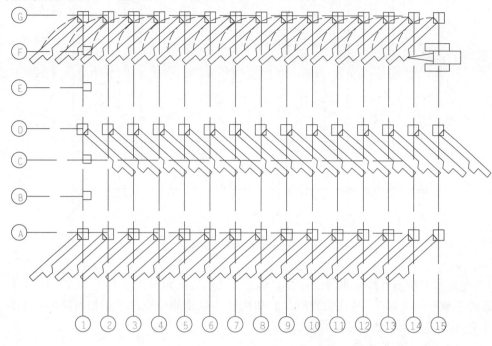

图 5-8-2　柱的平面布置和起重机的开行路线

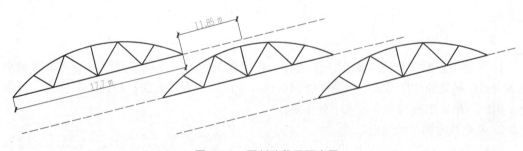

图 5-8-3　预制阶段平面布置

图中虚线表示预应力屋架抽管及穿筋所需的长度，每叠屋架间应留 1.0 m 的间距，以便支模和浇筑混凝土。

（2）吊装阶段平面布置。屋架吊装阶段的平面布置是指将叠浇的屋架扶直后，排放到吊装前的预制位置。其布置采用靠柱边斜向排放的方式。详见屋架斜向布置图（图 5-8-4）。

六、质量保证措施

（1）开工前做好技术、质量交底，让施工人员心中有数，树立质量第一的观念。

（2）根据施工技术要求，做好施工记录；贯彻谁施工谁负责的精神；凡上道工序不合格，下道工序不予施工；各工序之间互检合格后方可进行下道工序施工。对重要工序专职质检员检查认可后方可继续施工。做到层层把关，相互监督。

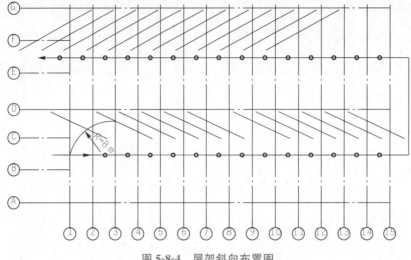

图 5-8-4　屋架斜向布置图

（3）定期检测测量基线和水准点标高。施工基线的方向角误差不大于12″。施工基线的长度误差不大于1/1 000。基线设置时，转角用经纬仪施测，距离采用钢尺测距。坐标点采用牢靠保证措施，严禁碰撞和扰动。

（4）严格按国家相关规范执行。

七、安全保证措施

1. 吊装工程的安全技术要点。伴随着工业化建筑和大跨建筑的发展，吊装工程越来越多，而且吊装的构件形式、吊装所使用的机具及吊装的方式方法都趋向于多样化、复杂化。因此，吊装工程的安全技术十分重要。

2. 安全技术的一般规定。

（1）吊装前应编制施工组织设计方案或制订施工方案，明确起重吊装安全技术要点和保证安全的技术措施。

（2）参加吊装的人员应体检合格。在开始吊装前应进行安全技术教育和安全技术交底。

（3）吊装工作开始前，应对起重运输和吊装设备以及所用索具、卡环、夹具、卡具、锚碇等用具的规格、技术性能进行细致检查或试验，发现有损坏或松动现象，应立即调换或修好。起重设备应进行试运转，发现转动不灵活、有磨损的应及时修理；重要构件吊装前应进行试吊，经检查各部位正常后才可进行正式吊装。

3. 防止高空坠落。

（1）吊装人员应戴安全帽；高空作业人员应佩戴安全带，穿防滑鞋，带工具袋。

（2）吊装工作区应有明显标志，并设专人警戒，与吊装工作无关人员严禁入内。起重机工作时，起重臂杆旋转半径范围内，严禁通过或站人。

（3）运输、吊装构件时，严禁在被运输、吊装的构件上站人指挥和放置材料、工具。

（4）高空作业施工人员应站在操作平台或轻便梯子上工作。吊装层应设临时安全防护栏杆或采取其他安全措施。

(5)登高用梯子、临时操作台应绑扎牢靠；梯子与地面夹角以 $60°\sim70°$ 为宜，操作台跳板应铺平绑扎，严禁出现挑头板。

4. 防物体落下伤人。

(1)高空往地面运输物件时，应用绳捆好吊下。吊装时，不得在构件上堆放或悬挂零星物件。零星材料和物件必须用吊笼或钢丝绳、保险绳捆扎牢固后才能吊运和传递，不得随意抛掷材料物体、工具，防止滑脱伤人或意外事故的发生。

(2)构件必须绑扎牢固，起吊点应通过构件的重心位置；吊升时应平稳，避免振动或摆动。

(3)起吊构件时，速度不应太快，不得在高空停留过久，严禁猛升猛降，以防构件脱落。

(4)构件就位后临时固定前，不得松钩、解开吊装索具。构件固定后，应检查连接牢固和稳定情况，当连接确定安全、可靠，才可拆除临时固定工具并进行下一步吊装。

(5)雨雪天、霜雾天和大风天吊装应采取必要的防滑措施，夜间作业应有充分照明。

5. 防止起重机倾翻。

(1)起重机行驶的道路必须平整、坚实、可靠，停放地点必须平坦。

(2)起重机不得停放在斜坡道上工作，不允许起重机两条履带或支腿的停留部位一高一低或土质一硬一软。

(3)起吊构件时，吊索要保持垂直，不得超出起重机回转半径斜向拖拉，以免超负荷以及钢丝绳滑脱或拉断绳索而使起重机失稳。起吊重型构件时应设牵拉绳。

(4)起重机操作时，臂杆提升、下降、回转要平稳，不得在空中摇晃，同时要尽量避免紧急制动或冲击振动等现象发生。未采取可靠的技术措施和未经有关技术部门批准，起重机严禁超负荷吊装，以避免加速机械零件的磨损和起重机倾翻。

(5)起重机应尽量避免满负荷行驶；在满负荷或接近满负荷时，严禁同时进行提升与回转(起升与水平转动或起升与行走)两种动作，以免因道路不平或惯性力等原因引起起重机超负荷而酿成翻车事故。

(6)当两台吊装机械同时作业时，两机吊钩所悬吊构件之间应保持 5 m 以上的安全距离，避免发生碰撞事故。

(7)双机抬吊构件时，要根据起重机的起重能力进行合理的负荷分配(吊重量不得超过两台起重机所允许起重量总和的 75%，每一台起重机的负荷量不宜超过其安全负荷量的80%)。操作时，必须在统一指挥下，动作协调、同时升降和移动，并使两台起重机的吊钩、滑车组基本保持垂直状态。两台起重机的驾驶人员要相互密切配合，防止一台起重机失重，导致另一台起重机超载。

(8)吊装时，应有专人负责统一指挥，指挥人员应位于操作人员视力能及的地点，并能清楚地看到吊装的全过程。起重机驾驶人员必须熟悉信号，并按指挥人员的各种信号进行操作；指挥信号应事先统一规定，发出的信号要鲜明、准确。

(9)在风力等于或大于六级时，禁止在露天进行起重机移动和吊装作业。

(10)起重机停止工作时，应刹住回转和行走机构，锁好司机室门。吊钩上不得悬挂构件，并应升至高处，以免摆动伤人和造成吊车失稳。

6. 防吊装结构失稳。

(1)构件吊装应按规定的吊装工艺和程序进行，未经计算或未采取可靠的技术措施，不得随意改变或颠倒工艺程序安装结构构件。

(2)构件吊装就位，应经初校和临时固定或连接可靠后方可卸钩，最后固定后方可拆除临时固定工具。高宽比较大的单个构件，未经临时或最后固定组成一稳定单元体系前，应设溜绳或斜撑拉(撑)固。

(3)构件固定后不得随意撬动或移动位置，如需重校时，必须回钩。

7. 防止触电。

(1)吊装现场应有专人负责安装、维护和管理用电线路和设备。

(2)构件运输、起重机在电线下进行作业或在电线旁行驶时，构件或吊杆最高点与电线之间的水平或垂直距离应符合安全用电的有关规定。

(3)使用塔式起重机或长吊杆的其他类型起重机及钢井架，应有避雷防触电设备，各种用电机械必须有良好的接地或接零，接地电阻不应大于 4 Ω，并定期进行地极电阻摇测试验。

八、文明施工措施

1. 施工开始前，根据现场情况，与甲方协商，根据当地具体情况协商解决食宿问题，并制定切实可行的文明施工条例，创建标准化施工工地。

2. 施工用电及供电线路是施工的重要组成部分，应根据施工设施布置情况，保证一次定位，根据需要采取隔离保护措施。

3. 施工现场应挂牌展示下列内容：

(1)各职务岗位责任；

(2)安全生产规章；

(3)防火安全责任；

(4)作为文明施工的日常内容，施工班组每日收工前必须清理本班组施工区域，以保证施工现场清洁。

4. 雨期施工及防风措施。

(1)合理调整原材料的运输速度和安装速度，在保证不怠工的前提下，尽量减少材料在现场的堆放余量。

(2)每日收工前将屋面剩余的板材用绳索绑扎固定或运回料场。

(3)每日开工、收工前检查临时支撑是否完好，如发现不牢或存在隐患，立即采取措施加固。

(4)大雨、大风、雷电天气应立即全面停止作业，并应预先采取措施，屋面上未固定材料应在预感变天时予以固定。

(5)一旦遇大雨应立即切断所有电动工具的电源，雷电天气禁止吊装及高空作业，雨天过后应及时、全面、认真检查电源线路，排除漏电隐患，确保安全。

复习思考题

通过工程实践，完成结构安装施工方案或技术交底工作。

建筑工程技术交底

工程名称		项目部名称	
施工单位		分项工程名称	
接受单位(班组)		交底日期	
交底提要	屋面找平层、防水层、保温层、保护层施工技术要求		
交底内容：			
技术负责人		交底人		接受交底人	

1. 本表头由交底人填写，交底人与接受交底人各保存一份，技术负责人一份；
2. 分部、分项施工时必须填写"分部""分项工程"名称栏。

脚手架与垂直运输机械

1. 了解脚手架的分类；
2. 掌握扣件式钢管脚手架的组成、搭设和拆除程序；
3. 熟悉碗扣式、门式、升降式脚手架的构造、搭设以及拆除程序；
4. 了解常用的垂直运输机械设备；
5. 掌握垂直运输机械的安全操作要点。

第一节　认识脚手架

一、认识脚手架

建筑施工中，无论结构施工还是室外装饰施工及设备安装施工都离不开脚手架。脚手架的搭设质量对施工人员的人身安全、工程进度、工程质量有直接的关系。如果脚手架搭设得不好，就会耽误工期；如果脚手架搭设得不合适，就会造成操作不便，影响功效和质量。

二、脚手架的作用与使用要求

脚手架是为建筑施工而搭设的上料、堆料、施工作业、安全防护、垂直和水平运输用的临时结构架。在主体结构施工、构件(设备)安装施工、建筑装饰装修以及高层建筑施工中，均需根据其各自的施工特点搭设与之相应的脚手架，以便于施工人员进行施工操作、堆放必要的材料和少量的水平运输。

脚手架的使用要求：

(1)脚手架必须满足工人的基本操作；

(2)脚手架必须满足材料的临时堆放与短距离的运输；

(3)脚手架必须构架坚固、稳定，搭设简单；

(4)脚手架能周转性使用，尽量就地取材。

三、脚手架的分类

脚手架可根据与施工对象的位置关系、支撑特点、结构形式以及使用的材料等划分为多种类型。

(一)按照与建筑物的位置关系划分

(1)外脚手架(图 6-1-1):外脚手架沿建筑物外围从地面搭起,既可用于外墙砌筑,又可用于外装饰施工。

(2)里脚手架(图 6-1-2):里脚手架搭设于建筑物内部,每施工完一层,即将其转移到上一层,它可用于内外墙的砌筑和室内装饰施工。里脚手架用料少,但装拆频繁,故要求其轻便灵活、装拆方便。其结构形式有折叠式、支柱式和门架式等多种。

图 6-1-1　外脚手架

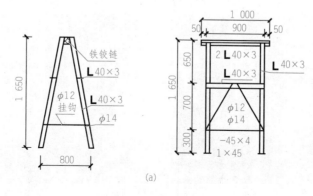

(a)

图 6-1-2　里脚手架

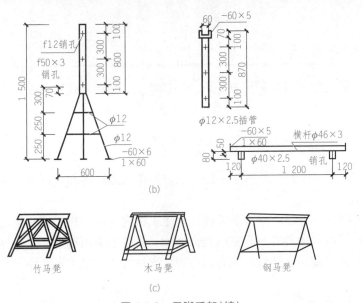

(b)

竹马凳　　　　木马凳　　　　钢马凳

(c)

图 6-1-2　里脚手架(续)

(二)按照支撑部位和支撑方式划分

(1)落地式脚手架(图 6-1-3):搭设(支撑)在地面、楼面、屋面或其他平台结构之上的脚手架。

(2)悬挑式脚手架(图 6-1-4):采用悬挑方式支设的脚手架,其挑支方式有以下三种:

1)架设于专用悬挑梁上;

2)架设于专用悬挑三角桁架上;

3)架设于由撑拉杆件组合的支挑结构上,其支挑结构有斜撑式、斜拉式、拉撑式和顶固式等多种。

(3)附着式脚手架(图 6-1-5):在上部或中部挂设于墙体挑挂件上的定型脚手架。

(4)悬吊式脚手架(图 6-1-6):悬吊于悬挑梁或工程结构之下的脚手架。

(5)附着升降式脚手架(简称"爬架"):附着于工程结构依靠自身提升设备实现升降的悬空脚手架。

(6)水平移动式脚手架(图 6-1-7):带行走装置的脚手架或操作平台架。

图 6-1-3　落地式脚手架

图 6-1-4　悬挑式脚手架

图 6-1-5　附着式脚手架

图 6-1-6　悬吊式脚手架

图 6-1-7　水平移动式脚手架

(三)按其所用材料划分

木脚手架、竹脚手架和金属脚手架。

(四)按其结构形式划分

多立杆式、碗扣式、门型、方塔式、附着式升降脚手架及悬吊式脚手架等。

第二节　扣件式脚手架

　　扣件式脚手架是由标准的钢管杆件和特制扣件组成的脚手架骨架与脚手板、防护构件、连墙件等组成的,是目前最常用的一种脚手架。

一、扣件式脚手架的构造要求

　　1. 钢管杆件。钢管杆件包括立杆、大横杆、小横杆、剪刀撑、斜杆和抛撑(在脚手架立面之外设置的斜撑），如图 6-2-1 所示。

图 6-2-1　各类钢管杆件

钢管杆件一般采用外径 48 mm、壁厚 3.5 mm 的焊接钢管或无缝钢管，也有外径 50～51 mm、壁厚 3～4 mm 的焊接钢管或其他钢管。用于立杆、大横杆、剪刀撑和斜杆的钢管，最大长度为 4～6.5 m，最大重量不宜超过 250 N，以便人工操作。用于小横杆的钢管长度宜在 1.8～2.2 m，以适应脚手架的需要。

2. 扣件。扣件为杆件的连接件，有可锻铸铁铸造扣件和钢板压制扣件两种。

扣件的基本形式有三种，如图 6-2-2 所示。

(1)直角扣件：用于两根钢管呈垂直交叉的连接；

(2)旋转扣件：用于两根钢管呈任意角度交叉的连接；

(3)对接扣件：对接扣件用于两根钢管的对接连接。

3. 脚手板。脚手板一般用厚 2 mm 的钢板（如图 6-2-3 所示），表面应有防滑措施。也可采用厚度不小于 50 mm 的杉木板或松木板；目前施工脚手架常用钢笆；采用竹脚手板，有竹笆板和竹片板两种形式。脚手板的材质应符合规定，且脚手板不得有超过允许的变形和缺陷。

4. 连墙件。连墙件(图 6-2-4)将立杆与主体结构连接在一起，可用钢管、型钢或粗钢筋等。

（a）　　　　　　　　　　　（b）　　　　　　　　　　　（c）

图 6-2-2　扣件的基本形式

（a）直角扣件；（b）旋转扣件；（c）对接扣件

图 6-2-3　钢板脚手板

图 6-2-4　连墙件

每个连墙件抗风荷载的最大面积应小于 40 m²。连墙件需从底部第一根纵向水平杆处开始设置，附墙件与结构的连接应牢固，通常采用预埋件连接。连墙杆每 3 步 5 跨设置一根，其不仅有防止架子外倾的作用，同时增加立杆的纵向刚度。连墙件的布置间距见表 6-2-1。

表 6-2-1　连墙件的布置间距　　　　　　　　　　　　　　　　　　　　　　　　m

脚手架类型	脚手架高度	垂直间距	水平间距
双排	≤60	≤6	≤6
	＞50	≤4	≤6
单排	≤24	≤6	≤6

5. 底座。扣件式钢管脚手架的底座（图 6-2-5）用于承受脚手架立柱传递下来的荷载，底座一般采用厚 8 mm、边长 150～200 mm 的钢板作底板，上焊 150 mm 高的钢管。底座形式有内插式和外套式两种，内插式的外径 D_1 比立杆内径小 2 mm，外套式的内径 D_2 比立杆外径大 2 mm。

图 6-2-5　底座

二、扣件式钢管脚手架的搭设要求

（1）扣件式钢管脚手架搭设范围内的地基要夯实找平，做好排水处理，防止积水浸泡地基。

（2）立杆中大横杆步距和小横杆间距可按表 6-2-2 选用，最下一层步距可放大到 1.8 m，便于底层施工人员的通行和运输。

表 6-2-2　扣件式钢管脚手架构造尺寸和施工要求　　　　　　　　　　　　　m

用途	构造形式	里立杆离墙面的距离	立杆间距		操作层小横杆间距	大横杆步距	小横杆挑向墙面的距离
			横向	纵向			
砌筑	单排	0.5	1.2～1.5	2	0.67	1.2～1.4	0.45
	双排		1.5		1		
装饰	单排	0.5	1.2～1.5	2.2	1.1	1.6～1.8	0.45
	双排		1.5				

（3）底座需在底下垫以木板或垫块。杆件搭设时应注意立杆垂直，竖立第一节立柱时，每 6 跨应暂设一根抛撑（垂直于大横杆，一端支撑在地面上），直至固定件架设好后方可根据情况拆除。

（4）剪刀撑从脚手架两端开始设置，当脚手架较长时，还要在中间加设，各道剪刀撑之间间隔 12～15 m，剪刀撑斜杆跨越 4 根以上立杆，与地面夹角为 45°～60°，沿架高连续设置。搭设时将一根斜杆扣在小横杆的伸出部分，同时随着墙体的砌筑，设置连墙件与墙锚拉，扣件要拧紧。

（5）脚手架的拆除按由上而下、逐层向下的顺序进行，严禁上、下同时作业。严禁将整层或数层固定件拆除后再拆脚手架。严禁抛扔，卸下的材料应集中。严禁行人进入施工现场，要统一指挥，上下呼应，保证安全。

三、扣件式钢管脚手架的搭设与拆除

1. 扣件式钢管脚手架的搭设程序及要点。

(1)钢管脚手架搭设程序：摆放扫地纵向水平杆→逐根树立立杆，随即与扫地杆扣紧→搭设扫地横向水平杆，并与立杆或纵向水平杆紧扣→搭设第1步纵向水平杆，并与立杆扣紧→搭设第1步横向水平杆→第2步纵向水平杆→第2步横向水平杆→搭设临时抛撑→搭设第3步、第4步纵向水平杆和横向水平杆→固定连墙件→接长立杆→搭设剪刀撑→铺脚手架→搭设防护栏杆。

(2)扣件式钢管脚手架搭设要点：搭设脚手架的地基必须平整、坚实，并有可靠的排水措施，防止积水浸泡地基引起不均匀沉陷，对高层建筑应进行基础强度验算；脚手架应按其施工组织设计进行搭设，并注意搭设顺序；脚手架立杆下端应设底座或垫板(垫木)，并应准确地放在定位线上；在搭设第1节立杆时，为保持其稳定性，应每6跨设一根抛撑；脚手架搭设至连墙件离开砌体至少100 mm作为砌体装饰抹灰的操作空间；脚手架杆件相交时，外伸的长度不得小于100 mm，以防杆件变形造成的滑脱；搭设脚手架所用的各种扣件必须扣牢拧紧，不得有松动现象发生，一般扭矩为40～60 kN·m；从顶层作业层的脚手板往下计，宜每隔12 m满铺一层脚手板，以增大其整体稳定性。

2. 扣件式钢管脚手架的拆除要点。在拆除扣件式钢管脚手架时，应掌握以下要点：脚手架的拆除顺序是自上而下，后搭设者先拆，先搭设者后拆；拆除作业必须由上而下逐层进行，严禁上、下同时作业；连墙件必须随脚手架逐层拆除，严禁先将连墙件整层或数层拆除后再拆脚手架；分段拆除时，高差不应大于两步，若高差大于两步，应增设连墙件加固；当脚手架拆至下部最后一根长立杆的高度(约6.5 m)时，应先在适当位置搭设临时抛撑加固后，再拆除连墙件；高空拆卸脚手架时，各构件应用绳系下放，严禁高空抛扔；拆除的脚手架部件应分类、分规格进行堆码，严禁乱堆乱放。

四、扣件式钢管脚手架的检查验收及安全管理要点

1. 扣件式钢管脚手架的检查与验收。脚手架及其地基基础应在下列阶段进行检查验收：基础完工后及脚手架搭设前；作业层上施工荷载前；每搭设完10～13 m高度后；达到设计高度后；遇有6级以上大风与大雨后；寒冷地区开冻后；停用超过一个月。

进行脚手架检查、验收时应依据下列技术文件：施工组织设计及变更文件；技术交底文件。

脚手架使用中，应定期检查下列项目：杆件的设置和连接，连墙件支撑、门洞桁架等的构造是否符合要求；地基是否积水，底座是否松动，立杆是否悬空；扣件螺栓是否松动；高度在24 m以上的脚手架，其立杆的沉降与垂直度的偏差是否符合规范规定；安全防护措施是否符合要求；是否超载。安装后拧紧扣件螺栓应采用扭力扳手检查，抽样方法应按随机分布原则进行；抽样检查数目与质量判定标准应按相关规范确定；不合格的必须重新拧紧，直至合格为止。

2. 扣件式钢管脚手架安全管理要点。在使用扣件式钢管脚手架时，为保证使用安全，须注意以下要点：在脚手架使用期间，严禁拆除主节点处的纵、横水平杆；纵、横向扫地杆；不得在脚手架基础及其邻近处进行挖掘作业，否则应采取安全措施，并报主管部门批准；临街搭设脚手架时，外侧应有防坠物伤人的防护措施；在脚手架上进行电、气焊作业时，必须有防火措施和专人看守；工地临时用电线路的架设及脚手架接地、避雷措施等，应按现行行业标准《施工现场临时用电安全技术规范》(JGJ 46—2005)的有关规定执行；搭拆脚手架时，地面应设围栏和警戒标志，并派专人看守，严禁非操作人员入内；扣件式钢管脚手架上的荷载不应超过 2.7 N/m²(堆砖时，只允许单行侧摆 3 层)；脚手架搭设人员必须是经过按《特种作业人员安全技术培训考核管理规定》考核合格的专业架子工；搭设脚手架人员必须戴安全帽、系安全带、穿防滑鞋；作业层上的施工荷载应符合设计要求，不得超载；不得将模板支架、缆风绳、泵混凝土和砂浆输送管等固定在脚手架上；严禁悬挂起重设备；当有 6 级及 6 级以上大风和雾、雨、雪天气时应停止脚手架搭设与拆除；雨、雪后上架作业应有防滑措施，并应扫除积雪；应经常检查钢管脚手架的使用情况，发现问题应及时处理。

第三节　碗扣式钢管脚手架及其他脚手架

一、碗扣式钢管脚手架的构造

碗扣式钢管脚手架由钢管立杆、横杆、碗扣接头等组成(图 6-3-1)。其基本构造和搭设要求与扣件式钢管脚手架类似，不同之处主要在于碗扣接头。碗扣接头是该脚手架系统的核心部件，它由上碗扣、下碗扣、横杆接头和上碗扣的限位销等组成。如图 6-3-2 所示。

图 6-3-1　碗扣式钢管脚手架

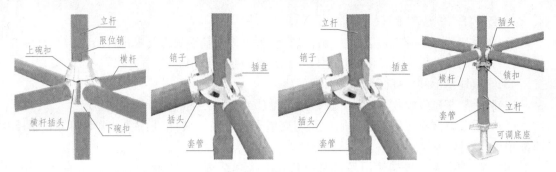

图 6-3-2 碗扣式脚手架连接接头

二、碗扣式钢管脚手架的搭设

碗扣式钢管脚手架施工示意如图 6-3-3 所示。

图 6-3-3 碗扣式脚手架施工图

(一)碗扣式钢管脚手架搭设工艺流程

安放立杆底座或立杆可调底座→竖立杆、安放扫地杆→安装底层(第一步)横杆→安装斜杆→接头销紧→铺放脚手板→安装上层立杆→紧立杆连接销→安装横杆→设置连墙件→设置人行梯→设置剪刀撑→ 挂安全网。

(二)碗扣式钢管脚手架的施工要点

1. 常用碗扣式钢管脚手架组合形式见表 6-3-1。

表 6-3-1 常用碗扣式钢管脚手架组合形式　　　　　　　　　　　　　　　　　　　　m

脚手架形式	廊道宽×框宽×框高	适用范围
轻型架	1.2×2.4×2.4	装修、维护等作业
普通型架	1.2×1.2×1.8	结构施工
重型架	1.2×1.2×1.8 或 1.2×0.9×1.8	高层脚手架中的底层架

2. 竖立杆、安放扫地杆。

(1)脚手架地基基础必须按施工设计进行施工，按地基承载力要求进行验收。

(2)地基高低差较大时，可利用立杆 0.6 m 节点位差调节。

(3)土壤地基上的立杆必须采用可调底座。

(4)脚手架基础经验收合格后，应按施工设计或专项方案的要求放线定位。

(5)脚手架首层立杆应采用不同的长度交错布置，底部横杆(扫地杆)严禁拆除，立杆应配置可调底座。

(6)双排脚手架应根据使用条件及荷载要求选择结构尺寸，横杆步距宜选用 1.8 m，廊道宽度(横距)宜选用 1.2 m，立杆纵向间距可选择不同规格和系列的尺寸。

(7)曲线布置的双排外脚手架组架时，应按曲率要求使用不同长度的内、外横杆组架，曲率半径应大于 2.4 m。

(8)外排脚手架拐角为直角时，宜采用横杆直接组架；拐角为非直角时，可采用钢管扣件组架。

3. 安放底层横杆。根据步高的要求将横杆接头插入立杆的下碗扣内，然后将上碗扣沿限位销扣下，并顺时针旋转，将横杆与立杆牢固地连接在一起，形成框架结构。

4. 安装斜杆和剪刀撑。

(1)斜杆可采用碗扣式钢管脚手架的配套斜杆，也可用钢管扣件代替。

斜杆是为增强脚手架稳定性而设置的系列构件，用 $\phi48 \times 3.5$ mm、Q235 钢管两端铆接斜杆接头制成，斜杆接头可以转动，同横杆接头一样，可装在下碗扣内，形成节点斜杆。

(2)斜杆宜设置呈八字形，斜杆水平倾角宜为 $45° \sim 60°$，纵向斜杆间距可间隔 $1 \sim 2$ 跨。

(3)脚手架高度超过 20 m 时，斜杆应在内外排对称设置。

5. 连墙件、连墙杆的设置应符合下列规定。

(1)连墙杆与脚手架立面及墙体应保持垂直，每层连墙杆应在同一平面，水平间距应不大于 4 跨。

(2)连墙杆应设置在有廊道横杆的碗扣节点处，采用钢管扣件作连墙杆时，连墙杆应采用直角扣件与立杆连接，连接点距碗扣节点距离应小于等于 150 mm。

(3)连墙杆必须采用可承受拉、压荷载的刚性结构。

(4)当连墙件竖向间距大于 4 m 时，连墙件内外立杆之间必须设置廊道斜杆或十字撑。

(5)当脚手架高度超过 20 m 时，上部 20 m 以下的连墙杆水平处必须设置水平斜杆。

(三)脚手板安放和设置

(1)钢脚手板。钢脚手板的挂钩必须完全落在廊道横杆上，并带有自锁装置，严禁浮放。

平放在横杆上的脚手板，必须与脚手架连接牢靠，可适当加设横杆，脚手板探头长度应小于 150 mm。

作业层的脚手板框架外侧应设挡脚板及防护栏，防护栏应采用两道横杆。

（2）接立杆接头是立杆同横杆、斜杆的连接装置，应确保接头锁紧。组装时，先将上碗扣搁置在限位销上，将横杆、斜杆等接头插入下碗扣，使接头弧面与立杆密贴，待全部接头插入后，将上碗扣套下，并用榔头顺时针沿切线敲击上碗扣凸头，直至上碗扣被限位销卡紧不再转动为止。安装碗扣式脚手架时，立柱和纵、横向水平杆的安装必须同步进行，接头必须锁紧。

（3）如发现上碗扣扣不紧或限位销不能进入上碗扣螺旋面时，应检查立杆与横杆是否垂直，相邻的两下碗扣是否在同一水平面上（即横杆水平度是否符合要求）；下碗扣与立杆的同轴度是否符合要求；下碗扣的水平面同立杆轴线的垂直度是否符合要求；横杆接头与横杆是否变形；横杆接头弧面中心线同横杆轴线是否垂直；下碗扣内有无砂浆等杂物填充；如是装配原因，则应调整后锁紧；如杆件本身原因，则应拆除，并送去整修。

（4）斜道和人形架梯安装。

1）行坡道坡度可为1∶3，并在坡道脚手板下增设横杆，坡道可折线上升。

2）人行梯架应设置在尺寸为1.8 m×1.8 m的脚手架框架内，梯子宽度为廊道宽度的1/2，梯架可在一个框架高度内折线上升。梯架拐弯处应设置脚手板及扶手。

3）脚手架上的扩展作业平台挑梁宜设置在靠建筑物一侧，按脚手架离建筑物间距及荷载选用窄挑梁或宽挑梁。宽挑梁可铺设两块脚手板，宽挑梁上的立杆应通过横杆与脚手架连接。

（5）安全网、扶手安装。

1）上栏杆上皮高度1.2 m，中栏杆居中设置。

2）栏杆和挡脚板应搭设在外立柱的内侧。

3）挡脚板高度不应小于180 mm。

(四)脚手架拆除

（1）脚手架拆除前，现场工程技术人员应对在岗操作人员进行有针对性的安全技术交底。

（2）应全面检查脚手架的连接、支撑体系等是否符合构造要求，按技术管理程序批准后方可实施拆除作业。

（3）脚手架拆除时必须划出安全区，设置警戒标志，派专人看管。

（4）拆除前应清理脚手架上的器具及多余的材料和杂物。

（5）拆除作业应从顶层开始，逐层向下进行，严禁上、下层同时拆除。

（6）连墙件必须拆到该层时方可拆除，严禁提前拆除。

（7）拆除的构配件应成捆，用起重设备吊运或人工传递到地面，严禁抛掷。

（8）脚手架采取分段、分立面拆除时，必须事先确定分界处的技术处理方案。

（9）拆除的构配件应分类堆放，以便于运输、维护和保管。

脚手架在安装与拆除前须编制专项施工方案，在指导操作工人施工前应进行技术与安全交底；在施工与拆除时至少需要一名专职安全员现场督查与指导。

三、门式脚手架

(一)门式脚手架的构造

门式脚手架由门式框架、剪刀撑和水平梁架或脚手板构成基本单元,将基本单元连接起来即构成整片脚手架。

门式脚手架主要部件如图 6-3-4 所示。

门式脚手架主要部件之间的连接形式为制动片式。

门式脚手架又称多功能门式脚手架,是一种工厂生产、现场搭设的脚手架,是目前国际上应用最普遍的脚手架之一。

图 6-3-4 门式脚手架主要部件

(二)门式脚手架的施工

1. 门式钢管脚手架的搭设顺序。基础准备→铺放垫木(板)→安放底座→自一端起立门架并随即安装交叉支撑→安装水平架(或脚手板)→安装梯子→(需要时,装设作加强用的大横杆)→安装连墙杆→照上述步骤,逐层向上安装→装加强整体刚度的长剪刀撑→安装顶部栏杆。

2. 门式脚手架的搭设要点。

(1)基础必须夯实,并宜铺 100 mm 厚道渣一层,且应做好排水坡,以防积水。

(2)门式钢管脚手架应从一端开始向另一端搭设,上步脚手架应在下步脚手架搭设完毕后进行。搭设方向与下步相反。

(3)脚手架的搭设,应先在端点底座上插入两榀门架,并随即装上交叉杆固定,锁好锁片,然后搭设以后的门架,每搭一榀,随即装上交叉杆和锁片。

(4)门式钢管脚手架的外侧应设置剪刀撑,竖向和纵向均应连续设置。

(5)脚手架必须设置与建筑物可靠的连接。

3. 门式脚手架的拆除。

(1) 拆除脚手架前的准备工作:全面检查脚手架,重点检查扣件连接固定、支撑体系等是否符合安全要求;根据检查结果及现场情况编制拆除方案并经有关部门批准;进行技术交底;根据拆除现场的情况,设围栏或警戒标志,并有专人看守;清除脚手架中留存的材料、电线等杂物。

(2)拆除架子的工作地区,严禁非操作人员进入。

(3)拆架前,应有现场施工负责人批准手续,拆架子时必须有专人指挥,做到上下呼应,动作协调。

（4）拆除顺序应是后搭设的部件先拆，先搭设的部件后拆，严禁采用推倒或拉倒的拆除方法。

（5）固定件应随脚手架逐层拆除，当拆除至最后一节立管时，应在搭设临时支撑加固后，方可拆固定件与支撑件。

（6）拆除的脚手架部件应及时运至地面，严禁从空中抛掷。

（7）运至地面的脚手架部件，应及时清理、保养。根据需要涂刷防锈油漆，并按品种、规格入库堆放。常见的门式脚手架如图 6-3-5 所示。

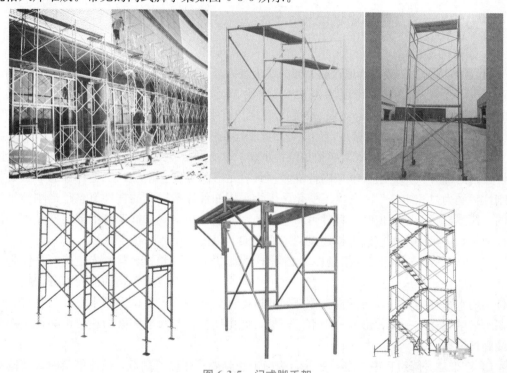

图 6-3-5　门式脚手架

（三）门式脚手架的规范要求

表 6-3-2　门式脚手架的稳定承载力设计值

门架代号		MF1219	
门架高度 h_0/mm		1 930	1 900
立杆加强杆高度 h_1/mm		1 536	1 550
立杆换算截面回转半径 i/mm		1.525	1.652
立杆长细比 λ	$H \leqslant 45$ m	148	135
	$45 < H \leqslant 60$ m	154	140
立杆稳定系数 φ	$H \leqslant 45$ m	0.316	0.371
	$45 < H \leqslant 60$ m	0.294	0.349
钢材强度设计值 f/(N·mm^{-2})		205	205
门架稳定承载力设计值 kN(tf)	$H \leqslant 45$ m	40.16(4.10)	74.38(7.59)
	45 m $< H \leqslant 60$ m	37.37(3.81)	69.97(7.14)

四、附着式升降脚手架

近年来，附着式升降脚手架在建设工程项目上的使用日渐增多，并随着高层建筑的发展，使用范围越来越广，数量越来越多。附着式升降脚手架是一种技术要求较高、管理要求较严的工具式脚手架。

(一)附着式升降脚手架的基本组成及控制要点

1. 架体构造。

(1)架体部分。一般按落地式脚手架的要求进行搭设，双排脚手架的宽度为 0.9～1.1 m。限定每段脚手架下部支撑跨度不大于 8 m，并规定架体全高与支撑跨度的乘积不大于 110 m^2。其目的是使架体重心不偏高并利于稳定。脚手架的立杆可按 1.5 m 设置，扣件的紧固力矩为 40～50 N·m，并按规定加设剪刀撑和连墙杆。

(2)水平梁架与竖向主框架必须是刚性框架，不允许产生变形，以确保传力的可靠性。刚性是指两部分：一是组成框架的杆件必须具有足够的强度、刚度；二是杆件的节点必须是刚性，受力过程中杆件的角度不变化。因为采用扣件连接组成的杆件节点是半刚性半铰结的，荷载超过一定数值时，杆件可产生转动，所以，规定支撑框架与主框架不允许采用扣件连接，必须采用焊接或螺栓连接的定型框架，以提高架体的稳定性。

(3)在架体与支撑框架的组装中，必须牢固地将立杆与水平梁架上弦连接，并使脚手架立杆与框架立杆成一垂直线，节点杆件轴线汇交于一点，使脚手架的横向部分，按节点部位采用水平杆与斜杆，将两榀支撑框架的横向部分，按节点部位采用水平杆与斜杆，将两榀水平梁架连成一体，形成一个空间框架，此中间杆件与水平梁架的连接也必须采用焊接或螺栓连接。

(4)在架体升降过程中，由于上部结构尚未达到要求强度或高度，故不能及时设置附着支撑而使架体上部形成悬臂，为保证架体的稳定规定了悬臂部分不得大于架体高度的 2/5 且不超过 6.0 m，否则应采取稳定措施。

(5)为了确保架体传力的合理性，要求从构造上必须将水平梁架荷载传给竖向主框架(支座)，最后通过附着支撑将荷载传给建筑结构。由于主框架直接与工程结构连接，所以其刚度很大，这样脚手架的整体稳定性得到了保障，又由于导轨直接设置在主框架上，所以，脚手架沿导轨上升或下降的过程也是稳定可靠的。

2. 附着支撑。附着支撑是附着式升降脚手架的主要承载传力装置。附着式升降脚手架在升降和到位后的使用过程中，都是靠附着支撑附着于工程结构上来实现其稳定性的。它有三个作用：第一，传递荷载，把主框架上的荷载可靠地传给工程结构；第二，保证架体的稳定性以确保施工安全；第三，满足提升、防倾、防坠装置的要求，包括能承受坠落时的冲击荷载。要求附着支撑与工程结构每个楼层都必须设连接点，架体主框架沿竖向侧，在任何情况下均不得少于两处。

附着式升降脚手架如图 6-3-6 所示。

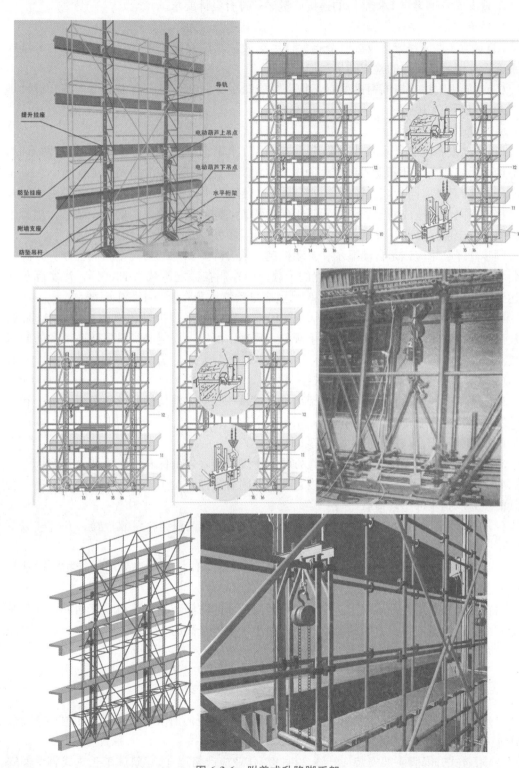

图 6-3-6 附着式升降脚手架

附着支撑或钢梁与工程结构的连接质量必须符合设计要求。

(1)做到严密、平整、牢固;

(2)对预埋件或预留孔应按照节点大样图纸做法及位置逐一进行检查,并绘制分层检测平面图,记录各层点的检查结果和加固措施;

(3)当起用附墙支撑或钢挑梁时,其设置处混凝土强度等级应有强度报告符合设计规定,并不得小于C10。

3. 升降装置。

(1)升降设备应满足附着式升降脚手架使用工作性能的要求,升降吊点超过两点时,不能使用手拉葫芦。升降动力台应具备相应的功能,并应符合相应的安全规程。

(2)升降必须有同步装置控制。分析附着式升降脚手架的事故,其最终多是因架体升降过程中不同步而造成的。防坠装置属于保险装置,同步装置是主动的安全装置。当脚手架的整体安全度足够时,关键就是控制平稳升降,不发生意外超载。

同步升降装置应该是自动显示、自动控制。从升降差和承载力两个方面控制。升降时控制各吊点同步差在 3 cm 以内;吊点的承载力应控制在额定承载力的 80%,当实际承载力达到和超过额定承载力的 80% 时,该吊点应自动停止升降,防止发生超载。

4. 安全装置。为防止脚手架在升降过程中,发生断绳、折轴等故障造成坠落事故,以及保障在升降情况下,脚手架不发生倾斜、晃动,所以,规定必须设置防坠落和防倾斜装置。

(1)防坠落装置必须符合以下要求:

1)防坠落装置应设置在竖向主框架部位,且每一竖向主框架提升设备必须设置一个;

2)防坠装置必须灵敏、可靠,其制动距离对于整体式附着升降脚手架不得大于 80 mm,对于单片式附着升降脚手架不得大于 15 mm;

3)防坠装置应有专门且详细的检查方法和管理措施,以确保其工作可靠、有效;

4)防坠装置与提升设备必须分别设置在两套附着支撑结构上,若有一套失效,另一套必须能独立承担全部坠落荷载。

(2)防倾斜装置必须与竖向主框架、附着支撑结构或工程结构可靠连接,并遵守以下规定:

1)防倾装置应用螺栓同竖向主框架或附着支撑结构连接,不得采用钢管扣件或碗扣方式;

2)在升降和使用两种工况下,位于同一竖向平面的防倾装置均不得少于两处,并且其最上和最下防倾覆支撑点之间的最小间距不得小于架体全高的 1/3;

3)防倾装置的导向间隙应小于 5 mm。

(二)安装、升降、使用、拆除等作业过程的控制要点

(1)安装、升降、使用、拆除等作业前,施工单位应向有关作业人员进行安全教育,对作业人员进行了安全技术交底,并形成记录。

(2)附着式升降脚手架安装、升降、拆卸等作业应严格遵守《建筑施工工具式脚手架安全技术规范》等技术标准和要求,按章操作。附着式升降脚手架在升、降作业时应设置警戒区域,专人监管,落实责任,统一指挥,确保施工安全。

（3）附着式升降脚手架施工单位应当建立日常维护管理工作制度、承担维护的管理人员应当在每日作业前重点对防倾覆、防坠落安全装置和升降设备、控制系统及架体防护措施等的安全状态进行全面检查，发现隐患及时整改，并做好隐患整改记录。要定期组织人员对架体内洒落杂物和架体防护网具进行整理，保持架体干净、卫生、整洁。

（4）严禁借助附着式升降脚手架搭设各类接料平台，严禁在升降脚手架堆码各类超重物料，严禁拆卸升降脚手架架体结构杆件。

（5）遇 5 级以上大风和雨天，不得提升或下降附着式升降脚手架。

（6）附着式升降脚手架施工单位、工程总承包单位应当每半个月对附着式升降脚手架进行一次全面的安全检查，并将检查情况做好详细记录。

(三)附着式升降脚手架安全技术要求

（1）附着式升降脚手架(整体提升脚手架或爬架)作业要针对提升工艺和施工现场作业条件编制专项施工方案。专项施工方案应包括设计、施工、检查、维护和管理等全部内容。

（2）安装搭设必须严格按照设计要求和规定程序进行，安装后应进行荷载试验，确认符合设计要求后，方可正式使用。

（3）进行提升和下降作业时，架上人员和材料的数量不得超过设计规定，并尽可能减少。

（4）升降前必须仔细检查附着连接和提升设备的状态是否良好，发现异常时应及时查找原因并采取措施解决。

（5）升降作业应统一指导、协调动作。

（6）在安装、升降、拆除作业时，应划定安全警戒范围并安排专人进行监护。

第四节　垂直运输机械

一、垂直运输体系

垂直运输设施在建筑施工中担负垂直运(输)送材料设备和人员上、下建筑物的任务，它是施工技术措施中不可或缺的重要环节。随着高层建筑、超高层建筑、高耸工程以及超深地下工程的飞速发展，对垂直运输设施的要求也相应提高，垂直运输技术已成为建筑施工中的重要技术领域之一。

(一)垂直运输设备设施的种类

凡具有垂直(竖向)提升(或降落)物料、设备和人员功能的设备(施)均可用于垂直运输作业，由于种类较多，可大致分为以下几类：塔式起重机、施工电梯、物料提升架、混凝土泵、采用葫芦式起重机或其他小型起重机具的物料提升设施。常见垂直运输设施的总体情况表见表6-4-1。

表 6-4-1　常见垂直运输设施的总体情况表

序号	设备(施)名称	形式	安装方式	工作方式	设备能力	
					起重能力	提升高度
1	塔式起重机	整装式	行走	在不同的回转半径内形成作业覆盖区	60～10 000 kN·m	80 m内
			固定			250 m内
		自升式	附着			
		内爬式	装于天井道内、附着爬升		3 500 kN·m	一般在300 m内
2	施工升降机（施工电梯）	单笼、双笼斗	附着	吊笼升降	一般2 t以内，高者达2.8 t	一般100 m内，最高已达645 m
3	井字提升架	定型钢管搭设	缆风固定	吊笼（盘、斗）升降	3 t以内	60 m内
						可达200 m以上
		定型钢管搭设	附着			100 m以内
4	塔架	自升	附着	吊盘(斗)升降	2 t以内	100 m内
5	混凝土输送泵	固定式、移动式	固定并设置输送管道	压力输送	输送能力30～50 m³/h	垂直运输高度一般为100 m，可达300 m以上
6	可倾斜塔式起重机	汽车式	移动式	为履带吊和塔式起重机结合的产品，塔身可倾斜		50 m内
		履带式				

（二）影响垂直运输机械选择的因素

建筑施工条件复杂多变，影响垂直运输机械选择的因素有：建筑物的体型和平面布置；建筑层数、层高和建筑总高度；建筑工程实物工程量、建筑构件、制品、材料设备搬运量；建筑工期、施工节奏、施工流水段的划分以及施工进度的安排；建筑基地及周围施工环境；本单位资源条件以及对经济效益的要求。

1. 典型组合运送体系。在高层建筑主体结构施工中，现浇混凝土输送量较大。目前世界上选择垂直于水平的起重运输机械的组合形式主要有三种：以自升式塔式起重机为主的吊运体系、以输送混凝土为主的泵送体系以及以快速提升为主的提升体系。

2. 典型输送体系的混合使用。若采用泵送或提升输送体系，虽然在输送混凝土时，具有连续作业能力，效率高，经济性较好，其主要缺点是这两种输送体系只能局限于服务诸如混凝土的单一品种对象，而楼面上大量的钢模板、已成型钢筋、预制门窗、构件及小型施工机具等，还要借助于塔式起重机来完成起重运输任务。对于塔式起重机，不仅起吊对象多样化，而且具有广阔的空中优势，机动灵活，往往在水平和垂直运输作业中可以同时进行立体交叉作业。所以，在选择垂直运输机械时，不是采用单一方案，而是综合吸收各类机械的特点，扬长避短地设计运输体系。一般来说，在基础阶段，采用泵送混凝土；主体结构施工在较低楼层使用塔式起重机吊运混凝土，到了一定高度开始用体系运送；而大量模板，钢筋用自升式塔式起重机作垂直运输。这样的立体交叉作业，可大大加快施工进度。

3.根据层高选择垂直运输体系。

(1)8层以下(最高不超过25 m)优先选用起重机，配合井架和混凝土泵车等设备。

(2)9~16层(最高不超过50 m)宜选用轨道式上回转式起重机、塔式起重机配合施工电梯，泵送混凝土。

(3)对17~25层(最高75 m)宜选用附着式自升塔式起重机或内爬塔式起重机，配合施工电梯，泵送混凝土。

(4)25~40层(最高100 m)可选用参数合理的附着式自升塔式起重机或内爬式塔式起重机、施工电梯，泵送混凝土。

(5)40层以上(高度在100 m以上)优先选用内爬式塔式起重机。

二、塔式起重机

(一)塔式起重机的类型和特点

塔式起重机简称塔机，它是一种竖立塔身、吊臂装在塔身顶端的转臂起重机，如图6-4-1所示。

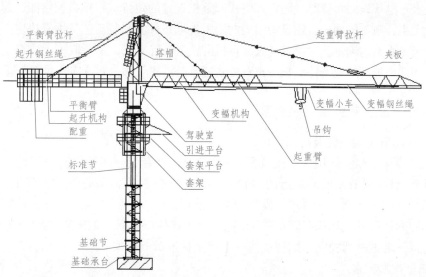

图6-4-1　塔式起重机结构构造图

1. 塔式起重机的分类见表 6-4-2。

表 6-4-2　塔式起重机的分类

分类方式	类别
按固定方式划分	固定式；轨道式；附墙式；内爬式
按架设方式划分	自升；分段架设；整体架设；快速拆装
按塔身构造划分	非伸缩式；伸缩式；折叠式
按臂构造划分	整体式；伸缩式；折叠式
按回转方式划分	上回转式；下回转式
按变幅方式划分	小车移动；臂杆俯仰；臂杆伸缩
按控速方式划分	分级变速；无级变速
按操作控制方式划分	手动操作；电脑自动监控
按起重能力划分	轻型（$\leqslant$80 t·m）；中型（>80 t·m，$\leqslant$250 t·m）；重型（>250 t·m，$\leqslant$1 000 t·m）；超重型（>1 000 t·m）

2. 塔式起重机的特点。

(1)塔式起重机具有适用范围广、回转半径大、起升高度高、效率高、操作简便等特点。

(2)吊臂长，工作幅度大，一般为 30～40 m，长者达 50～70 m。

(3)吊钩高度大，国产自升塔式起重机的最大吊钩高度为 160 m，一般为 70～80 m。

(4)起重能力大，国产塔式起重机一般最大起重量为 6～8 t，最大达 20 t。

(5)速度快，起升速度最快为 100 m/min。

(二)塔式起重机的平面布置要求

塔式起重机的位置首先应满足安装的需要，同时又要充分考虑混凝土搅拌站、料场位置，以及水、电管线的布置等。固定式塔式起重机设置的位置应根据机械性能、建筑物的平面形状、大小、施工段划分、建筑物四周的施工现场条件和吊装工艺等因素决定，一般宜靠近路边，减少水平运输量。有轨式塔式起重机的轨道布置方式，主要取决于建筑物的平面形状、尺寸和四周施工场地条件。轨道布置方式通常是沿建筑物一侧或内外两侧布置。

(三)塔式起重机的安装及拆卸顺序

1. 塔式起重机的安装及拆卸顺序。

(1)安装顺序：底架(用水准仪校平)→标准节→外套架→回转机构→驾驶室→塔顶→平衡臂→平衡块(离塔顶根部最近的位置)→大臂(含拉杆等，重心位置距臂根)→平衡块(其余全部)→调试→顶升→斜撑→验收合格→使用。

(2)拆卸顺序：塔机下降(降至初装高度)→平衡块(靠近塔顶根部一块)→大臂→平衡块→平衡臂→塔顶→驾驶室→回转机构→套架及标准节→底架。

2. 安全技术实施。

(1)作业前，有关部门人员应对全体施工人员进行安全技术交底。

(2)塔式起重机安装作业区应布好警戒线，挂起警告牌，并设专人监护，无关人员一律不得进入警戒区。

（3）作业时，必须有专人指挥，有专职电工负责照管电源，专人操作液压台。

（4）顶升作业时，风力不大于 4 级，如遇 6 级或以上风力应停止高空作业，高空作业要佩戴好安全带、安全帽，严禁酒后作业。

（5）顶升作业前，要检查液压系统。

（6）顶升过程中，禁止回转、起升动作，除调整平衡外，禁止变幅。

（7）拆卸塔式起重机附着装置时，必须用麻绳和葫芦将撑杆固定好逐条拆下，并小心转移到达塔式起重机正前方，然后用塔式起重机将其吊至地面，严防附着撑杆碰坏建筑物。

（8）塔式起重机吊装期间，严禁超载起吊，吊物下禁止站人，以防掉物伤人。

（9）凡需使用风焊时，必须做好防火措施，专人配备灭火工具，用镀锌薄钢板、湿透麻袋接焊渣。作业后认真检查，确认无火种隐患方可离场。

（10）所有特种作业人员必须持证上岗操作。

（11）塔式起重机拆塔之前，顶升机构由于长期停止使用，应对各机构，特别是顶升机构进行保养和试运转。

（12）运转过程中，应有目的地对限位器、回转机构的制动器进行可靠性检查。

（13）塔式起重机标准节已拆出，但下支座与塔身还没有用 M30 高强度螺栓连接好之前，严禁使用回转机构、牵引机构和起升机构。

（14）塔式起重机拆卸对顶升机构来说是重载连续作业，所以应经常检查顶升机构的主要受力件。

（15）顶升机构工作时，所有操作人员应集中精力观察各相对运动件的相对位置是否正常（如滚轮与主弦杆之间，爬升架与塔身之间），是否有阻碍爬升架运动（特别是下降运动时）的物件。

（16）拆卸时风速应低于 8 m/s。由于拆卸塔式起重机时，建筑物已建完，工作场地受限制，应注意工作程序和吊装堆放位置，不可马虎大意，否则容易发生人身安全事故。

（17）施工前应对吊装绳索。吊装工具、机械、钢丝绳等作全面检查并进行试运转，符合安全要求方可进行试吊。

（18）如起重臂拆卸完成，则平衡臂也应拆卸完毕后才能休息，不能使塔身单向受力时间过长。

（19）顶升前，必须调整好顶升套架滚轮与塔身标准节的间隙，当回转与塔身标准节之间的最后一处连接螺栓（销子）拆卸困难时，应重新插入对角方向的螺栓，再采取其他措施。不得以旋转起重臂动作来松动螺栓（销子）。

（四）塔式起重机安全操作规程

（1）塔式起重机驾驶员必须经过专业技术培训并取得特种作业操作证才能进行塔式起重机操作。

（2）驾驶员作业前必须检查：各主要螺栓应连接紧固，主要焊缝不应有裂纹和开焊；按规定检查电气部分；机械传动减速机的润滑油质和油量；各制动器应动作灵活、制动可靠；吊钩、滑轮应转动灵活；各部钢丝绳应完好，固定端牢固可靠；力矩限位器的高度、变幅限位器完好。

（3）开始作业时，应首先发出指挥信号，提醒作业人员注意。

（4）禁止歪提斜吊重物、吊拔埋在地下或粘在地上、设备上的重物以及重量不明的重物。

（5）严禁用吊钩直接吊挂重物，必须用吊绳、吊具吊挂重物。

（6）起吊的重物在吊运过程中，不得摆动、旋转；不得在起吊重物上悬挂任何重物。

（7）操纵控制器必须从零挡开始，逐级变速。向反方向运动时，必须先回零再逐级变速。严禁越挡操作和急开急停。

（8）严禁使用限位装置替代停车装置。

（9）吊运重物时，不得猛起猛落，起吊时，必须先吊离地面 50 mm 左右停住，确定无问题后方可进行操作。

（10）不允许超载和超风力作业，在特殊情况下如需超载，不得超过额定载荷的 10%，并经专业部门批准后方可进行。

（11）起升过程中，当吊钩滑轮组接近起重臂 5 m 时，应用低速起升。

（12）严禁采用自由下降的方法下降吊钩或重物，当重物下降至就位点约 1 m 处时，必须采用慢速就位。

（13）作业中起吊平移重物时，重物高出其所跨越障碍物的高度不得小于 1 m。

（14）不得起吊带人的重物，禁止用吊钩吊运人员。

（15）作业中，临时停歇或停电时，必须将重物卸下，升起吊钩，将各手柄置于"零位"。

（16）作业时，严禁对传动部分、运动部分以及运动件作维修、保养、调整等工作。

（17）作业中遇有下列情况应停止作业：大雪、大雨、大雾，超过允许工作风力；起重出现漏电现象；钢丝绳磨损严重、扭曲、打结、断股或出槽；安全装置失效；各传动机构有异常现象；金属结构部分发生变形等。

（18）钢丝绳在卷筒上必须排列整齐。

（19）驾驶员必须在规定通道内上、下塔式起重机，严禁从塔式起重机上向下抛物。

（20）起吊重物下禁止有人通行或停留。

（21）司机室的玻璃应平整、清洁，不得影响司机的视线。

（22）作业完后应将吊钩起至靠近起重臂下方并将变幅小车收至根部，将操作手柄回归零位，切断总电源。

（23）按规定填好设备运转记录表和各种记录。

（五）塔式起重机出现事故征兆应急措施

1. 塔式起重机基础下沉、倾斜。

（1）应立即停止作业，并将回转机构锁住，限制其转动。

（2）根据情况设置地锚，控制塔式起重机的倾斜。

2. 塔式起重机平衡臂、起重臂折臂。

（1）塔式起重机不能做任何动作。

（2）按照抢险方案，根据情况采用焊接等手段，将塔式起重机结构加固，或用连接方法将塔式起重机结构与其他物体连接，防止塔式起重机倾翻或在拆除过程中发生意外。

（3）用 2～3 台适量吨位的起重机，一台锁起重臂，一台锁平衡臂。其中一台在拆臂时起平衡力矩的作用，防止因力的突然变化而造成倾翻。

（4）按抢险方案规定的顺序，将起重臂或平衡臂连接件中变形的连接件取下，用气焊割开，用起重机将臂杆取下。

（5）按正常的拆搭程序将塔式起重机拆除，遇变形结构用气焊割开。

3. 塔式起重机倾翻。

（1）采取焊接、连接方法，在不破坏失稳受力情况下增加平衡力矩，控制险情发展。

（2）选用适量吨位起重机按照抢险方案将塔式起重机拆除，变形部件用气焊割开或调整。

4. 锚固系统险情。

（1）将塔式平衡臂对应到建筑物，转臂过程要平稳并锁住。

（2）将塔式起重机锚固系统加固。

（3）如需更换锚固系统部件，先将塔式起重机降至规定高度后，再更换部件。

5. 塔身结构变形、断裂、开焊。

（1）将塔式平衡臂对应到变形部位，转臂过程要平稳并锁住。

（2）根据情况采用焊接等手段，将塔式起重机结构变形或断裂、开焊部位加固。

（3）落塔更换损坏结构。

三、施工升降机

人货两用建筑施工升降机是高层建筑中常用的垂直运输机械。其吊笼装在井架的外侧，沿齿轮条式轨道升降。它附着在建筑结构上，一般载货量在 2 t 以内，可乘 12～15 人，可随建筑主体结构施工往上接高 100 m，最高已达 645 m。

（一）施工升降机的组成

一般来说，施工升降机都由钢结构、传动系统、电气系统及安全控制系统等几部分组成（图 6-4-2）。

图 6-4-2　施工升降机施工图

1. 钢结构。钢结构主要由吊笼、外笼、标准节、对重、附墙架等组成。

(1)吊笼:吊笼是施工升降机的核心部件,为焊接钢结构体,周围有钢丝防护网,前后分别安装单、双开吊笼门,上方安装护身拉杆。吊笼的立柱上有传动机构和限速器底板安装孔,导向滑轮组也安装在立柱上。

(2)外笼:外笼主要由底盘、防护围杆及一节基础标准节等组成。外笼入口处有外笼门并装有自动开门装置,当吊笼上升时,外笼自动关闭。吊笼着地时,外笼门能自动打开。底盘装有缓冲弹簧,以保证吊笼着地时能柔性接触。

(3)标准节:标准节由无缝钢管和角钢等焊接而成。标准节上安装齿条,多节标准节用螺栓相接组成导轨架,通过附墙架和建筑物固定,作为吊笼上、下运转的导轨。

(4)对重:对重用以平衡吊笼的自重,从而提高电动机功率利用率和吊笼载重,并可改善结构的受力情况。对重由钢丝绳通过导轨架顶部的天轮与吊笼上、下运转的导轨。

(5)附墙架:附墙架用来使导轨架与建筑物附着连接,以保证导轨架的稳定性。

2. 传动系统。施工升降机的传动系统由电动机、联轴器、减速器和安装在减速器输出轴上的齿轮等组成,采用双电机驱动,使齿轮齿条均匀受力。

传动系统安装在吊笼内,通过齿轮与导轨架上的齿条相啮合,使吊笼上、下运行。

3. 电气设备。每个吊笼均有一套电气设备,包括电源箱、电控箱、操纵盒等,可在吊笼内用手柄或按钮操纵吊笼升降运行,在任何位置均可随时停车。在上、下终端站,可由上、下终点限位开关控制自动停车。

4. 安全控制系统。施工升降机在电路中设置了过载、断绳、短路、超速等安全开关,当运行中发生任何一种故障时,升降机立即自动停车。

吊笼上各门均有限位开关,当任何一门未关闭或异常开启时,吊笼均不能启动或立即停止运行。

另外,每台吊笼均配备锥鼓限速器作为防坠安全装置,能有效地防止吊笼坠落,保证施工安全。施工升降机构造示意如图6-4-3所示。

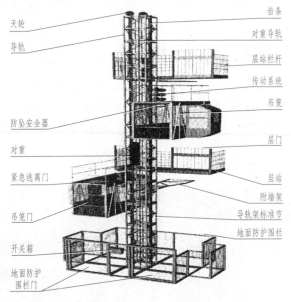

图 6-4-3 施工升降机构造示意

(二)建筑施工升降机的安装与拆卸

1. 建筑施工升降机的安装。

(1)施工升降机地基、基础应满足使用说明书的要求。对基础设置在地下室顶板、楼面或其他下部悬空结构上的施工升降机,应对基础支撑结构进行承载力验算。施工升降机安装前应按规范要求对基础进行验收,并按有关规定做好施工升降机安装前的各项检查验收工作,合格后方能安装。

(2)安装程序:安装底架→安装基础节和两节标准节找好垂直度→安装吊笼、传动架,调整好导轮间隙→安装电缆→安装下限位、下极限碰铁→安装标准节(导轨架)同时安装附墙架及电缆保护架→安装上限位碰铁及极限开关→润滑→整机调试→检验合格→交付使用。

(3)施工升降机安装完毕且经调试后，安装单位应按规范及使用说明书的有关要求对安装质量进行自检，并应向使用单位进行安全使用说明。安装单位自检合格后，应经有相应资质的检验检测机构监督检验。检验合格后，使用单位应组织租赁单位、安装单位和监理单位等进行验收。严禁使用未经验收或验收不合格的施工升降机。

2. 建筑施工升降机的拆卸。拆卸前应对施工升降机的关键部件进行检查，当发现问题时，应在问题解决后方能进行拆卸作业。施工升降机拆卸作业应符合拆卸工程专项施工方案的要求。应有足够的工作面作为拆卸场地，应在拆卸场地周围设置警戒线和醒目的安全警示标志，并应派专人监护。拆卸施工升降机时，不得在拆卸作业区域内进行与拆卸无关的其他作业。拆卸附墙架时，施工升降机导轨架的自由端高度应始终满足使用说明书的要求，应确保与基础相连的导轨架在最后一个附墙架拆除后，仍能保持各方向的稳定性。施工升降机拆卸应连续作业。当拆卸作业不能连续完成时，应根据拆卸状态采取相应的安全措施。吊笼未拆除之前，非拆卸作业人员不得在地面防护围栏内、施工升降机运行通道内、导轨架内以及附墙架上等区域活动。

(三)施工升降机安全操作规程

(1)电梯驾驶员应经过专业技术培训并取得电梯操作证。

(2)驾驶员应做到"四懂三会"：懂原理、懂构造、懂性能、懂用途，会操作、会维修、会排除故障和会"十字"作业法：清洁、润滑、紧固、调整、防腐。

(3)驾驶员作业前应检查：各限位器动作灵敏、可靠；开关门灵活；操作手柄正常；电气元件动作正常，仪表读数正确；标准节螺栓紧固牢靠；钢丝绳固定端紧固可靠；梯笼托轮转动灵活；对重滑道无障碍。

(4)作业前，应空载运行，确定电机减速器工作正常后才能投入运行。

(5)严禁超载运行，运行人数必须在五人以上才可启动。

(6)启动前，应鸣号示警，确定单、双开门关好后才可运行。

(7)禁止以限位开关作停车装置。

(8)每停靠一个层站前，须鸣号示警，停稳后才能开启单、双开门，禁止运行中开、关门。

(9)电梯梯笼运行至底部前，须鸣号示警。

(10)每班工作完毕，应将梯笼驶回基站，并切断总电源，关闭笼厢门。

(11)驾驶员不得无故脱岗、离岗，不得找他人代为操作。

(12)当班驾驶员应填好运转记录和各种原始记录表。

◎四、混凝土输送泵

混凝土输送泵是一种利用管道将混凝土输送到施工现场的现代化施工设备。在现场浇筑及钢筋混凝土结构施工中省时省力，可达到普通塔式起重机作业效率的10倍以上，可水平或垂直泵送，也可连续作业。施工工期短、工程造价低、工程质量的高混凝土泵的构造：由动力系统带动液压泵产生压力油，经两个主油缸带动输送缸内的活塞，产生交替往复运动，再经分配阀与主油缸之间有序工作，使得混凝土不断地从料斗吸入输送缸通过输送管道送到施工现场。混凝土泵根据动力系统的不同，可分为电动泵、柴油泵；根据分配阀方式的不同，有闸板阀、S阀、C阀、蝶阀、裙阀等。不同类型的混凝土泵如图 6-4-4、图 6-4-5 所示。

图 6-4-4　HBT80SE-1813 型混凝土泵　　　　图 6-4-5　HBT80B-18-110S 型混凝土泵

（一）混凝土输送泵的结构组成

混凝土输送泵由料斗、泵送系统、液压系统、清洗系统、电气系统、电机、行走底盘等组成。HBT60 型混凝土泵结构组成示意如图 6-4-6 所示。

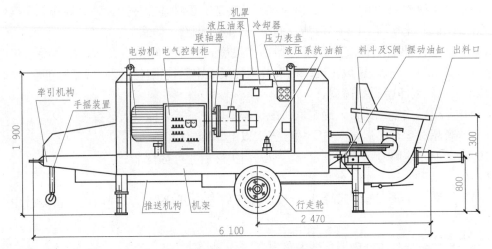

图 6-4-6　HBT60 型混凝土泵结构组成示意

（二）混凝土泵车的使用要点

（1）混凝土泵车的操作人员需经专业培训后方可上岗操作。

（2）泵送的混凝土应满足混凝土泵车的可泵性要求。

（3）混凝土泵车泵送工作要点可参照混凝土泵的使用。

（4）整机水平放置时所允许的最大倾斜角为 30°，更大的水平倾斜角会使布料的转向齿轮超载，并危及机器的稳定性。如果布料杆在移动时其中的某一个支腿或几个支腿曾经离过地，就必须重新设定支腿，直至所有的支腿始终能可靠地支撑在地面上。

(5)为保证布料杆泵送工作处于最佳状态，应做到：将1节臂提起45°；将布料杆回转180°；将2节臂伸展90°；伸展3、4、5节臂并呈水平位置。若最后一节布料杆能处于水平位置，对泵送来说是最理想的。如果这节布料杆的位置呈水平状态，那么混凝土的流动速度就会放慢，从而可减少输送管道和末端软管的磨损，当泵送停止时，只有末端软管内的混凝土才会流出来。如果最后一节布料杆呈向下倾斜状态，那么在这部分输送管道内的混凝土就会在自重作用下加速流动，以至在泵送停止时输送管道内的混凝土还会继续流出。

(6)泵送停止5 min以上时，必须将末端软管内的混凝土排出。否则由于末端软管内的混凝土脱水，再次泵送作业时混凝土就会猛烈的向四处喷溅，那样末端软管很容易受损。

(7)为了改变臂架或混凝土泵车的位置而需要折叠、伸展或收回布料杆时，要先反泵1~2次后再动作，这样可防止在动作时输送管道内的混凝土落下或喷溅。

(三)混凝土泵的安全操作规程

为了确保混凝土泵车作业的安全性，避免造成人身或设备事故，必须严格遵守下列安全操作规程。

(1)场地选择。应尽可能远离高压线等障碍物。

(2)作业前的检查。操作台的电源开关应位于"关"的位置，混凝土排量手柄及搅拌装置换向手柄应位于中位。

(3)支腿操作。混凝土泵车应水平放置，支撑地面应平坦、坚实，保证工作过程中不下陷。支腿能稳定可靠地支撑整机，并能可靠地锁住。

(4)臂架操作。臂架由折叠状态伸展或收回时，必须按照规定顺序进行。臂架的回转操作必须在臂架完全离开臂架托架后进行。在处于暴风雨状态或风力达到8级或8级以上时(风速16~17 m/s)，不得使用臂架。臂架绝对不能用于起重作业。

(5)泵送作业。当开始或停止泵送时，应与在末端软管处的操作人员取得联系；末端软管的弯曲半径不得小于1 m，而且不准弯折；在拆开堵塞管道之前，应反泵2~3次，待确认管道内没有剩余压力后再进行拆卸。

(6)作业后的检查。臂架应完全收回在臂架支架上；支腿也应完全收回，并插入锁销。操作台的电源开关应处于"关"的位置。

(7)蓄能器内只能冲入氮气，不能冲入氧气、氢气等易燃易爆的危险气体。

(8)紧急关闭按钮。混凝土泵车上有一系列紧急关闭按钮，分别设置在支腿控制阀、有线和无线遥控系统及控制箱上，如遇紧急情况，只需按下其中的某一个紧急关闭按钮或就可关闭机器。如果紧急关闭按钮发生故障，在突发危险情况时就不能迅速关闭机器。因此，在每次开始工作之前，必须检查紧急关闭按钮的功能。当紧急关闭按钮被按下时，机器的电动系统即被切断，导致电磁阀等关闭。如果液压系统产生泄漏，会造成布料杆下沉等故障现象，此情况不能用按紧急关闭按钮的方法来解决。

混凝土输送泵施工现场图如图6-4-7所示。

图 6-4-7　混凝土输送泵施工现场图

五、物料提升机

物料提升机是建筑施工现场常用的一种输送物料的垂直运输设备。它以卷扬机为动力，以底架、立柱及天梁为架体，以钢丝绳为传动，以吊篮为工作装置。在架体上装设滑轮、导轨、导靴、吊笼、安全装置等，与卷扬机配套构成完整的垂直运输体系。物料提升机构造简单，用料品种和数量少，制作容易，安装、拆卸、使用方便，价格低，是一种投资少，见效快的装备机具。物料提升机按结构形式的不同，可分为井架式物料提升机和龙门架式物料提升机；按架设高度的不同，可分为高架物料提升机和低架物料提升机。架设高度在 30 m(含 30 m)以下的物料为低架物料提升机。架设高度在 30 m(不含 30 m)至 150 m 的物料提升机为高架物料提升机。

(一)井架

井架是砌筑工程垂直运输的常用设备之一，是一种带起重臂和内盘的井架，起重臂的起重能力为 5~20 kN。井架的特点是稳定性好，运输量大，可以搭设较大高度。近几年来各地对井架的搭设和使用有许多新发展，除常用的木井架、钢管井架、型钢井架外，所有多立杆式脚手架的杆件和框式脚手架的框架，都可用以搭设不同形式和不同井孔尺寸的单孔或多孔井架。有的工地在单孔井架使用中，除设置内吊盘外，还在井架两侧增设一个或两个外吊盘，分别用两台或三台卷扬机提升，并同时运行，大大增加了运输量。

有的工地在井架上设置拔杆，其起重量达到 2~3 t，回转半径达到 10 m 以上，致使孔内吊盘运量无足轻重，因而将内吊盘弃置不用或改为乘人吊笼。

(二)龙门架

龙门架是由两根立柱及横梁组成。立柱是由若干格构柱用螺栓拼装而成，而格构柱是用角钢或钢管焊接而成或直接用厚壁钢管形成龙门架。龙门架设有自升装置，架设、拆卸靠本身设置的工作机构可独立完成。高度随着建筑物的升高而升高。架设省力、费用低。采用附着杆附着，不用揽风绳，改善了施工条件。龙门架采用手摇卷扬机、提升机自升平台，用扒杆安装标准节，劳动强度低。采用断绳安全保护装置，一旦因故断绳，设置在吊篮两侧的卡板将吊篮卡滞在空中，阻止了吊篮坠地事故的发生。

(三)物料提升机安全操作规程

(1)物料提升机必须由取得特种作业操作证的人员操作。

(2)物料提升机严禁载人。

(3)物料应在吊笼内均匀分布，不应过度偏载。

(4)不得装载超出吊笼空间的超长物料，不得超载运行。

(5)在任何情况下，不得使用限位开关代替控制开关运行。

(6)物料提升机每班作业前司机应进行作业前检查，确认无误后方可作业。应检查确认下列内容：

1)制动器可靠、有效；

2)限位器灵敏、完好；

3)停层装置动作可靠；

4)钢丝绳的磨损在允许范围内；

5)吊笼及对重导向装置无异常；

6)滑轮、卷筒防钢丝绳脱槽装置可靠、有效；

7)吊笼运行通道内无障碍物。

(7)当发生防坠安全器制停吊笼的情况时，应查明制停原因，排除故障，并应检查吊笼、导轨架及钢丝绳，应确认无误并重新调整防坠安全器后运行。

(8)物料提升机在夜间施工时应有足够照明，照明用电应符合现行行业标准《施工现场临时用电安全技术规范》(JGJ 46—2005)的规定。

(9)物料提升机在大雨、大雾、风速 13 m/s 及以上大风等恶劣天气时，必须停止运行。

(10)作业结束后，应将吊笼返回最底层停放，控制开关应扳至零位，并应切断电源，锁好开关箱。

第七章

主体结构分部工程验收

1. 了解主体结构分部工程的组成、检验批及分项工程的验收合格条件；
2. 熟悉主体结构分部工程质量验收合格的有关规定；
3. 熟悉主体结构分部工程质量验收的条件和验收程序；
4. 掌握主体结构分部工程质量验收组织与实施的工作流程；
5. 掌握主体结构分部工程质量验收中对常见质量问题的处理方法。

导入新课

1. 你了解主体结构工程分部验收的程序吗？

2. 工程验收之前，如果你是施工单位的工程师，你应该做哪些准备工作？如果你是总监理工程师，你怎么组织主体结构分部工程的验收？如果你是业主代表，你又该做些什么工作？

主体结构分部工程是房屋建筑单位工程中的一个重要的分部工程。主体结构分部工程的质量，直接影响建筑工程的安全功能。因此，主体结构分部工程的质量验收尤为重要，必须严格执行国家相关规范和《建筑工程施工质量验收统一标准》组织验收，以确保建筑工程的安全性。

主体结构分部工程由若干个分项工程组成，每一个分项工程中有一个或若干个检验批，检验批验收是工程质量验收的基础。

1. 检验批验收包括资料检查、主控项目检验和一般项目检验。

（1）资料检查：检验批验收要求具有完整的施工操作依据、质量验收记录。质量控制资料反映了检验批从原材料到最终验收的各施工工序的操作依据、检查情况以及保证质量所必需的管理制度等。对其完整性的检查，实际是对过程控制的确认，是检验批合格的前提。

（2）主控项目检验：主控项目的质量经抽样检验均应合格。主控项目是对检验批的基本质量起决定性影响的检验项目，须从严要求，因此要求主控项目必须全部符合有关专业验收规范的规定，这意味着主控项目不允许有不符合要求的检验结果。

（3）一般项目检验：一般项目的质量经抽样检验合格。当采用计数抽样时，合格点率应符合有关专业验收规范的规定，且不得存在严重缺陷。对于计数抽样的一般项目，正常检验一次、两次抽样可按《建筑工程施工质量验收统一标准》(GB 50300－2013)附录 D 判定。对于一般项目，虽然允许存在一定数量的不合格点，但某些不合格点的指标与合格要求偏差较大或存在严重缺陷时，仍将影响使用功能或观感质量，应对这些部位进行维修处理。

2. 分项工程的质量验收是以检验批为基础进行的。一般情况下，检验批和分项工程具有相同或相近的性质，只是批量的大小不同而已。分项工程质量合格的条件是，构成分项工程的各检验批验收资料齐全、完整，而且各检验批均已验收合格。

主体结构分部工程质量验收合格应符合下列规定：

(1)所含分项工程的质量均应验收合格；

(2)质量控制资料应完整；

(3)有关安全和主要使用功能的抽样检验结果应符合相应规定；

(4)观感质量应符合要求。

3. 主体结构分部工程的验收是以所含各分项工程质量验收为基础进行的。首先，组成主体结构分部工程的各分项工程已验收合格，而且相应的质量控制资料齐全、完整。此外，由于各分项工程的性质不尽相同，因此，作为分部工程不能简单地组合而加以验收，还须进行以下两类检查项目：

(1)涉及安全和主要使用功能的主体结构分部工程应进行有关的见证检验或抽样检验。

(2)以观察、触摸或简单量测的方式进行观感质量验收，并结合验收人的主观判断，检查结果并不给出"合格"或"不合格"的结论，而是综合给出"好""一般""差"的质量评价结果。对于"差"的检查点应进行返修处理。

(四)当分部工程较大或较复杂时，可按材料种类、施工特点、施工程序、专业系统及类别将分部工程划分为若干个子分部工程。主体结构分部工程可划分为混凝土结构、砌体结构、钢结构、钢管混凝土结构、型钢混凝土结构、铝合金结构和木结构子分部工程。

一、主体结构分部工程质量验收的条件

1. 完成主体结构工程设计的各项内容。施工单位在主体结构工程的各项内容完成后，应将墙面上的施工孔洞按规定镶堵密实；混凝土结构工程模板应拆除并对其表面清理干净，混凝土结构存在缺陷处应整改完成；楼层标高控制线应清楚弹出墨线，并做醒目标志；外脚手架、安全网和外脚手架底的建筑垃圾应清理干净。

2. 施工单位在主体工程完工之后对工程进行自检，验收时施工单位对自检中发现的问题已完成整改，确认工程质量符合有关规范和工程建设强制性标准。提供主体结构施工质量自评报告，该报告应由项目经理和施工单位负责人审核、签字、盖章。

3. 监理单位在主体结构工程完工后对工程全过程监理情况进行质量评价，提供主体工程质量评估报告，该报告应当由总监和监理单位有关负责人审核、签字、盖章。

4. 设计单位对设计文件及设计变更进行检查。对工程主体实体是否与设计图纸及变更一致，进行认可。

5. 检测单位对主体结构进行抽验检测(实体检测)，实体检测项目和数量符合要求，检测结果合格。

6. 有完整的主体结构工程档案资料，见证试验档案，监理资料；施工质量保证资料；管理资料和评定资料。

二、主体结构分部工程质量验收的程序

1. 在施工单位完成主体结构的施工内容，并自检合格的基础上，施工单位对将验收的内容进行自评。施工单位的自评报告一般应包括以下内容：

(1)工程概况：介绍工程名称，建设地点，建设、设计、勘察、监理、施工单位，建设规模、结构类型、层数、层高、建筑使用年限、建筑抗震设防裂度、主要建筑材料和强度等级等内容。

(2)施工依据：主要描述设计文件、图纸会审纪要、变更、释疑及施工中执行的规范标准等内容。

(3)工程施工情况：重点反映施工中技术管理和质量保证情况，技术管理包括技术人员的分工、施工技术管理体系和技术管理制度；质量保证情况包括原材料的质量控制、材料试块抽样送检制度及各项试验(检验、检测、复试)报告数据。

(4)过程控制情况：主要叙述主体结构施工中质量保证体系的运行状况，各项规章制度的落实情况，突出反映"三检"制度的执行情况，各分项工程、各工序在施工过程中质量控制、检查、验收情况。

(5)沉降观测情况：如实反映主体结构施工期间建筑物沉降观测点设置、观测周期和观测数据等情况。

(6)资料整理情况：客观反映现场资料的收集、各分项工程检验批资料份数、子分部工程资料、分包工程资料的份数及验收结论。

(7)观感质量。

(8)分部工程质量评定。

2. 由施工单位报当地质量监督机构进行主体结构分部的实体检测报告。依据《建筑工程施工质量验收统一标准》(GB 50300-2013)3.0.6第6条"对涉及结构安全、节能、环境保护和使用功能的重要分部工程应在验收前按规定进行抽样检验"的规定，建设单位应在建设工程主体结构验收前，及时委托工程质量检测机构对结构实体质量进行检测。实体检测报告由施工单位报当地质量监督机构审查备案。

3. 监理单位对验收部分检查工程资料和验收，作出主体结构分部工程质量评估报告。

施工单位确认自检合格后提出主体结构工程验收申请，报监理审批(申请验收时一并将主体结构分部工程质量验收资料汇总报监理审查)，监理检查验收资料，对工程进行初验，作出主体结构分部工程质量评估报告。评估报告一般包含以下内容：

(1)工程概况。

(2)质量评估依据。

(3)主体结构分部工程质量监理情况。

(4)主体分部工程质量评估意见。

4. 由建设单位向当地质量安全监督总站提交主体结构验收申请表，申请进行主体结构分部工程质量验收。

依据《建筑工程质量管理条例》(2001)第四十三条"国家实行建设工程质量监督管理制度。"【释义】中明确指出:"本条规定了国家实行建设工程质量监督管理制度。政府质量监督作为一项制度,以法规的形式在条例中加以明确,强调了建设工程的质量必须实行政府监督管理。国家对工程质量的监督管理主要是以保证建筑工程使用安全和环境质量为主要目的,以法律、法规和强制性标准为依据,以地基基础、主体结构、环境质量和与此相关的工程建设各方主体的质量行为为主要内容,以施工许可制度和竣工验收备案制度为主要手段"。因此,在确定主体结构分部工程验收前3天,向当地质监机构提交主体结构分部工程质量验收申请表,同时,还应将主体结构分部工程质量验收参加单位和人员名单及主体结构分部工程施工技术资料目录以附件的形式一并提交。

5. 在当地质监机构的监督下,由总监理工程师或建设单位项目负责人组织设计单位及施工单位项目负责人、技术质量负责人按设计要求和有关施工验收规范要求共同进行验收。

主体结构分部工程质量的验收,当地政府质监机构应派员参加,对主体结构分部工程质量验收全过程实施监督。

三、主体结构分部工程质量验收的组织与实施

主体结构分部工程质量验收由项目总监理工程师主持,主体结构分部工程质量验收前,应由工程项目监理部编制验收方案。验收方案中,应包括验收主持人、验收时间、验收会议地点、参加单位和人员、验收组成员分组(观感组、实测组和资料组)和分工、验收依据、验收检查方案(检查部位、检查内容和检查方法)、验收工作流程等内容。总监理工程师依据验收方案组织验收。

1. 总监理工程师主持主体结构分部工程质量验收会议,宣布验收方案。

2. 施工单位代表汇报主体结构分部工程施工过程中组织、自控等方面施工情况及主体结构分部工程质量自评结果。

3. 监理公司项目总监、总监代表汇报主体结构分部工程施工过程中监理所做的监理工作及主体结构分部工程质量监理评估意见。

4. 与会各方代表按照验收方案中的分组和验收检查方案,到施工现场实地察看主体分部工程质量,对工程实体的观感、实测、资料进行分工检查,检查时应按表列要求做好记录,并按记录作出计算和结论,各成员在检查表上签字确认。监督人员随组监督。

5. 检查完毕后回会议室,各小组长通报验收检查结果。项目建设质量相关责任主体单位负责人对所验收的主体分部工程质量进行评议。

6. 由项目总监结合各方意见,形成主体分部工程综合验收意见。

7. 最后请质量监督部门对所验收的主体分部工程质量进行核定。

8. 各单位在质监记录单上签认,由组长指定专人完成验收会议纪要,各单位在会议纪要上签认,验收结束。

9. 主体结构分部工程验收结论的说明。

主体结构分部工程质量验收,必须要待主体结构所有施工任务完成,施工技术资料中混凝土、砂浆等试块试验合格、统计评定合格,基础土方回填、土方密实度试验合格后,

方可进行主体结构分部工程验收，此时，主体结构分部工程的质量等级才可以被评定为合格，这样就会耗费相当长的时间，造成工程施工的停歇，浪费工期。一般情况下，主体结构分部工程的验收，对于框架部分，是在钢筋混凝土工程全部完工，填充墙砌完就进行验收，这样可以缩短工期，节省工程施工成本。但验收时，部分资料不完整，主体结构分部工程的质量等级需待后评定，这样的主体结构分部工程质量验收，实际上相当于主体结构的一个中间验收，所以，监理单位作出的主体结构分部工程质量评估报告中，都未明确给出合格的结论，而是用"同意验收""待后评定"之类的词语表达，表示对施工过程中质量控制、验收程序和验收过程的确认。现在大部分工程都是如此操作的。事实证明，这样处理并未出现过大的差错，是保证工程不间断施工的一种行之有效的办法。

主体结构分部工程质量验收有时会出现不能一次通过的情况，例如，工程施工粗糙、观感质量达不到要求或工程局部缺陷等，需要经过整改才能通过的情况，需由总监提出整改意见，由施工单位制定整改方案，报总监审批后实施整改，总监组织验收合格后，由监理单位或建设单位将整改方案、整改情况和验收结论，一并报当地质量监督机构备查，质量监督机构派员对所整改情况现场确认后，对所验收的主体分部工程质量进行核定。

四、主体结构分部工程验收中常见质量问题的处理

建筑工程质量不符合要求时，按照《建筑工程施工质量验收统一标准》（GB 50300—2013）的第 5.0.6 条、5.0.7 条的规定，共分为六种情况分别进行处理和验收。

1. 经返工或返修的检验批，应重新进行验收。检验批验收时，对于主控项目不能满足验收规范规定或一般项目超过偏差限值时应及时进行处理。其中，对于严重的缺陷应重新施工，一般的缺陷可通过返修、更换予以解决，允许施工单位在采取相应的措施后重新验收。如能够符合相应的专业验收规范要求，应认为该检验批合格。

检验批是建筑工程质量验收的最小单元，一个分项工程可以由一个或多个检验批组成，检验批验收不合格的情况应及早发现并及时处理，否则将影响后续检验批和相关分项工程、分部工程的验收。

一般情况下，检验批不合格的现象，不应出现在主体结构分部验收阶段，但实际工程中不能完全避免不合格情况的出现，一旦出现应立即终止验收，按工程质量事故处理程序执行，处理这类质量问题的难度，远大于该检验批验收时发现不合格及早处理的难度。因此，所有质量隐患必须尽快消灭在萌芽状态。

2. 经有资质的检测机构检测鉴定能够达到设计要求的检验批，应予以验收。当个别检验批发现问题，难以确定能否验收时，应请具有资质的法定检测机构进行检测鉴定。当鉴定结果认为其能够达到设计要求时，该检验批可以通过验收。这种情况通常出现在某检验批的材料试块强度不满足设计要求时。

如某检验批材料试块的某项质量指标不够，多数是留置的试块失去代表性，或因故缺少试块的情况，以及试块试验报告缺少某项有关主要内容，也包括对试块或试验结果报告有怀疑时，经有资质的检测机构对工程进行检验测试。其测试结果证明，该检验批的工程质量能够达到原设计要求，这种情况应按照正常情况给予验收。

在主体结构分部工程验收之前，经有资质的检测机构对该检验批对应的工程部位进行

检验测试，应有完整的测试报告，且能证明检验批的工程质量能够达到原设计要求，以便在主体结构分部工程验收时备查。

3. 经有资质的检测单位检测鉴定达不到设计要求，但经原设计单位核算认可能够满足结构安全和使用功能的检验批可予以验收。

如经检测鉴定达不到设计要求，但经原设计单位核算、鉴定，仍可满足相关设计规范和使用功能要求时，该检验批可予以验收。这主要是因为一般情况下，标准、规范的规定是满足安全和功能的最低要求，而设计往往在此基础上留有一些余量。在一定范围内，会出现不满足设计要求而符合相应规范要求的情况，两者并不矛盾。

这种情况，在实际工程中比较常见，经有资质的检测单位检测鉴定达不到设计要求，但这种数据与设计要求的差距不是太大。经过原设计单位进行验算，认为仍可满足结构安全和使用功能，可不进行加固补强。如某栋五层框架结构建筑，一、二、三层柱用 C30，四、五层柱为 C25 混凝土浇筑。在施工过程中由于管理不善等原因，其三层柱混凝土强度仅达到 28 MPa，未达到设计要求，按照规定应不能验收，但经过原设计单位验算，三层柱混凝土强度仍可满足结构安全和使用功能，可不返工和加固。由原设计单位出具正式的认可证明，由注册结构工程师签字并加盖单位公章，可进行验收。该证明材料应作为主体结构分部工程验收资料检查时重点审查的资料。

4. 经返修或加固处理的分项、分部工程，满足安全及使用功能要求时，可按技术处理方案和协商文件的要求予以验收。

经法定检测机构检测鉴定后认为达不到规范的相应要求，即不能满足最低限度的安全储备和使用功能时，则必须进行加固或处理，使之能满足安全使用的基本要求。这样可能会造成一些永久性的影响，如增大结构外形尺寸、影响一些次要的使用功能。但为了避免建筑物的整体或局部拆除，避免社会财富更大的损失，在不影响安全和主要使用功能的条件下，可按技术处理方案和协商文件进行验收，责任方应按法律法规承担相应的经济责任并接受处罚。需要特别注意的是，这种方法不能作为降低质量要求、变相通过验收的一种出路。

若某项质量指标达不到验收规范要求，经过有资质的检测单位检测鉴定达不到设计要求，由其设计单位经过验算，也认为达不到设计要求。经过验算和事故分析，找出事故原因，分清质量责任，同时经过建设单位、监理单位、施工单位、设计和勘察单位协商，同意进行加固补强，并协商好加固费用的来源以及加固后的验收等事宜，由原设计单位出具加固技术方案，通常由原施工单位进行加固，虽然改变了个别建筑构件的外形尺寸或留下永久性缺陷，也就是通过加固补强后只是解决了结构安全及使用功能问题，而并未达到原设计要求，包括改变工程的用途在内，应按照协商文件验收，也就是有条件的验收。由责任方承担经济损失或赔偿。这种情况实际是工程质量达不到验收规范的合格规定，应算在不合格工程范围内，如墙体强度严重不足，可采用双面加钢筋网喷射混凝土补强，不仅加厚了墙体，还缩小了房间的使用面积等。又如某框架柱强度严重不足，采用四周加配钢筋骨架浇筑混凝土加固，增大了柱截面尺寸，减小建筑的使用面积等。均留下永久性缺陷。

5. 工程质量控制资料应齐全、完整，当部分资料缺失时，应委托有资质的检测机构按有关标准进行相应的实体检验或抽样试验。

实际工程中偶尔会遇到因遗漏检验或资料丢失而导致部分施工验收资料不全的情况，

使工程无法正常验收。对此可有针对性地进行工程质量检验，采取实体检测或抽样试验的方法确定工程质量状况。上述工作应由有资质的检测机构完成，检验报告可用于施工质量验收。

这种情况是部分资料缺失时的一种弥补措施，以检验报告代替缺失的资料。当检验报告的数据达到设计要求时，应按照正常验收程序验收；达不到设计要求时，应根据实际情况，按照前面叙述的第三种或第四种情况处理。

6. 经返修或加固处理仍不能满足安全或重要使用功能的分部工程及单位工程，严禁验收。

分部工程及单位工程如存在影响安全和使用功能的严重缺陷，经返修或加固处理仍不能满足安全使用要求时，严禁通过验收。

本条为强制性条文，主体结构分部工程验收时，出现此类情况，严禁通过验收。对于严禁通过验收的主体结构工程，其主体结构部分应作为废品处理。

复习思考题

1. 检验批验收包括哪些主要内容？

2. 主体结构分部工程质量验收合格应符合哪些规定？

3. 主体结构分部工程验收的条件有哪些？

4. 简述主体结构分部工程验收的程序。

5. 主体结构分部工程验收由谁主持？有哪些单位和人员参加？

6. 实际工程中若遗漏检验或资料丢失怎么办？